黄河上游
沙漠宽谷段水沙调控

白涛　黄强　著

www.waterpub.com.cn
·北京·

内 容 提 要

本书针对黄河上游沙漠宽谷河段存在的问题,从水沙规律、过流能力、合理库容、水沙调控等多方面进行了研究。主要内容包括:在以往黄河水沙研究和水沙联合调控研究的基础上,梳理了水沙调控的基本理论,构建了基于梯级水库群水沙调控的理论框架;分析了黄河上游径流、洪水的基本规律,充分论证了水库参与水沙调控的可行性,揭示了研究区域的水沙规律和过流能力,确定了水沙阈值系列;构建了水沙调控的指标体系、方案集;计算了黄河上游梯级水库参与水沙调控的合理库容。重点分析了长系列和典型年的水沙调控成果,阐明了不同水平年的供需水、外调水与各调控目标之间的响应关系,揭示了各调控目标之间的相互转化规律。最后,分析了黄河上游梯级水库群水沙调控的潜力,提出了黄河上游沙漠宽谷段水沙调控对可持续发展的调控策略,为黄河上游沙漠宽谷河段的水沙调控实施提供了科技支撑。

本书可供从事河流动力学、河床演变与河道整治、泥沙运动力学、水沙调控、水资源利用、黄河治理等方面研究、设计和管理的科技人员及高等院校有关专业的师生参考。

图书在版编目(CIP)数据

黄河上游沙漠宽谷段水沙调控 / 白涛,黄强著. --
北京 : 中国水利水电出版社,2017.1
ISBN 978-7-5170-5129-9

Ⅰ. ①黄… Ⅱ. ①白… ②黄… Ⅲ. ①黄河-上游-
含沙水流-控制-研究 Ⅳ. ①TV152

中国版本图书馆CIP数据核字(2017)第015544号

书　　名	**黄河上游沙漠宽谷段水沙调控** HUANGHE SHANGYOU SHAMO KUANGUDUAN SHUISHA TIAOKONG
作　　者	白涛　黄强　著
出版发行	中国水利水电出版社 (北京市海淀区玉渊潭南路 1 号 D 座　100038) 网址:www.waterpub.com.cn E - mail:sales@waterpub.com.cn 电话:(010) 68367658 (营销中心)
经　　售	北京科水图书销售中心 (零售) 电话:(010) 88383994、63202643、68545874 全国各地新华书店和相关出版物销售网点
排　　版	中国水利水电出版社微机排版中心
印　　刷	北京纪元彩艺印刷有限公司
规　　格	184mm×260mm　16 开本　12.25 印张　290 千字
版　　次	2017 年 1 月第 1 版　2017 年 1 月第 1 次印刷
印　　数	0001—1000 册
定　　价	**52.00 元**

前　　言

黄河是中华民族的母亲河。黄河流域孕育了中华五千年文明。自古以来，黄河以"水少，沙多，水沙异源"著称于世，作为多泥沙河流，黄河是世界上含沙量最多、河道冲淤最为复杂、治理难度最大的河流之一。20 世纪末，黄河下游形成 7～8m 的地上悬河，不仅使主河槽萎缩，过流能力下降，更加剧了黄河决堤，断流的危害。黄河全流域自 2000 年实行水量统一调配以来，黄河下游的水沙关系、河道冲淤、水沙调控一直是研究的热点和难点，也取得了丰硕的研究成果，特别是以小浪底水沙调控为代表的黄河水沙调控理论与实践研究，获得了国家科技进步奖，反映了近 30 年我国在黄河下游泥沙治理理论与实践上的突破性进展。目前，对于黄河上游河道，特别是流经风沙区的沙漠宽谷河段的水沙研究重视程度和投入研究的力度、强度却远远不足。近年来，黄河上游沙漠宽谷河段的河道萎缩、淤积严重，不仅在干流形成长达 268km 的悬河，更是在支流十大孔兑处形成 4m 左右高度的支流悬河，导致过流能力极度下降，常常是"小水致大灾"，洪凌灾害频发，严重威胁沿河两岸人民群众的生命及财产安全，更是严重制约着黄河上游水资源的开发利用和社会经济的可持续发展，以及重大水利工程的布局和实施，已引起国家高度重视和研究领域的广泛关注。对于黄河上游悬河的治理，关乎黄河流域的生命健康和上游水能资源的开发利用，更是保障宁蒙河段和下游洪凌安全的关键。因此，开展黄河上游沙漠宽谷河段的水沙调控研究，减缓洪凌灾害频发，防治下游悬河，已成为目前紧迫且亟待解决的重大科学问题。为此，国家科学技术部将"黄河上游沙漠宽谷各段风沙水沙过程与调控理论"列为国家重点基础研究发展计划（973 项目，2011B403000），自 2011 年 1 月起历时近 5 年，由中国科学院寒旱所、地理所，黄河水利科学研究院，清华大学，兰州大学，西安理工大学，河海大学等单位共同展开了攻关研究。2015 年 12 月项目通过科学技术部专家组验收。本书是由西安理工大学承担的第六课题"黄河上游沙漠宽谷各河段冲淤演变趋势预测与调控对策"、第二课题"粗沙风-洪产输物理过程与模拟"和项目出口课题"黄河上游沙漠宽谷段风沙水沙河道综合调控对策"中的专题，通过系统地总结和凝练专题研究成果撰写完成的。

本书针对黄河上游沙漠宽谷河段存在的问题，从水沙规律、过流能力、合理库容、水沙调控等多方面进行了研究。首先，在以往黄河水沙研究和水沙联合调控研究的基础上，梳理了水沙调控的基本理论，构建了基于梯级水库群水沙调控的理论框架。其次，分析了黄河上游径流、洪水的基本规律，充分论证了水库参与水沙调控的可行性，揭示了研究区域的水沙规律和过流能力，确定了水沙阈值系列。与此同时，构建了水沙调控的指标体系、方案集，计算了黄河上游梯级水库参与水沙调控的合理库容。重点分析了长系列和典型年的水沙调控成果，阐明了不同水平年的供需水、外调水与各调控目标之间的响应关系，揭示了各调控目标之间的相互转化规律。最后，分析了黄河上游梯级水库群水沙调控的潜力，提出了黄河上游沙漠宽谷段水沙调控对可持续发展的调控策略，为水沙调控的开展奠定了坚实的研究基础。

全书共11章。西安理工大学的白涛、畅建霞、黄强、台湾弘光科技大学张君名撰写了第1、2章，王义民、刘登峰、柴娟、白夏撰写了第3、10章，白涛、武连洲和阚艳彬等撰写了第4、5、9章；贵阳勘测设计研究院有限公司李强、陕西省水利电力勘测设计研究院霍磊、珠江水利科学研究院刘晋撰写了第4、6章；白涛、金文婷和黎云云撰写了第7、8章。全书由西安理工大学白涛统稿，黄强审稿。

全书的研究工作是在甘肃省电力投资公司刘晓黎教高、甘肃省人民政府李文治顾问、甘肃省黄河黑山峡水电开发工程领导小组办公室何伟主任、黄河水利委员会陈效国主任、赵业安主任、中国科学院寒旱所杨根生研究员、中国科学院南京湖泊所王苏民研究员的悉心指导下完成的，在此表示衷心感谢。中国科学院寒旱所拓万全研究员，台湾海洋大学黄文政教授，台湾大学张斐章（Chang Fi-John）教授、西安理工大学沈冰教授、秦毅教授、李占斌教授、李国栋教授、长安大学刘招教授、张洪波教授等在研究过程中给予了长期指导和帮助，黄河水利科学研究院李勇所长、张晓华教高、宁蒙水文水资源局王平娃总工在项目研究中给予了热心的协助；学生麻蓉、哈燕萍、马盼盼、马旭在全书修改、修订中付出了辛劳，在此一并表示感谢。

本书受到国家科学技术部国家重点基础研究发展计划"黄河上游沙漠宽谷段风沙水沙过程与调控机理"（2011CB40330A）、国家自然科学基金项目（51409210）和水利部公益性行业科研专项经费项目（201501058）资助，在此表示感谢。

限于作者的能力和水平，书中难免存在错误和纰漏，恳请读者斧正，可将有关意见和建议发送至电子邮箱：wasr973@gmail.com。

作者
2016 年 5 月

目　　录

第 1 章 绪 论

1.1 研 究 背 景

黄河上游沙漠宽谷河段穿越腾格里沙漠、河东沙地、乌兰布和沙漠和库布齐沙漠,沙漠宽谷河段上起宁夏中卫市的下河沿,下迄内蒙古托克托县,全长 1080km,属于发育典型的沙漠宽谷河段,谷宽最大为 60km,是黄河上游水沙变化最复杂、河道演变最剧烈的关键河段,也是上游大型水库联合调度影响显著的河段之一。

黄河上游沙漠宽谷河段是我国西北重要的能源基地、粮食产区,也是少数民族聚集区,经济社会地位十分重要。近年来,随着社会和国民经济的发展,极端气候频发、生态环境越加脆弱、水资源供需矛盾日益突出,黄河上游沙漠宽谷河段河槽萎缩,河道淤积严重,形成长达 268km 的"悬河",河床高程比沿黄城市地面高 3~5m,在"十大孔兑"处甚至形成 4m 左右高度的"支流悬河",不仅导致过流能力下降、沙漠宽谷河段"小水致大灾"、洪凌灾害频发的严峻局面,更严重影响重大水利工程的布局和实施以及全流域水资源的开发利用,危及黄河下游河道及群众人身财产安全。

治黄之根本是治沙。泥沙治理的根本措施是增水、减沙与水沙调控。至今 3 次水沙调控实验和 16 次水沙调控生产运行已经验证了"调"作为黄河水沙治理措施的巨大作用。大量的分析研究也表明,黄河具有大水输大沙的泥沙输移规律,利用水沙调控对来水来沙进行合理的调节控制,人造适宜于和谐水沙关系的洪峰过程,以实现减轻下游河槽淤积甚至冲刷下游河槽,有效缓解日益严峻的"二级悬河"问题。大量中英文文献表明,小浪底水库的水沙调控对黄河中下游以及下游河道"二级悬河"的治理效果显著。

黄河上游已修建的龙羊峡、刘家峡两座干流水库调蓄能力强,对黄河全流域的供水灌溉、洪凌防治、河道泥沙治理发挥着重要的作用。本书开展黄河上游沙漠宽谷河段梯级水库群水沙调控研究,旨在利用龙羊峡的多年调节性能和龙刘梯级水库群的联合调度,人工塑造适宜于冲刷河道的可控洪峰过程,防治黄河上游的"悬河",保障沙漠宽谷河段和下游河段的洪凌安全,维护黄河生命健康。

在此背景下,本书在总结以往治黄经验和成果的基础上,结合目前黄河上游沙漠宽谷河段河道冲淤现状和黄河上游梯级水库群运行实际,揭示研究区域的径流规律及水沙规律,给出了水沙阈值系列作为水沙调控的临界流量,以确定黄河上游沙漠宽谷河段关键控制断面的输沙能力和过水能力;通过分析黄河梯级水库运行方式、历年运行情况与黄河上游沙漠宽谷河段河道冲淤变化情况,论证水库参与水沙调控的可行性;构建基于水沙调控指标体系的长系列和典型年水沙调控方案集;建立和求解黄河上游梯级水库群多目标水沙调控模型,获得长系列和典型年的水沙调控成果,以阐明不同水平年的供需水、外调水对各调控目标的影响关系，揭示各调控目标之间的相互转化规律，厘清各调控手段对水沙调控成果的贡献；分析黄河上游梯级水库群水沙调控的潜力，提出了黄河上游沙漠宽谷段水沙调控对可持续发展的调控策略。

本书开展黄河上游沙漠宽谷梯级水库群水沙联合调度研究，对于丰富和完善梯级水库优化调度理论以及新方法新技术具有十分重要的理论意义和应用价值。研究成果可为改善黄河上游沙漠宽谷河段水沙关系、维持河道冲淤相对平衡、保障沙漠宽谷河段和下游河段的凌洪安全、维护黄河干流水沙调控的可持续发展，提供有力的技术支撑。

1.2　黄河水沙研究进展

在黄河流域水沙研究方面，面临的主要问题是水少沙多，水沙问题十分突出。多年来，在黄河流域水沙关系的改善和科学调配方面，相继开展了一系列的规划和研究。1996年，蔡为武在黄河水资源矛盾及其出路探讨中，针对黄河水资源日益紧张的状况，分析了龙羊峡和刘家峡水库蓄水对黄河下游的影响，提出了解决缺水问题的几条出路。2002年，畅建霞和黄强等在黄河上游梯级电站补偿效益研究中，在分析补偿调节原则和方法的基础上，利用大系统理论研究黄河梯级水电站群电量补偿效益问题。2002年，李国英提出：利用水库水沙调控，将不协调的水沙关系调节为相协调的水沙关系，是有利于输沙入海、减轻下游河道淤积甚至冲刷下游河道的有效途径之一。2007年，胡春宏等在黄河水沙合理配置研究中，在分析黄河水沙过程和分布变化的基础上，构建流域水沙优化配置理论框架，它由河床演变均衡稳定原理和水沙多目标优化配置原理组成，进而建立了流域水沙优化配置数学模型。2008年，王秀杰等对水沙序列进行了多时间尺度和趋势识别的小波分析，结果表明：①黄河上游来水来沙量汛期所占比例减少，而非汛期所占比例增加；在年际变化上，水沙量逐年减少；同时，水沙相关关系具有一定的变化；②黄河上游水沙序列具有相同的多时间尺度（准周期）变化，但同一尺度下，水沙所处的丰枯变化并不一致；③年水沙序列趋势变化基本一致，20世纪80年代以来，两者存在明显减少趋势；但在非汛期，两者的趋势变化有较大区别。2009年，周银军和刘春锋等，在黄河水沙调控研究中，在前人研究和相关实践的基础上，总结了水沙调控的技术关键和其对上游水库及下游河道的各方面影响，认为异重流排沙机理、高含沙水流输沙的实现、下游河道的综合治理、调控流量的加大和对河口湿地生态的维护将可能成为黄河水沙时空调控理论进一步发展的方向。2009年，张明等在"水沙调控"对黄河下游河道过水能力影响的研究中通过对水沙调控实测水文资料的分析，论证了水沙调控在该河段所发挥的作用：非饱和状态下的下泄洪水对黄河下游河段产生了有利的冲刷效果，增大了测验河段同水位的过水能力，降低了黄河下游过水断面河床的河底高程，缓解了黄河下游逐年淤积抬高的态势。2010年，李秋艳等对黄河宁蒙河段河道演变过程的影响因素（水力因素、水库调控和风沙入河等）进行了分析。水库调蓄造成宁蒙河道汛期水量、沙量占年水量、沙量的比例减小。建议对宁蒙河段的治理应该坚持因地制宜，生物措施、工程措施相结合的综合治理原则。2010年，彭瑞善在黄河综合治理思考中，提出干支流水库的水沙调控运用须与河道整治相互配合，才能更有效地发挥冲深河槽、稳定流路、输沙入海的作用。考虑到黄河流域下垫面的变化及水库的调节作用,建议利用过去的降水资料重新推算产生的径流,以修正水沙系列和洪水频率。2011年,许炯心在流域产水产沙耦合对黄河下游河道冲淤和输沙能力影响的研究中提出通过对多沙粗沙区来沙量和河口镇以上清水区来水量的控制,可以减少下游河道高含沙水流发生的频率。通过对流域水沙耦合关系的调控,来减少下游河道的淤积,是一种可行的途径。2012年,胡春宏等研究了黄河泥沙淤积、水沙过程变异、下游河道严重萎缩情况下导致的洪水水位陡涨猛落变化过程,并验证了黄河下游河道洪水水位涨率与泥沙淤积河道萎缩具有非线性响应关系。2013年,姚文艺等针对黄河水沙近年来发生显著变化的现象,对黄河流域1997—2006年水沙变化情势进行了评估,分析了水沙变化机制,并预测了未来的变化趋势。

针对黄河现状存在的水资源管理和调度不完善、黄河泥沙淤积造成的一系列问题等,可从水、沙资源综合利用与调控,泥沙基础理论研究,河床演变与河道整治研究,工程泥沙研究,高新技术在江河治理中的应用等方面对黄河水沙问题进行研究。

1.3 水库库区泥沙研究进展

我国河流众多,富含泥沙的河流更是举不胜举。在这些河流上修建的水利枢纽不仅要预留部分库容以拦沙,还要考虑库区泥沙的排泄来设计排沙孔。据统计,全国200多座有实测资料的水库中,总淤积库容达120亿 m³,占统计总库容的15%。青铜峡水库自蓄水到1996年年底总库容损失近96%,盐锅峡水库总库容损失约86%,小浪底水电站运行10年来库容损失25亿 m³,占总库容的20%。水库库区泥沙的淤积,不仅使得兴利库容和防洪库容减少,淤积上延引起库区上游淹没和浸没,还会引起坝体下游河床的变形,排洪能力下降,产生"二级悬河"。

水库库区泥沙的研究始于20世纪50年代,先后经历了估算死库容的淤满年限、三角洲法和平衡比降法计算水库冲淤、饱和非饱方法计算输沙量、水库泥沙冲淤过程的物理图形和计算方法等研究过程。近30年以来,随着计算机技术的成熟和对水库泥沙淤积规律认识的提高,水沙数学模型的建立及求解成为水库库区泥沙冲淤计算研究的热点。水库库区泥沙主要的研究内容包括水库淤积过程及其规律、水库淤积计算以及减缓水库淤积治理措施(韩其为,2003)。鉴于本书的重点是下游河道的冲淤研究,即利用黄河上游调节性能好的水电站对下游河道泥沙进行冲刷,不考虑上游水库库区内的泥沙淤积情况。因此,本节对水库库区泥沙的研究进展不做系统的论述,主要以黄河干流水库库区泥沙理论及其应用的研究成果简述之。

我国泥沙运动的理论研究始于20世纪50年代初,1961年张瑞瑾等编著的《河流动力学》问世,拉开了泥沙运动的序幕。随后,沙玉清(1965)、钱宁等(1983)、窦国仁等(1963)发表著作,对水库淤积的基本理论进行了研究。1963年姜乃森对官厅水库的淤积形态做了初步研究。1964年张启舜建立了二元均匀水流淤积过程,以摸清悬移质不平衡输沙过程;韩其为等在1984年推导出了出库含沙量关系;1994年曲少军等建立了黄河水库的一维泥沙数学模型;1998年陈界仁等提出了二维水流泥沙数学模型。进入21世纪,随着计算机技术的成熟和水库泥沙淤积规律和计算方法的成熟,泥沙物理模型的研究成果极为丰硕。2000 年，方卫红等提出了一维全沙泥沙输移的数学模型；2001 年，缪凤举等提出了三门峡水库"洪水排沙、平水发电"的运用原则和方式，改善了库区冲淤效果；2006 年李义天等根据三峡水库汛后蓄水规律，建立了水库淤积计算的一维水沙模型，极大地丰富了水库淤积模型的实际应用。2008 年韩其为应用理论和实际资料证实了小浪底水沙调控对减少库区泥沙所起到的关键作用。2011 年，吴巍、周孝德等针对传统多沙水库冲淤预测模型难以准确、迅速预测某一具体水库调度运行方式下泥沙的冲淤变化过程，无法为制定合理水库调度运行方式提供决策依据这一不足，将人工神经网络及粒子群优化算法引入到多沙水库冲淤预测中，构建基于自适应粒子群算法优化 BP 神经网络的多沙水库冲淤预测模型，并得到了较好的模拟和预测结果，为多沙水库冲淤预测提供了一条有效途径。

1.4　水库群优化调度研究进展

20 世纪 40 年代美国人 Masse 首次提出了水库优化调度，奠定了单一水库优化调度理论的基础。70 多年来，水库优化调度经历了从单一水库到梯级水库群、从发电等单一目标到多目标，从传统规划算法到现代进化、仿生算法及混合算法的发展历程，且模型的建立呈现出高维、动态、非线性的复杂特性，无论是理论研究，还是实际应用都取得了丰硕的研究成果。水库群优化调度的模型与计算方法的形成与发展是相辅相成的，模型是实现水库群优化调度目标及约束条件的载体和框架体系，其形成、改进与发展为寻求梯级水库群单目标或多目标的最优解提供了数学可能；计算方法则是实现模型最终功能的途径，水库群优化调度模型的发展需要寻求更快捷、准确的计算方法，而计算方法的提升也推动了优化调度模型的改进与完善。因此，介绍水库群优化调度的研究进展，从优化调度模型及优化调度方法两个方面进行展开。

1.4.1　调度模型

国外关于水库群优化调度模型的研究大约开始于 20 世纪 60 年代末。1967 年，Hall 和 Shephard 建立了水库优化调度的线性规划和动态规划耦合模型，将水库群系统的优化问题分解为一个主问题和一系列子问题。1974 年，Becker 和 Yeh 也提出了一个线性规划和动态规划耦合模型，该模型由解决时间上换位的前向动态规划模型和处理空间上换位的线性规划模型组合而成，并应用在水库群实时防洪优化调度中，不过该模型理论上不够严密，无法证明此耦合模型在总体上是否最优。1955 年美国学者 Little 提出的水库随机优化调度模型，开始将系统科学方法应用于水库优化调度的研究。水库优化调度最基本的模型有线性规划模型 LP 和动态规划模型 DP。针对不同的问题，尤其是为了克服水库群优化调度中由于水库数目增加所引起的"维数灾"问题，研究者在 LP、DP 模型的基础上提出了一系列改进模型和求解方法。2005 年，Vehandramouli 和 PareshDeka 将人工神经网络模型与专家系统相结合，建立了改进的支持决策模型研究水库优化调度问题。线性规划模型和动态规划模型是最基本的两类水库优化调度模型。除了上述模型外还有诸如聚合分解法、大系统分解协调法、模糊优化、遗传算法等，从而形成了一套比较完善的水库优化调度理论和方法。

国内关于水库群优化调度模型的研究不乏先进的成果。1992 年，杜殿勋和朱厚生建立了水库水沙联调随机动态规划模型，并围绕"降维"问题，对所引用的泥沙冲淤计算模型作了适当的改进，通过随机动态规划模型求解计算，得出相应的优化调度规划。使下游河道淤积减少，同时满足了水库灌溉、供水和发电效益最大的水沙综合调节。1996 年，万俊等提出了分解—协调—聚合分解的建模思路，建立了水电站群联合优化调度模型。1998 年，杨侃和陈雷把多目标分层排序网络分析模型拓展到多目标梯级水电站调度的网络分析中，提出了梯级水电站群调度多目标网络分析模型。1999 年，梅亚东建立了梯级水库在洪水期间发电调度的有后效性动态规划模型，并提出了两种新的求解方法——多维动态规划近似解法和有后效性动态规划逐次逼近算法。2011 年，董耀华综述了长江科学院水库泥沙、河流一维、二维、三维等水沙模型及其他水沙数学模型实例以及水沙数值模拟关键技术的研究进展。2011 年，陈进讨论了流域经济社会发展对于防洪、兴利、水资源和生态调度的需求，分析了目前大型水库联合调度的能力、技术条件、制约因素等。同时还提出要协调流域联合调度与单个水库调度的矛盾，需要研究和确定联合调度的启动条件、评价体系和建立联合调度利益协调、补偿机制。

1.4.2　优化算法

国外对于水库群优化调度方法早期具有重要意义的成果有：1937 年 Bellman 等提出了动态规划原理（DP）；1975 年 Howson 等提出了逐次优化算法（POA）；1970 年 Roefs 和 Bordin 首次把单库调度扩展到水库群优化调度的研究中；1968 年拉尔森提出了增量动态规划算法；1971 年 Herdair 提出了离散微分动态规划算法；1981 年 Turgeon 提出了串并梯级水库群聚合计算方法。确定性模型虽在一定程度上能对随机性模型的"维数灾"问题有所改进，但当水库数目增多时仍然存在"维数灾"，为了克服"维数灾"，国外学者提出了许多改进的方法，如 Giles 和 Wunderlick（1981）提出了增量动态规划（IDP）；Turegon（1981）提出了梯级水库群优化运行的逐步优化算法（POA），其优点是状态变量不必离散，其缺点是计算结果以及计算时间受初始轨迹线的影响；Arvanitidis 等（1970）提出了水库群调度的聚合分解法；随着计算智能的发展，J. H. Holland（1975）提出了遗传算法；1997 年，Loucks 和 Oliveira 将其应用于并联 2 个水库的操作策略上；1982 年，Karamouz 等提出了水库调度的神经网络方法等。

国内系统地研究水库群优化调度方法则开始于 1980 年代。1988 年，叶秉如等提出了一种空间分解算法，并将多次动态规划法和空间分解法分别用于研究梯级水电站水库群的优化调度问题。1990 年代初，沈晋、颜竹丘等将大系统递阶控制理论引入到水库群优化调度中。1997 年，黄强和沈晋在水库联合调度的多目标多模型及分解协调算法中结合黄河干流水库联合调度，在探讨了调度目标选取、流达时间考虑、多年调节水库调度特点等有关问题的基础上，建立了水库优化调度的多目标多模型系统；应用大系统分解协调原理，提出了目标、模型组合问题及相应的分解协调算法。2001 年，畅建霞等针对遗传算法中二进制编码的不足，提出了基于十进制整数编码的改进遗传算法，通过实例计算，表明该方法简便、快捷，能够避免"维数灾"。2004 年，练继建等在多沙河流水库水沙联调多目标规划研究中，利用多目标规划的思想方法，结合遗传算法和神经网络方法建立了多沙河流水库水沙联调的多目标规划模型，并采用神经网络预测方法计算水库泥沙淤积量。该模型为协调水库发电效益和排沙减淤之间的矛盾提供了一个新的途径，所提出的算法是建立在非线性整体求解的理论基础之上的，因此可以克服动态多目标规划的"维数灾"。2006 年，黄强等将遗传算法与系统模拟相结合，绘制了乌江梯级水库优化调度图。同年王雅萍进行了基于水质智能预测的水库优化调度研究。2010 年，万芳等提出了基于免疫进化算法的粒子群优化算法。2011 年，孙晓懿和黄强等在汉江上游梯级水电站水库优化研究中，将逐次逼近动态规划法（DPSA）与逐步优化算法（POA）相结合求解模型，获得梯级水电站长系列优化运行结果。

1.5　水沙联合调度研究进展

1.5.1　国外研究进展

具有年调节性能的水库作为控制性工程，逐渐成为排沙减淤、水沙调控的有效措施之一。水库水沙联合调度研究属于水库优化调度理论范畴，主要是为解决实际问题而提出来的。因此，水库水沙调度的理论与方法晚于水库优化调度的研究。1946 年，在治理黄河泥沙淤积的过程中，美国学者葛罗同、萨凡奇最早提出了水库调沙的设想。通过控制洪水，采用坝底的排沙廊道，将水库每年放空一次进行排沙。随着 20 世纪 60 年代黄河三门峡水库库区泥沙淤积情况的恶化、黄河下游"二级悬河"的出现（苗风清等，2010），采用水库调沙的研究开始起步。水库调沙的研究成果主要集中在解决库区泥沙的冲淤问题。

国外的水沙调控研究中，位于巴基斯坦的印度河塔尔贝拉水库在安全运行 20 年后，发生库区泥沙淤积严重，使得兴利库容直接损失了 25%，其最终只能以形成稳定库区河槽的方式来满足灌溉、发电要求（郭国顺，2002）；20 世纪 80 年代，美国在密苏里河上修建了 100 多个水坝和水库，其中干流水库 6 座，总库容为 946 亿 m^3，通过水库拦截功能，可以拦截上游全部泥沙，且密苏里河上干流与支流水库较多、库容巨大，其水库库容被淤满需要很长时间，为梯级水库的滚动开发的模式可以提供参考价值。在水沙调控理论研究上，Carriaga 和 Mays 于 1993 年提出了一种非线性理论的优化调度模型，其根据是以水库的下游河道形态变化量最小为目标，且与 HEC-6 耦合，以共同模拟泥沙运动形式；1962 年，O Fargue 通过长期观察提出五条河湾基本定理，应用在泥沙治理的河道整治中；2000 年，Nicklow 建立了泥沙冲淤最小量目标的优化调度模型，并且深研了具有水力关系的水库群和河流不利因子，用离散型最优化控制方法解决泥沙淤积问题，并使用了HEC-6 泥沙输送仿真模型生成最优化方案。

1.5.2　国内研究进展

由于我国受泥沙淤积困扰的河流众多，对于水库水沙调控方面的研究力度很大，也取得了很多国际领先的研究成果，尤其是在治理黄河泥沙问题中，在实际应用和理论研讨方面的成果卓绝。早在 1962 年，陕西省黑松林水库根据来沙集中、来水相对分散的特点，将原来"拦洪蓄水"运用方式,改变为"蓄清排浑"运用,从而使水库淤积量大幅减少,水库寿命由 16 年延长到 80 多年。由于蓄水运用后严重淤积,1973 年三门峡水库开始"蓄清排浑,年内调节泥沙"运用,充分发挥洪水冲刷作用且利于控制潼关高程,避免出现汛初小水带大沙增加下游河道主槽淤积,同时提高水库的综合利用效益。1990 年,张玉新等提出了水库水沙联调的多目标动态规划模型;1992 年,杜殿勖等建立了水库水沙联调的随机动态规划模型,并围绕"降维"问题,对泥沙冲淤计算模型进行了改进;1995年,谢葆玲等建立了水沙联调的动态规划模型,研究了水库排沙与发电的关系;1997 年,胡春燕等将水沙调度分为纵向调度和横向调度,以葛洲坝水利枢纽为研究对象,就减少大江航道淤积和减少大江电站粗沙过机问题,运用数值模拟方法研究了水沙横向调度方案运用的可行性;1999 年,张金良等在总结三门峡水库水沙调控经验时指出水库泥沙调节的重要性。

在吸取了三门峡水库的教训后,2002 年 7 月 4 日上午 9 时,小浪底水库进行了黄河首次水沙调控试验,7 月 15 日 9 时小浪底出库流量恢复正常,历时 11 天,平均下泄流量为 2740m³/s,下泄总水量 26.10 亿 m³,实现输送入海沙量 0.505 亿 t,黄河下游河道总冲刷量 0.362 亿 t。2003 年 9 月 6—18 日、2004 年 7 月 5 日、2005 年、2006 年、2007年、2008 年、2009 年又进行了 7 次水沙调控。其中,2002 年、2003 年、2004 年前 3 次为水沙调控实验,后 6 次为生产运行。通过 3 次水沙调控试验和 6 次生产实践,取得了丰硕的成果。2003 年,常菲灵、赖劲松等从水量的角度分析了冲刷泥沙所需水量与可供水量之间的关系,建立了水库模拟模型和泥沙冲刷模型,在水库模拟模型中利用遗传算法优化和确定冲刷调度线;2004 年练继建等利用多目标规划思想,结合遗传算法和神经网络方法建立了多沙河流水库水沙联调的多目标规划模型,并采用神经网络预测方法计算了水库泥沙淤积量;2004 年,彭杨等以水库防洪、发电及航运效益为目标,建立了水沙联合调度多目标决策模型,将该模型运用于三峡水库汛末蓄水的研究中取得了成功;2005 年,龙仙爱等提出了基于遗传算法的水沙联合调度模型,基于浓度的群体更新技术来保持个体多样性,避免遗传算法早收敛,将该模型应用于三门峡水库水沙调度进行系统仿真,验证了模型的实用性;2008 年,李永亮、张金良等提出了小浪底、万家寨、三门峡、故县、陆浑水库的水沙联合调控组合方式,运用神经网络等方法研究了黄河中游水库群水沙联合调度关键问题;2009 年,田刚等建立了基于理想点法的三峡水库水沙优化调度方案评价模型,用以解决多目标问题的方案比选;2010 年,向波等建立了基于免疫粒子群优化算法的水库水沙联调多目标规划模型,为协调水库发电效益和排沙减淤之间的矛盾提供了一个新的途径;2012 年,王帅等利用多目标规划方法构建了水沙联合调度多目标规划模型,利用改进逐步优化算法对模型进行求解,以三峡电站为例验证了模型的可行性。

水沙调控的研究是水库淤积和水库调度研究深入发展的结果,是治理多泥沙河流上水库库区和河道泥沙淤积的最有效措施之一。纵观水沙调控的研究成果,所建立的水沙调控模型主要以水库发电量最大和有效库容最大为主要目标,且主要是针对单一水库库区淤积泥沙的处理。对于利用上游梯级水库群冲刷下游河道泥沙的远距离水沙联合调控研究,在国内外文献中尚无发表成果。因此,在黄河上游沙漠宽谷河段水沙调控关键技术的研究中,借鉴以往水沙调控经验的不多,需要对理论框架和技术难题进行更为深入的研究。

1.6 泥沙运动研究进展

水沙调控研究中经常遭遇到关于水流运动、泥沙运移、河床变动相关议题。河道中的泥沙来自于流域地表的侵蚀、沟壑冲蚀等,其运动极为复杂,主要原因如下:

(1) 河道水流的紊动性以及流域泥沙性质的变异性。天然河道水流多属湍流,挟带泥沙后,形成两相流。目前对于湍流的研究有许多不够完整之处,而挟沙两相流则更为复杂。其中由于河道流经不同集水区,也带来当地沙源。因此,河道泥沙之多元组成性质也使挟沙两相流问题更为复杂。

(2) 水沙运动机制的不恒定性以及河道边界的不安定性。挟沙水流存在水流对于泥沙颗粒的带动、泥沙之间的相互作用以及泥沙颗粒亦同时影响水流的动力机制。挟沙水流由于是湍流,故其具有不恒定之特性,河道上流来沙随时间变化,河床也因此随时处于不断调整状态,加上挟沙水流对于岸滩的冲刷,造成河道边界的不安定性。

(3) 水流泥沙受到牛顿力学以及统计理论的支配,有传统理论力学机制又有随机性。在湍流理论之中,复杂的湍流理论与统计理论结合能较好地描述湍流紊动量。而一般常见的水动力湍流模型则以涡黏模型或者雷诺应力模型进行雷诺应力项的方程式封闭,工程应用上常见的涡黏模型有 K-epsilon 模型。较先进的做法则是以大涡模拟模型 (Large Eddy Simulation,LES) 进行计算,然而该模型较为耗时且需要计算能力较佳的计算机。水中泥沙若为低浓度含量低时,可视为非连续介质。而泥沙于水中受到涡动影响,受到力学规律之支配,受到统计理论支配的随机性也伴随出现。因此,若单纯以力学分析往往无法较为清楚地诠释泥沙运移机制,采用统计方法则会引入许多概率参数,不易确定。

(4) 泥沙挟沙机制仍有待专家学者深入研究。一般认为水流挟沙力是研究挟沙水流的难点之一。高含沙水流其挟沙力具有"多来多排"以及形成"高含沙水流"的特点。使用数学模型中挟沙力公式易与实际情况不甚符合。多沙河川由于含沙量高,大多拥有散乱型流路,主流易于堤内摆动,致使滩槽区分不明显,导致河川断面概化不易。

河道中泥沙运动的复杂性,往往导致河床冲淤量的计算精度差,水沙调控的效果难以精细地量化,严重影响水沙调控的优势和具体实施。因此,对于河道中泥沙输移的数学模型、水流挟沙力以及水沙运动数值模拟软件的研究,是必要的。

1.6.1 泥沙数学模型

广义来说,凡是通过数学题法来定量描述特定的物理过程,并回答某些理论或实际问题的方法,都是数值模拟方法。由于解决实际问题所必要的方程比较复杂,传统的数学物理方法难以得到解析解,而数学模型与高速计算机和数值求解技术相结合,可使问题变得相对简易。因此,以计算水力学、河流动力学等学科为基础的河道挟沙水流数学模型近年来有很大发展,且河道挟沙水流数学模型已经成为预测河道水流泥沙运动及河床演变的重要工具之一。

我国泥沙数模的研究成果丰硕。许协庆、朱鹏程 (1964) 研究了河道中一维悬移质运动引起的河床变形;窦国仁 (1963) 运用不平衡输沙概念分析河流及河口的河床变形;韩其为、林秉南等对一维不平衡输沙模型进行了分析。泥沙数学模型由一维向二维、再推向三维，从原先水文模型概化、泥沙及河床条件下数学模型的建立、率定和验证，到如库区长河道、长系列河床演变计算及河口海岸大范围的冲淤问题，都可由数学模型独立解决，并具有不可替代的优势。

随着计算机速度的飞快提升，用数值模拟的方法来研究河道洪水出现的问题、预测河床演变过程、探求促使演变过程向有利方向转化的措施已成为世界主流趋势。数学模型有周期短、投资少等优点，较物理模型经济，且不需大量人力投入，在短周期内可以获得一定有效的成果。现今水深平均的二维水动力-泥沙数学模型已发展至成熟水平，已经是应用最为广泛的数学模型。经过许多学者的工作，多沙河流数学模型研究已有所发展。以河道而言，对一般挟沙水流及高含沙洪水均有一定程度上的适用性。目前，在数学模型上犹有流场与沙场是否要耦合求解、断面概化的依据、恢复饱和系数的取值、收敛标准等方面之疑义尚待解决。由此说明了挟沙水流数学模型的困难之处，必须兼顾求解方法以及如何在模型中反映各种物理现象，使数学模型处理方法接近真实的物理演变机制。

泥沙数学模型建立在水流数学模型的基础上，以研究泥沙输移及其引起的河床冲淤变化。根据泥沙运动性质，泥沙数学模型可分为悬移质数学模型、推移质数学模型和全沙模型。从计算方法上可分为两类：一类是将水流运动方程和泥沙输运方程，即河床变形方程直接联立求解，称之为耦和解，适用于河床变化比较急剧的情况；另一类是先解水流运动方程，求出有关水力要素后，再解泥沙输移方程，得出河床冲淤变化，称为非耦合解，适合于河床变形较缓慢情况。从河段位置及水流性质还可分为河流泥沙数学模型、潮流泥沙数学模型、海岸泥沙数学模型等。就现代泥沙数学模型而言，目前一维模型已属于非常成熟阶段，在美国、荷兰、丹麦等国已发展出相当多的商业模型。二维模型也属于蓬勃发展阶段，实际应用也最为广泛，除了配合多CPU的迅速发展外，也积极向GPU计算技术发展。三维泥沙数学模型相对较少，且发展比较缓慢，主要原因有：泥沙基本理论不成熟；三维泥沙数学模型结构复杂；缺乏验证资料等。尽管三维泥沙数学模型十分复杂，难度很大，但由于它能提供全流场完整的三维信息，应进行进一步的研究。

河道泥沙数值模拟关键技术难点有：悬移质挟沙力问题；回流淤积问题；大坝下游河床下切和河道展宽问题；阻力问题；在数学模型中如何体现多沙河流特殊的运动特点等。为推动泥沙数学模型的研究和应用，应在以下几个方面开展工作：由于高含沙水流的数值模拟涉及的难点较多，包括理论认识的不深入和实际数学模型计算中如何体现其运动规律存在争议，需要对多沙数学模型做进一步的研究；在应用压力-速度场耦合求解的方法进行三维水流数值模拟时，由于控制方程组的非线性特性，迭代求解过程容易发散，且自由水面的确定一直是一个比较困难的问题；三维泥沙数学模型中泥沙扩散系数的取值也没有确定的结论。

泥沙数学模型发展中还应当考虑下列问题：

（1）针对工程中的各种问题进行泥沙数学模型的应用，以总结经验，完善模型，不断推广。

（2）高效数值方法研究。

（3）加强原型观测。

（4）开展模型的后处理，即软件的商品化研究。

1.6.2 水流挟沙力

水流挟沙力是水沙运动基本理论研究中最棘手的难题之一。长期以来，国内外的研究者通过各种手段对水流挟沙力的问题进行了大量的研究，研究者透过理论分析，或者根据原型观测或试验资料，提出了很多理论公式、半经验的或经验的水流挟沙力公式。如爱因斯坦（H. A Einstein）根据泥沙运动统计理论，将悬移质与推移质及沙床组合起来考虑，建立了床沙质泥沙单宽输沙率公式；张瑞瑾等从能量平衡原理出发，按一维问题提出的半理论公式；沙玉清收集了梅叶-彼得、美国水槽试验站和其他一些学者的水槽试验资料，通过回归分析构建了挟沙力计算公式；杨志达根据单位水流功率理论及因次分析法推出了挟沙力计算公式。其中，张瑞瑾以大量实测资料和水槽中阻力损失及水流脉动速度的试验成果为基础，在制紊假说的指导下，由能量平衡理论推导的水流挟沙力公式：

$$S_* = k\left(\frac{U^3}{gR\omega}\right)^m \tag{1-1}$$

式中：S_* 为以质量计的水流挟沙力；U 为断面流速；ω 为泥沙沉速；R 为水力半径；g 为重力加速度；k、m 分别为挟沙力系数和挟沙力指数，对于不同的河道具有不同的取值，在计算时可根据实测资料确定。

由于张瑞瑾公式是基于能量平衡而推导的半经验公式，在量纲上是和谐的。

韩其为以张瑞瑾的挟沙力公式为基础，利用汉江丹江口水库、汉江中下游、黄河三门峡水库、官厅水库、长江荆江河段、黄河下游河道及渠道、克诺罗兹试验、凯林斯基细沙试验等资料，总结了张瑞瑾公式的指数和系数的取值经验，同时结合泥沙数学模型在大量工程的应用实践后认为：当含沙量小于 100kg/m^3 时，挟沙力公式的指数 m 值为定值 0.92，k 值在 $0.114 \sim 0.327$ 变化。韩其为率定的挟沙力系数和指数在工程实践中得到了广泛应用。

对于高含沙水流，由于大量泥沙颗粒的存在，水流的物理特性、运动特性以及泥沙颗粒的沉降特性等都会发生较大的变化。张瑞瑾公式没有考虑含沙量对水流挟沙力的影响，造成高含沙水流的适应较差。已有成果表明，该式适合含沙量小于 $50 \sim 100 \text{kg/m}^3$ 时的挟沙力计算，对于高含沙水流，计算误差较大。为此，张红武从能量消耗和泥沙悬浮功之间的关系出发，考虑了泥沙对卡门常数和泥沙沉速的影响，给出了适用于不同含沙量的悬移质水流挟沙力公式：

$$S_* = \gamma_s \frac{\lambda^{3/2}\eta\gamma_m}{8^{3/2}\kappa(\gamma_s - \gamma_m)} \frac{U^3}{gR\omega}\ln\left(\frac{R}{6d_{50}}\right) \tag{1-2}$$

其中
$$\gamma_m = 1000 + 0.622S$$

式中：S_* 为水流挟沙力；γ_s 为泥沙容重；γ_m 为浑水容重；S 为含沙量；λ 为水流阻力系数；η 为挟沙效率系数；U 为断面水流平均流速；R 为水力半径；g 为重力加速度；d_{50} 为床沙中值粒径；κ 为卡门常数。

虽然张红武公式的处理过程有一定的经验性，但其计算范围的包容性相对较好，且自建立以来，经过长江、黄河、辽河及 Muddy 等国内外河川实测资料的验证表明，该公式不但适用于一般挟沙水流，而且适用于高含沙水流。王光谦、舒安平、江恩惠、陈明、韦直林等的研究也表明现阶段以该公式的计算精度最高。

1.6.3 数值模拟软件

水沙运动数值模拟是一项较为系统的工作，其研究水平不仅仅取决于水沙数学模型的构建和求解，水沙数据整理、地形获取、网格生成、图形绘制等诸多环节也往往是决定数模计算精度或工作效率的关键，有时甚至是控制性因素。因此，本节将基于已有的研究成果，对前处理、数模计算、后处理等数模工作中诸多关键环节进行系统的分析。

数值模拟软件是研究流体运动问题的重要工具之一。目前，国外已开发了许多著名的计算流体动力学商用软件，如 PHOENICS、CFX、STAR-CD、FLUENT 等。此类软件一般属于通用计算流体力学软件，具备了前处理、求解器以及后处理。而对于河道或水利工程中一些湍流问题的数值模拟，由于其具有尺度大、边界复杂、驱动力主要为重力、具有自由表面等特点，这类软件所能求解的空间尺度以及时间尺度都不大。

水利工程学中许多问题其控制方程及边界条件往往不同于一般的湍流运动，对此类问题的数值模拟又形成了一类专门的学科，即计算水动力学。计算水动力学属于计算流体动力学的范畴，但现有的计算流体动力学软件对水动力领域的诸多问题无法解决。对于计算水动力学问题，目前也形成了一系列比较优秀的商用软件，如荷兰的 Delft3D、丹麦的 DHI 系列软件、美国的 SMS-RMA 和 CCHE2D 等。这一类软件通常具备了基本的水动力模型，然而这种水动力模型与上述的计算流体力学的功能却不相同。这一类的水动力模型一般称作"顶盖式"水动力模型，它并不能用于气-液两相计算。也就是说，本类模型计算出的信息包含自由液面，但是自由液面却如锅盖一般盖住整个表面，虽然会有高程的空间变化，但并非 CFD 的 VOF 类型的两相流计算模型。以下简单介绍目前业界较为著名常见的商用软件：

（1）Delft3D 软件。Delft3D 软件是荷兰水利研究所推出的一套模拟系统，包含了水动力、波浪、泥沙运移、河床变形、水质及生态等模块，适用于河口、湖泊及海岸地区相关问题的模拟。该软件集成了二维及三维水动力模型，计算网格采用的是直角网格和正交曲线网格，数值方法则是用有限体积法进行离散，变量布置采用交错网格，线性方程组求解采用 ADI 法。系统界面实现了与 GIS 的无缝链接，有强大的前后处理功能，并与 Matlab 结合，支持各种格式的图形、图像和动画仿真。除此之外，系统的操作手册、在线帮助和理论说明全面、详细、易用，既适合一般的工程用户，也适合专业研究人员。目前，Delft3D 系统在国际上的应用十分广泛，除欧洲国家有许多用户外，由于其界面友好、使用学习容易，国内也渐渐普及。

（2）DHI 系列软件。DHI 系列软件是丹麦水力研究所推出的水环境软件系统，其包含所有水利以及水文有关的模块，包括一维模型 MIKE11，二维模型 MIKE21，三维模型 MIKE3，地下水模型 MIKE SHE、FEFLOW，管网模型 MIKE URBAN。其中 MIKE11 包括降雨径流、水动力、泥沙以及水质等模块。MIKE21 以及 MIKE3 则是包含波浪、水动力、泥沙运移、水质、生化等模块。MIKE 系统具有目前业界最佳的耦合功能，除波浪、水动力、泥沙三个模块可以进行耦合计算外，也可进行水动力、水质等其他模块的耦合计算。此外，对于淹水计算 DHI 也提供了 MIKE Flood 耦合计算界面，将 MIKE11-

MIKE21-MIKE URBAN 进行三方耦合计算，将上游集水区的产汇流计算、一维河道水动力计算、都市平面二维水动力计算、都市下水道管网计算合并一起耦合计算。

DHI 系列软件界面友好，具有强大的前后处理功能，国内比较熟知和应用广泛的是 MIKE11 和 MIKE21，主要用于水动力计算、防洪预报和水质模拟等领域。目前在国内许多大型建设评估报告之中都使用 MIKE21 模型进行评估。

（3）SMS 系统。SMS 是 Surface-water Modeling System 的缩写，该软件由美国 Brighain Young University 等联合研制，提供了一维、二维、三维的有限元和有限差分数质模型。可用于河道水沙数值模拟，径流、潮流、波浪共同作用下的河口和海岸的水沙数值模拟，在计算自由表面流动方面具有强大的功能。SMS 套装软件包括 TABS-MS（包括 GFGEN、RMA2、RMA4、RMA10、SED2D-WES）、AD2CIRC、CGWAVE 、STWAVE 、HIHEL 等计算模块，用户可以根据实际情况选择不同的计算程序。

国内应用较多的为 RMA2 软件包。它有强大的前后处理功能：自动生成非结构计算网格，辨别网格的品质及进行元格品质的调整；能进行流场动态演示及动画制作、计算断面流量、实测与计算过程的验证、不同方案的比较等。

（4）CCHE 软件包。CCHE 是美国密西西比大学工程系研制的一套通用模型，该模型能基于三角形网格及四边形网格求解，以有限元进行求解。可用于河道、湖泊、河口、海洋及其输运物的一维、二维及三维数值模拟。目前也包含了一些海岸以及淹水模型。

目前，中小河流、河口治理基本上都采用数学模型来解决工程实际问题，在规划阶段数学模型应用更为普遍，数学模型已部分取代物理模型试验工作，其应用范围正在进一步拓展。一些国际科研机构已开发出了许多著名的商用软件，如 DHI 的 MIKE 系列，Delft 的 Delft3D 软件，密西西比大学所属 NCCHE 所开发的 CCHE1D、CCHE2D 以及 CCHE3D 系列软件，美国陆军工兵团所发展的 HEC-RAS 等，它们在国际享有盛誉，实际应用成果均受到肯定，足见泥沙数学模型作为河床变形定量预测的重要手段日益受到重视，并已广泛用于实际工作中，具有广泛的发展前景。

1.7 本 章 小 结

本章针对黄河上游实行水沙调控的紧迫性提出了问题所在，对研究的背景及意义进行了深入的探讨；从黄河水沙研究进展、水库库区泥沙治理、水库群优化调度、水沙联合调度以及泥沙运动研究几个方面，系统、详尽地归纳总结了水沙调控理论和应用的国内外研究进展，使读者能够系统地了解水沙调控的研究前沿。

第2章 梯级水库群水沙调控理论

增水、减沙和水沙调控是解决不和谐水沙关系的有效途径（刘立斌等，2008）。通过水库合理调节径流泥沙过程，用有限的水量改善河槽断面形态，提高和维持河槽的排洪输沙基本功能，是治理多泥沙河流及水资源开发利用的重大需求，也是一项重大的挑战性课题。梯级水库群水沙调控的理论属多学科结合、跨学科交叉的理论研究范畴，涉及水文、水资源、水力学和河流动力学等传统学科以及数学优化、系统工程、控制论、运筹学等新兴学科，用以解决水沙调控中防洪、发电、供水、输沙等各方利益的均衡问题。探讨梯级水库群水沙调控的理论与方法，旨在构建基于长距离水沙调控的黄河上游梯级水库群水沙调控理论，为分析水沙调控机理、建立多目标水沙调控模型奠定扎实可靠的理论基础。

2.1 水沙调控基本概念

2.1.1 水沙调控的定义

水沙调控与调水调沙的关系最为紧密。早在60多年前，就有水利专家提出过调水调沙的概念，但受经济发展水平、技术配备、科研水平等多方面的制约，一直停留在理论探讨阶段。直到三门峡水库投产运行，人们开始在水库运用初期进行调水调沙试验，拉开了黄河调水调沙的序幕（万新宇等，2008）。

所谓调水调沙，就是在现代化技术条件下，根据河道来水来沙特点，利用工程设施和调度手段，努力改变河道不利于河道输沙的水沙过程，将水库里的泥沙和河床上的淤沙适时送入大海，从而减少库区和河床的淤积，增大主槽的行洪能力。调水调沙是人们借助于水库的调节作用，构造人造洪峰，改善不和谐水沙关系的基本方法。从定义上而言，调水调沙突出"调"的调控手段。随着经济发展和河流泥沙治理研究的逐步深入，水沙过程调控手段呈现出多样化。在以往调水调沙的基础上，通过分析河道泥沙主要的来源区域，采用防风固沙、修建淤地坝、水土保持等手段减少进入河道的泥沙，从根源上治沙。通过挖河固堤、引水放淤等手段对水沙关系恶化严重的河段进行重点治理。对于黄河而言，泥沙治理的总策略从上拦下排、两岸分滞、蓄清排浑，发展到"固、拦、调、放、挖"多调控手段相结合的综合治理阶段（赵海镜等，2012）。

此外，作为河流动力学的分支，水沙资源优化配置研究与水沙调控的定义也有着密切的联系。所谓的水沙资源优化配置，即在流域范围内，遵循有效、合理、科学和可持续的原则，利用各种工程与非工程措施，按照泥沙运动规律、经济规律和资源配置准则，通过合理开发、有效供给、维护和改善生态环境质量等手段和措施，对可利用的泥沙资源在流域内不同区域或各用沙单元方面进行分配（胡春宏等，2005）。流域水沙资源优化配置起步较晚，且尚处于理论框架研究阶段，总体发展尚不够成熟。水沙资源优化配置强调泥沙资源化的治理方略，提倡将泥沙作为与水资源类似的资源进行优化配置。受水资源优化配置理论的深远影响，水沙资源优化配置研究成果的应用范围极为有限。

因此，学者们提出了水沙调控的概念：从河流的实际特点出发实施统筹规划，通过对水沙过程的积极调解和合理控导，协调防洪、发电、供水、生态以及河流生态等方面的矛盾，使得水利工程体系的综合效益最大、负面影响最小，保障流域水资源的可持续开发。水沙调控的概念较调水调沙更为全面，较水沙资源优化配置，其应用范围更为广泛。水沙调控的研究将水、沙过程合为一体，利用多调控手段相结合的方略治理泥沙，营造和谐的水沙关系。

根据已有的水沙调控定义，结合黄河水沙调控的实际特点，笔者提出了黄河水沙调控的定义：根据河道来水来沙规律，通过"固、拦、调、放、挖"等多调控手段，构造和谐的水沙关系，维持河道冲淤的相对平衡，满足黄河全流域防洪、防凌、供水、生态、发电等综合利用要求的和谐、可持续发展，实现各水利工程综合效益以及流域区域经济效益的双赢。具体来讲，黄河水沙调控侧重以"调"为主、其他调控手段为辅的科学治沙理念，在防洪、供水、水沙调控、发电等多目标中寻求和谐的调控临界点，使得有限的水资源发挥最大的综合利用效率。

2.1.2　水沙调控的对象

由水沙调控的定义可知，水沙调控的目标是维持河道冲淤的相对平衡，调控的核心是构建和谐的水沙关系。因此，水沙调控的基本出发点是对天然水沙过程和河道演变的调整，而天然水沙过程和河道演变二者之间又相辅相成。一方面，和谐的水沙过程能够减少河道淤积、减缓河床形态的剧烈变化，使河道形态变化向有利于河床健康的方向发展；另一方面，河道形态的调整反作用于河道水流和泥沙运动，而河道主槽的冲刷、行流行洪能力的提升有利于形成和维持和谐的水沙关系，如图 2-1 所示。

原则上，断面形态、走势、河床比降、阻力等河道特征是由构造运动和地质条件共同决定的，天然的水流、泥沙又取决于流域气候、水文、下垫面及产沙特性。不同的流域、同一流域内上下游的情况千差万别，形成了不同的水沙调控特点。例如，长江流域的主要任务是调洪。由于长江流域中游的洪峰流量很大，且洪量与河道泄水存在严重的不平衡。因此，长江流域的主要调控对象就是通过水库、蓄滞洪区等分蓄超额洪量，以减缓河道泄洪压力（水利部长江水利委员会，2003）。又比如，黄河流域由于水少沙多、泥沙淤积严重，主要的矛盾在于冲沙。

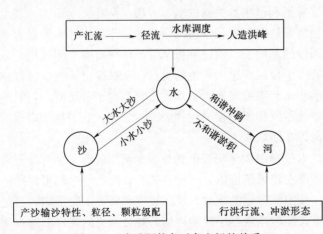

图 2-1　水沙调控各对象之间的关系

由于河道主槽淤积严重，平滩流量过小，冲沙的主要措施为：通过人造洪峰或者改变洪水历时、峰形，塑造有利于输送泥沙的水沙过程。

相比而言，黄河流域的水沙调控问题更为复杂。黄河中下游水沙调控主要依靠小浪底水库的调水调沙来实现和谐的水沙关系。调控时期选在汛前6月中下旬、7月上中旬或者9月中下旬，一般历时11～15天，利用高出汛限水位的库容，人造洪峰，冲刷库区及下游河道的泥沙。目前，小浪底水库调水调沙共进行4次试验，生产运行8次，黄河下游主槽河底高程平均下降1.5m，"二级悬河"形势开始缓解，不仅为小浪底水库库区多排泥沙，延长了小浪底水库拦沙库容的使用寿命，更提高了黄河下游主河槽的行洪排沙能力，取得了良好的应用效果（李国英，2008）。与黄河下游调水调沙不同的是，黄河上游的水沙调控主要依靠上游梯级水库群的远距离输沙冲沙来实现和谐的水沙关系。具体来讲，通过上游龙羊峡—刘家峡梯级水库群，塑造符合黄河上游沙漠宽谷河段水沙规律的水沙关系，控制重要断面的下泄流量，达到输沙、冲沙的目标。黄河上游沙漠宽谷河段的水沙调控，既要考虑黄河全流域的水资源利用要求，在保证防洪、防凌、供水安全和发电指标的前提下，满足水资源的高效利用和发电企业的发电效益；又要借助梯级水库群联合调控，构造和谐的水沙关系，借机冲沙，维持河道冲淤的相对平衡，控制内蒙古河段"二级悬河"的形态恶化，属于多目标优化问题。

2.1.3 水沙调控的目标

为了维持黄河健康生命，谋求黄河长治久安，维持流域及沿黄各省份地区经济社会的可持续发展，根据黄河水沙调控体系的总体布局和功能，黄河水利委员会提出了黄河全流域水沙调控体系联合调控，其目标如下：

（1）协调水沙关系，减轻河道淤积，长期维持河道河槽的行洪输沙功能，长期保持水库的有效库容。

（2）有效管理洪水，为防洪和防凌安全提供重要保障。通过削减大洪水的洪峰流量，减轻防洪压力，对中常洪水进行调控和利用，减少河道淤积，在长时期没有中常洪水发生时，通过水库群联合塑造人工洪水过程，维持河道基本排沙输沙能力。通过水库调节有效控制凌汛期流量，减少河槽蓄水量，减轻防凌压力。

（3）优化配置黄河水资源量，保障城乡居民生活、工业、农业和生态环境用水，维持黄河健康生命，确保黄河流域及相关地区经济社会的可持续发展。

与黄河中下游冲沙入海的调水调沙目标不同，黄河上游沙漠宽谷河段水沙调控的目标有两个：①通过水库塑造的人造洪水，将上游河道中泥沙搬移出研究区域；②采用其他调控手段减少入黄沙量。二者共同维持沙漠宽谷河段河道冲淤的相对平衡。

本书以黄河全流域水沙调控体系联合调控的总体目标为基础，开展黄河上游沙漠宽谷河段的水沙调控研究，旨在通过黄河上游梯级水库群联合调度，构造人工洪水进行远距离输沙冲沙，减缓黄河上游内蒙古河段的严重淤积，缓解"二级悬河"与河道安全的矛盾，维持沙漠宽谷河段冲淤的相对平衡。通过借鉴以往黄河治沙经验，采取梯级水库群联合调度的非工程调控手段，兼顾防风固沙、水土保持、河道整治、疏浚挖淤减淤等工程调控手段，实现黄河上游沙漠宽谷河段的输沙冲沙任务，维护黄河上游沙漠宽谷河段的河道安全。

2.2　水沙调控途径与模式

水沙调控是维持黄河干流河道安全和综合利用可持续发展的保障性调控措施之一。水沙调控使得黄河上游梯级水库群除了主要承担起输沙冲沙的任务，还要考虑供水、发电、防洪（凌）等综合利用要求，以满足水资源的可持续利用。因此，上游梯级水库群联合运行成为复杂的多目标优化调度问题。

对于上述多目标优化调度问题，不同的调控目标，对于梯级水电站的运行方式也提出了不同的要求。水沙调控是借助梯级水库群联合调度来实现和谐的水沙关系，以满足河道冲沙减淤之目的。首先，水沙调控的调控主体是水、沙、河道，三者之间互成因果、相互制约；其次，水沙调控需要考虑防洪、防凌、发电、供水等综合利用目标，各目标之间也相互制约、互为因果。因此，无论是调控的主体，还是调控的目标，都决定了水沙调控是多个相互联系系统的组合体，需要对水沙调控的目标进行分解。不同的处理方式决定了水沙调控模式的不同以及实现途径的不同（李义天等，2011）。

2.2.1　水沙调控的途径

为了实现水沙调控的目标，根据水沙调控的定义，水沙调控的途径可以归纳为：水土保持固沙拦沙、水库电站水沙调控、河道滩地疏浚放淤、人工挖河减淤，即"固-拦-调-放-挖"。有些文献中将"排"（即排沙入海，主要针对黄河下游河道的水沙调控）也纳入到水沙调控中（王开荣等，2002）。对于黄河上游沙漠宽谷河段的水沙调控而言，实现排沙入海的目标过于宏大。因此，本书暂不讨论排沙入海这一水沙调控途径。

"固"指的是稳固泥沙于河道外，是从源头上减少入黄沙量，是整治黄河上游沙漠宽谷河段泥沙的重要手段之一。所谓固沙，指利用上游的水土保持、沙柳沙障沙坝、防护林等措施，控制风沙，将汇入河道干流支流的泥沙控制在河道外，从而达到减少进入河道泥沙量的目的（柴娟等，2012）。

"拦"指的是拦截泥沙，是泥沙进入河道后的第一道治理措施。所谓拦沙，是指利用干流支流修建的控制性工程，将河道内的泥沙拦截在水库的库区内，以防止泥沙在河道中严重淤积，危害河道行洪、行流安全。

"调"指的是调节泥沙，是依靠河道内水沙规律、利用水库构造适应河道输沙特性的人工洪水或径流过程，冲刷水库下游河道河槽，以达到减少库区和河床的淤积、增大主槽的行洪能力的目的。目前，"调"是应用前景最好、效果最佳的泥沙治理措施。一方面，随着库区泥沙淤积量的增加，水库兴利库容减少，威胁水库的正常运行及下游河道安全。采用调水调沙，不仅可以减少库区泥沙的淤积量，延长水库电站的运行时间，还可以冲刷下游河床，改善河道的水沙关系，将泥沙搬运直至输沙入海；另一方面，人工塑造适宜河道水沙关系的洪水过程或径流过程，可人为的调节河道形态，增加了河道的行洪能力，保证了河道生命健康。

"放"，即放淤，是利用疏浚、放淤、淤灌等手段，将河道中的浊水放淤至河道滩地、两岸洼地、盐碱地等，有效利用河道泥沙加固两岸堤防、改良农田土壤、淤填洼地，减缓黄河河道淤积抬升的速度,大大提高堤防的抗洪能力。同时,引黄放淤可改善盐碱地的土壤,以达到增加作物耕种面积和农业产值的目的。

"挖",就是挖河,是指在局部淤积严重的河段或河口河段,采用挖泥船或泥浆泵挖取河道泥沙,挖河清淤,改善河道条件,理顺河势。通过挖河,一方面可降低河床高程,又可用挖出的泥沙加固大堤,降低工程成本,提高大堤的防洪能力;另一方面,挖河疏浚,结合淤背固堤和淤高低洼地面,处理和利用泥沙,增加可用土地。

2.2.2　水沙调控系统的分解

对于黄河上中游梯级水库群而言,水电站不仅承担着沿黄各地区的防洪防凌和地区经济发展的重任,且需要满足沿黄各省(自治区)、各灌区的供水任务,在水资源供需矛盾较为突出的地区开展水沙调控工作,对下游水资源综合利用的影响很大,需要全盘考虑,综合衡量利弊关系,在维护诸方利益的基础上才能开展水沙调控。因此,可将黄河上游沙漠宽谷河段的水沙调控系统分解为四个功能模块,即发电调度、水沙调度、防洪防凌调度和供水调度,如图2-2。

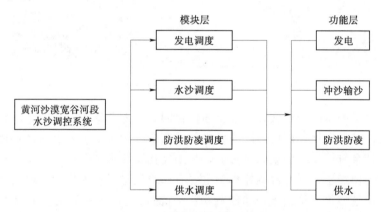

图2-2　水沙调控系统的分解

对于黄河上游沙漠宽谷河段的水沙调控,受流域各分段地貌、环境、经济等方面差异的影响,黄河上游不同河段在不同时段的功能是不同的,如刘家峡以上河段主要承担发电、供水任务,刘家峡及以下河段主要承担着防洪、防凌任务;各水库在汛期主要以防洪任务为主,非汛期以发电、供水、生态任务为主,等等。此外,要从管理上实现黄河上游各河段的综合利用要求,就必须通过梯级水库群间的补偿作用,采用不同的调度方式来实现这一复杂的多目标任务。因此,本节将黄河上游沙漠宽谷河段的水沙调控系统分解成发电调度、水沙调度、防洪防凌调度、供水调度四个模块,以完成黄河干流发电、输沙冲沙、防洪防凌、供水等任务。

2.3　水 沙 调 控 模 型 建 立

黄河上游梯级水库群水沙联合调控的调控对象是黄河上游沙漠宽谷河段,如图2-3所示。针对调控对象开展的水沙调控研究,不仅要考虑维持河道冲淤相对平衡的目标,更要兼顾发电、防洪、防凌、供水等综合利用要求，是一个典型的多目标问题，且各目标之间相互竞争、相互矛盾。鉴于黄河上游水沙联合调控的复杂性，为了能够最大限度地反映黄河上游梯级水库群联合调度系统的真实运行情况，本节考虑了维持河道冲淤相对平衡、水电站发电、防洪防凌、水资源综合利用等多个目标，建立了梯级水库水沙调控的多目标模型及可调水量最大的单目标模型。

图 2-3　黄河上游沙漠宽谷河段位置

由于黄河上游的水沙调控问题是多目标优化问题，涉及发电、减淤、防凌、防洪、供水等多个目标。多目标优化调度问题的解决可从两个方面考虑：一方面，是将多目标转换为单一目标，其余目标作为约束条件考虑，采用优化算法求解模型，以获得不同方案的调度结果。这一类梯级水库群水沙调控模型主要有梯级发电量最大模型、梯级供水量最大模型、冲沙量最大模型等（柴娟等，2012）；另一方面，是将多目标中两个以上的目标作为目标函数，其他目标作为约束条件，通过优化计算以获得不同权重的各方案计算成果。这一类水沙调控模型有发电量和冲沙量最大的水沙联合调度模型、防洪库容和冲沙量最大的水沙调控模型等（肖杨等，2012）。

2.3.1　研究区域节点概化及变量说明

根据黄河上游梯级水库群水沙联合调度的不同调控目标，结合梯级水库群开发次序和水文站站点分布情况，可将黄河上游系统概化节点，如图 2-4 所示。其中，龙羊峡—刘家峡区间水库由于调节性能差，均不予考虑。图 2-4 中，上、下箭头表示区间支流汇入以及灌区供水引出。

模型建立中各变量说明如下：

(1) $V(m, t)$、$Z(m, t)$ 分别为第 m 个水库 t 时段初库容、水位。

(2) $V_{max}(m, t)$、$V_{min}(m, t)$、$Z_{max}(m, t)$、$Z_{min}(m, t)$ 分别为第 m 个水库 t 时段初允许库容、水位上下限。

(3) $Q_{Ru}(m, t)$、$Q_{Rc}(m, t)$ 分别为第 m 个水库 t 时段入库、出库流量。

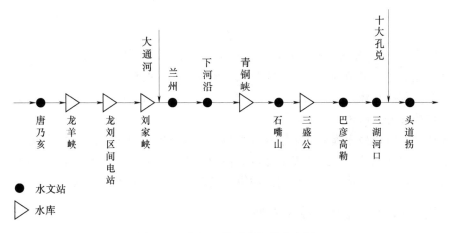

图 2-4 黄河上游系统概化节点图

（4）$Q_{Rc\min}(m,t)$、$Q_{Rc\max}(m,t)$ 分别为第 m 个水库 t 时段最小、最大允许出库流量。

（5）$Q_{Bu}(m,t)$、$QF_{\min}(m,t)$、$QF_{\max}(m,t)$ 分别为第 m 个水库 t 时段最小需补水量、防凌约束的最小出库流量和最大出库流量阈值。

（6）$Qf_{\min}(t)$、$Qf_{\max}(t)$ 分别为刘家峡水库防凌期 t 时段要求的最小和最大流量阈值。

（7）$N(n,t)$、$N_{\min}(n,t)$、$N_{\max}(n,t)$ 分别为第 m 个电站 t 时段出力、允许最小出力和最大出力。

（8）$QD(n,t)$、$QDD(n,t)$ 分别为第 m 个电站 t 时段发电流量、弃水流量。

（9）$H(n,t)$ 为第 m 个电站 t 时段平均发电水头（径流式电站按设计水头计算）。

（10）$QD_{\min}(n,t)$、$QD_{\max}(n,t)$ 分别为第 m 个电站 t 时段最小、最大允许过机流量。

（11）$ZD(n,t)$ 为第 m 个电站 t 时段尾水水位。

（12）$k(n)$ 为第 m 个电站出力系数。

（13）$QR(i,t)$、$QP(i,t)$、$QT(i,t)$、$QL(i,t)$、$QS(i,t)$ 分别为第 $i-1$ 节点与第 i 节点区间 t 时段区间支流来水、区间需水、区间退水、区间损失和缺水流量。

（14）$QG(i,t)$ 为第 $i-1$ 节点与第 i 节点区间 t 时段实际供水量。

（15）$QY(i,t)$、$QC(i,t)$ 分别为第 i 节点 t 时段上一节点来水流量和本节点出流量。

（16）$QS_{\min}(t)$ 为维持水资源供需平衡所要求兰州断面 t 时段的最小流量阈值。

（17）$\tau(i)$、Δt 分别为河段水流传播时间、调度时段长。

2.3.2 兼顾水沙调控的梯级发电量最大模型

对于不同河段不同流量过程的水库水沙调控任务而言，建立基于水沙调控的梯级发电量最大模型，将水电站水沙调控任务转换为流量过程约束条件，对梯级发电量最大模型进行改进，不失为一种简单、有效且实用的方法。

基于水沙调控的梯级发电量最大模型是以梯级总发电量最大为优化准则，在满足要求的各时段冲沙流量的前提下，将各水库调度期内总用水量优化分配到各个时段。梯级水库群最下游水库的出库流量反映下游河道冲沙流量的需求，也反映了供水、发电等要求。建立如下的数学模型：

$$E(t) = \max \sum_{t=1}^{T} \sum_{i=1}^{N} P_{i,t}(D_i) \Delta t \qquad (2-1)$$

式中：T 为调度周期；N 为电站总数；$P_{i,t}(\cdot)$ 表示 i 电站 t 时段的出力；D_i 表示 i 电站是否承担水沙调控任务，取值为 1 或 0。当 i 电站承担水沙调控任务时，D_i 取为 1，且该电站的出库流量过程必须满足水沙调控所要求的冲沙流量 $\xi(t)$；否则，D_i 取为 0，即该水库不承担水沙调控任务（白涛，2010）。

上述梯级发电量最大模型适用于参与水沙调控运行的梯级水电站主要承担发电任务的情况，避免因水沙调控运行造成发电经济效益的损失，以获得水沙调控运行期间梯级总发电量最大。该模型将其他目标转化成强约束，是较为普遍的水沙调控模型。

2.3.3　梯级水库可调水量最大模型

将黄河上游梯级水库的可调水量最大作为目标函数。可调水量可用于供水或发电，也可以作为水沙调控的水量。

可调水量最大目标：

$$W(i,j) = \max \sum_{j=1}^{12} [W_1(i,j) + W_2(i,j)] \qquad (2-2)$$

式中：i 为年数，$i=1,2,\cdots,55$（即具有水文资料的 1956—2010 年）；j 为以年为计算周期的月时段数，$j=1,2,\cdots,12$；$W_1(i,j)$ 为龙羊峡水库在第 i 年 j 时段的蓄水量；$W_2(i,j)$ 为刘家峡水库在第 i 年 j 时段的蓄水量。

2.3.4　多目标梯级水库水沙联合优化调度模型

黄河上游水沙联合调控系统的调控目标可分为四类：防凌、防洪目标；维持河道冲淤相对平衡目标；水资源供需平衡目标；发电目标。

（1）防凌目标：

$$\min(\max |Q_{Rc}(m,t) - Qf_1(t)|) \qquad (2-3)$$

式中：$m=2$，则 $Q_{Rc}(m,t)$ 指刘家峡水库 t 时段的出库流量；$Qf_1(t)$ 为 t 时段刘家峡水库为满足防凌要求的流量阈值。其阈值区间为

$$Q_{f\min}(m,t) \leqslant Q_{f1}(t) \leqslant Q_{f\max}(m,t) \qquad (2-4)$$

（2）防洪目标：控制水库防洪水位及下泄流量，确保大坝水库及下游地区安全。

$$Z_{\min}(m,t) \leqslant Z(m,t) \leqslant Z_{\max}(m,t) \qquad (2-5)$$

$$Q_{Rc,\min}(m,t) \leqslant Q_{Rc}(m,t) \leqslant Q_{Rc,\max}(m,t) \qquad (2-6)$$

式中：$Z(m,t)$、$Q_{Rc}(m,t)$ 分别为第 m 个水库 t 时段的水库水位和下泄流量；$Z_{\min}(m,t)$、$Z_{\max}(m,t)$ 分别为第 m 个水库汛期最低、最高控制水位；$Q_{Rc,\min}(m,t)$、$Q_{Rc,\max}(m,t)$ 分别为第 m 个水库汛期下泄流量的最大值和最小值。

（3）维持河道冲淤相对平衡目标：

$$\max W = \max \sum_{i=1}^{N} \sum_{t=1}^{T} w(i,t) \Delta t \qquad (2-7)$$

式中：T 为调度周期；N 为输沙断面数目；$w(i,t)$ 表示第 i 断面 t 时段的输沙量，由各断

面的输沙率确定；Δt 表示调度时段长度。

（4）水资源供需平衡目标。为了满足黄河全流域的水资源供需平衡，必须保证兰州断面一定流量。本节以兰州水文站作为黄河全流域水资源供需的控制站，严格按照《黄河流量水资源综合规划》的要求，控制兰州水文站的控泄流量，以满足水资源供需平衡目标。

$$QS_{min}(t) \geqslant QC_{LZ}(t) \tag{2-8}$$

式中：$QC_{LZ}(t)$ 指兰州断面 t 时段的流量。

（5）发电目标：

$$\max E = \sum_{i=1}^{N_1} \sum_{t=1}^{T} \left[N(i,t) \Delta T(t) \right] \tag{2-9}$$

式中：E 为总发电量；$N(i,t)$ 为第 i 个子系统在第 t 时段的平均出力。

2.3.5 约束条件

（1）节点水量平衡约束：

$$QC(i,t) = QC(i-1,t) + QR(i,t) - QG(i,t) - QL(i,t) + QT(i,t) \tag{2-10}$$

第 i 节点出流应等于上一节点 $i-1$ 出流与区间来水之和，扣除区间实际供水及区间损失，再加上区间退水。

（2）节点间水流连续性约束：

$$QY(i,t) = \alpha(i)QC(i-1,t-1) + [1-\alpha(i)]QC(i-1,t) \tag{2-11}$$

（3）水库水量平衡约束：

$$V(m,t+1) = V(m,t) + [QRu(m,t) - Q_{Rc}(m,t)]\Delta T(t) - LW(m,t) \tag{2-12}$$

（4）水库库容约束：

$$V_{min}(m,t) \leqslant V(m,t) \leqslant V_{max}(m,t) \tag{2-13}$$

式中：$V_{min}(m,t)$ 为死库容，$V_{max}(m,t)$ 为总库容。

（5）防凌约束：

$$QF_{min}(m,t) \leqslant Q_{Rc}(m,t) \leqslant QF_{max}(m,t) \tag{2-14}$$

上述防凌约束主要针对刘家峡水库而言。

（6）出库流量约束：

$$Q_{Rc\,min}(m,t) \leqslant Q_{Rc}(m,t) \leqslant Q_{Rc\,max}(m,t) \tag{2-15}$$

式中：$Q_{Rc\,min}(m,t)$ 的确定与为满足各省区用水水库最小需供水量 $Q_{Bu}(m,t)$、防凌要求的 $QF_{min}(m,t)$ 以及生态要求的 $QS_{min}(t)$ 有关。$Q_{Rc\,min}(m,t)$ 与最大过机流量 $QD_{max}(n,t)$、防凌要求的 $QF_{max}(m,t)$ 有关。

（7）出力约束：

$$N_{min}(n,t) \leqslant N(n,t) \leqslant N_{max}(n,t) \tag{2-16}$$

式中：$N_{min}(n,t)$ 一般为机组技术最小出力；$N_{max}(n,t)$ 为装机容量。

（8）变量非负约束。

2.4 模 型 算 法

梯级水库群水沙调控模型属于高维、非线性、多变量的复杂优化问题，除要考虑各梯级电站之间的水力、电力联系、水流时滞等约束条件外，还需考虑水沙调控参数及多目标权重系数的确定，与梯级水库群优化调度模型的求解方法相比，求解难度更大。

　　水沙调控模型的求解方法众多，传统的方法有线性规划、非线性规划、动态规划、逐次优化、大系统分解协调及相应的改进算法。随着梯级水库群数目的增加和求解问题的复杂，传统方法中存在计算时间长、结果精度低以及易陷入"维数灾"等缺陷。进入计算机信息时代后，众多的仿生智能算法应运而生，如遗传算法、粒子群算法、蚁群算法、免疫算法、模拟植物生长算法、差分进化算法等。仿生智能算法作为人类模拟自然界生物系统、依赖生物群体的智能的一类新型优化算法，在解决带有大量局部极值点，优化函数不可微、不连续、多约束条件的高维非线性问题中具有较大的优势。目前，仿生智能算法以其较强的实用性、较快的求解速度和全局收敛等特性广泛应用于梯级水库群优化调度中。本节介绍两种常见的智能算法。

2.4.1　自迭代模拟优化算法

　　自迭代模拟优化算法是利用数学关系式描述系统参数和变量间的关系，通过计算机来模拟系统实际变化，具有较强的仿真性。其基本的模拟方法过程是一个开环过程，没有直接寻优功能，只能借助其他优化技术对输出相应寻优，需要模拟各种工况，通过建立相应曲面来寻找满意解，工作量大，耗费机时长。自迭代模拟优化就是将模拟与优化结合，在模拟模型中嵌入优化结构。自迭代模拟优化是根据自适应控制原理，在模拟优化模型中增加辨识结构，按一定规则自动形成反馈修正量，从而使开环模拟变为闭环控制。自迭代模拟优化算法的求解流程如图 2-5 所示，其基本思路是：在给定初始控制线的模拟模型中，加入一个在线辨识结构，将模拟计算的输出结果经辨识后，自动形成对系统进行控制的反馈修正量并反馈到输入端，然后按新输入重新模拟系统输出，引导模拟结果自行趋向优化解。

　　以求解上述梯级水库的多目标联合调度模型为例，自迭代模拟优化算法的基本思路为：在龙羊峡、刘家峡梯级水库联合调度中，水量平衡方程有龙羊峡出库流量和刘家峡出库流量两个未知数，只有通过设定龙羊峡、刘家峡出库流量初始值通化模型的计算过程，根据多年龙羊峡、刘家峡联合运行的实际资料数据，求得 12 个月的龙羊峡、刘家峡出库比例，作为一个时段内水量平衡计算中初次迭代的数据，根据防凌期、灌溉期和防洪期等运行原则，模拟运算出龙羊峡、刘家峡流量、水位、出力等值，再通过流量、水位、出力等约束条件判别，不断修正时段中龙羊峡、刘家峡的出库流量大小，返回迭代计算，直至计算结果满足各水库流量、水位、库容要求。

　　根据黄河水资源配置的基础原则，采取辨识反馈结构，得到模型各时段的求解流程，如图 2-6 所示。具体求解步骤为：输入 1955 年 11 月—2010 年 10 月共 55 年的龙羊峡入库流量、龙羊峡—刘家峡区间流量、刘家峡—兰州断面区间流量以及兰州断面需水流量；龙羊峡、刘家峡水位库容曲线，特征参数，死库容，兴利库容，保证出力等特征值。以一年为周期（11 月至次年 10 月）计算步骤如下：

　　(1) 防凌期：

　　1) $Q_{LJX,o}(t)=Q_{LZ}(t)-Q_{LLZ}(t)$；$Q_{LYX,o}(t)=k(t)Q_{LJX,o}(t)$。

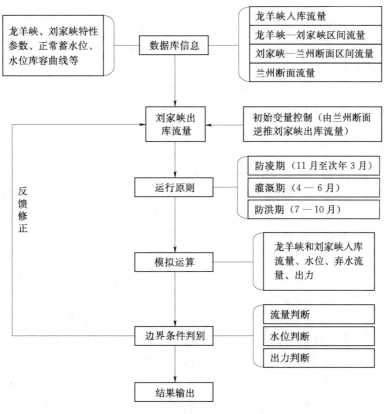

图 2-5 自迭代模拟优化算法的求解流程

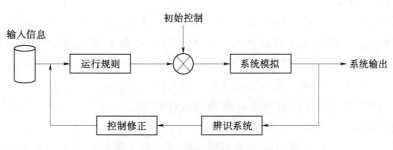

图 2-6 自迭代模拟优化结构示意图

2）梯级水库运行过程计算，得到时段末的各水库入库、出库、水位、库容、弃水及出力等值。

3）判断是否满足约束条件，若满足则进入下一个计算时段；否则，修正，返回1）继续计算。

防凌期龙羊峡、刘家峡水库的约束条件有：刘家峡防凌安全下泄流量约束；水库正常蓄水位约束；水库死库容约束；最小生态流量约束；电站保证出力约束。

（2）灌溉期。该时期计算步骤与防凌期计算步骤相同，约束条件略有不同：刘家峡灌溉期下泄流量约束；水库正常蓄水位约束；水库死库容约束；最小生态流量约束；电站保证出力约束。

（3）防洪期。该时期计算步骤与防凌期计算步骤相同，约束条件略有不同：水库汛限水位约束；水库死库容约束；最小生态流量约束；电站保证出力约束；另外还包括 10 月末水库可利用汛末洪水存蓄水量。

一个周期的 12 个月时段运行过程计算完毕后，最后一个时段末的各水库水位、库容值作为下一周期年的计算初始值，衔接进入下一年梯级水库运行调度计算。

2.4.2　粒子群优化算法

粒子群优化（Particle Swarm Optimization，PSO）算法是 1995 年由美国社会心理学家 James Kennedy 和电气工程师 Russell Eberhart 共同提出的。同年，在 IEEE 国际神经网络学术会议上正式发表了题为《Particle Swarm Optimization》的文章，标志着粒子群算法的诞生。其基本思想是对鸟类群体行为研究结果的启发，并利用了生物学家 Frank Heppner 的生物群体模型（黄强等，2007）。粒子群算法与其他进化类算法相类似，也采用"群体"与"进化"的概念，同样是根据个体（粒子）的适应值大小进行操作。所不同的是，PSO 算法的进化过程是一个自适应过程，粒子的位置代表被优化问题在搜索空间中的潜在解；粒子在空间中以一定的速度飞行，这个速度根据它本身的飞行经验以及同伴的飞行经验进行调整，决定它们飞翔的方向和距离。粒子们追随当前的最优粒子在解空间中搜索。PSO 初始化为一群随机粒子，通过迭代来找到最优解。以求解上述梯级水库的多目标联合调度模型为例，PSO 算法流程如下：

（1）确定参数：假设梯级水电站的个数为 i，调度周期为 T，以各水库水位作为粒子位置，则第 i 个粒子在 T 维搜索空间中的位置为 $Z(i,T)$，粒子种群规模为 m，最大迭代次数及基本参数为 c_1、c_2、r_1、r_2。

（2）初始化粒子群，对可行搜索空间进行优化，生成 $Z(i,T)$：在已知各水库始末水位 $Z_0(i)$ 的基础上，对各水库特征水位、下泄流量、水量平衡及流量平衡等约束条件进行转化，根据上述方法对可行搜索空间进行优化，得到满足约束的 $Z(i,1)$，$Z(i,2)$，…，$Z(i,T-1)$，$Z(i,T)$ 初始序列，即初始化该粒子群的位置和速度。以发电量或供水量作为粒子的适应度，计算每个粒子的适应度，挑选出最优粒子。

（3）对粒子的位置和速度进行更新、迭代。

（4）判断更新后的粒子是否满足不可转化约束。如不满足，则抛弃该组粒子，重新在初始序列中随机生成一组满足不可转化约束的粒子。

（5）计算更新后粒子的适应度，比较选择，记录粒子的个体最优位置和全局最优位置。

（6）检验是否满足迭代终止条件。如果当前迭代次数达到了预先设定的最大迭代次数，或达到最小误差要求，则迭代终止，输出结果，否则转到（3），继续迭代。

由于标准遗传算法存在收敛速度慢、接近全局最优解时很难收敛、容易早熟收敛的问题，特别是对于复杂非线性问题（如梯级水库群联合优化调度）极易发生局部收敛。因此，许多改进的遗传算法应运而生。改进方法主要从搜索机制着手，有从编码方式的角度改进遗传算法，有通过采用自适应的交叉率和变异率改进的遗传算法，也有从算子的选择、复制、变异等遗传操作上进行的改进，极大地改进了标准遗传算法在水库联合调度应用中的求解效率和精度。同样，由于粒子群算法自身也有缺陷，如局部收敛即早熟问题、后期收敛速度慢的问题，因此难以处理优化问题的约束条件。粒子群算法主要的改进方式有对惯性权重和粒子的最大速度限制的改进、对变异算子的改进、引入邻域操作以及引进其他优化算法的混合粒子群算法。

2.5 泥 沙 输 移 模 型

为了定量化描述水沙调控的输沙效果，结合梯级水库群水沙调控的流量过程，在不同的水沙条件下，结合水流连续方程和水流动量方程，计算河道各断面悬移质的挟沙力，以建立河道断面的输沙率模型和区间河段的泥沙输移模型，以便精确地计算出各断面的输沙量和河道区间冲淤量。

2.5.1 水流挟沙力计算模型

水流挟沙力可以看成是在一定的水沙泥沙综合条件下，水流能挟带的悬移质中床沙质的临界含沙量。水流挟沙力是反映河床处于冲淤平衡状态下，水流夹带泥沙能力的综合性能指标。当水流中悬移质含沙量超过了这一临界数时，水流处于超饱和状态，河床将发生淤积。反之，当水流中悬移质的床沙质含沙量不足这一临界值时，水流处于次饱和状态，河床将发生冲刷。因此，悬移质水流挟沙力计算，是泥沙数学模型中至关重要的问题，公式的准确性与否会直接影响到河床冲淤计算的精确度。

关于水流挟沙力的研究，一直是河流泥沙研究中最为棘手的问题。多年来国内外研究者对水流挟沙力问题进行了大量的研究，得到了不少关于水流挟沙力计算的理论、半理论半经验的或经验的公式。以下对均匀沙和非均匀沙，分别列举部分常用公式。

2.5.1.1 均匀沙水流挟沙力

虽然天然河流悬移质泥沙都是非均匀均沙，但有时为了计算简便，可以简化为均匀沙来处理。关于均匀沙悬移质挟沙力常用的计算公式如下：

（1）张瑞瑾水流挟沙力公式。张瑞瑾等在收集大量的长江、黄河及若干水库及室内水槽的资料的基础上进行了理论分析，得到了著名的水流挟沙力公式，即

$$S_* = K \left(\frac{\overline{U}^3}{gR\omega} \right)^m \tag{2-17}$$

式中：S_* 为水流挟沙力；$\overline{U}$ 为断面平均流速；ω 为断面泥沙平均沉速；R 为水力半径；g 为重力加速度；K、m 分别为挟沙力系数和挟沙力指数，其中，$K=0.22$，$m=0.76$。

（2）沙玉清水流挟沙力公式。沙玉清在大量资料的基础上，分析了影响挟沙力的主要因素，用回归分析的方法得到挟沙力公式：

$$S_* = \frac{Kd_{50}}{\omega^{4/3}} \left(\frac{\overline{U} - U_c'}{\sqrt{R}} \right)^\beta \tag{2-18}$$

式中：S_* 为水流挟沙力；$\overline{U}$ 为断面平均流速；U_c' 为泥沙起动流速；ω 为断面泥沙平均沉速；d_{50} 为床沙中值粒径；R 为水力半径；β 为指数，与水流 Froude 数，即 Fr 有关，计算如下：

$$\beta = \begin{cases} 2, & Fr < 0.8 \\ 3, & Fr \geqslant 0.8 \end{cases} \qquad (2-19)$$

系数 K 的取值与水流挟沙力的饱和程度有关，当悬移质正常饱和时，$K = 200$；当悬移质超饱和时，$K = 400$；当悬移质次饱和时，$K = 91$。

（3）杨志达水流挟沙力公式。杨志达从单位水流功率的理论出发，建立了包括沙质推移质在内的床质水流挟沙力公式：

$$\lg S_* = a_1 + a_2 \lg \frac{\omega d_{50}}{v} + a_3 \lg \frac{u_*}{\omega} + \left(b_1 + b_2 \lg \frac{\omega d_{50}}{v} + b_3 \lg \frac{u_*}{\omega} \right) \lg \left(\frac{\overline{U} J_p}{\omega} - \frac{U_c J_p}{\omega} \right)$$
$$(2-20)$$

式中：J_p 为水力坡降；u_* 为摩阻流速，$u_* = \sqrt{gRJ_P}$；a_1、a_2、a_3、b_1、b_2、b_3 为系数，根据黄河上游资料，可以取：$a_1 = 3.501$，$a_2 = 0.159$，$a_3 = 0.02219$，$b_1 = 1.408$，$b_2 = 0.4328$，$b_3 = 0.04572$。

（4）黄河干支流水流挟沙力公式。以黄河干流及部分支流的实测资料为基础推导而来：

$$S_* = 1.07 \frac{\overline{U}^{2.25}}{R^{0.74} \omega^{0.77}} \qquad (2-21)$$

（5）武汉水利电力学院水流挟沙力公式。吴保生等选用大量黄河野外实测资料，对国内外常见的具有代表性的公式进行了验证和比较，推荐了精度较高的公式，其中以武汉水利电力学院的公式形式比较简单，而且得到了普遍应用，即

$$S_* = 0.4515 \left(\frac{\gamma_m}{\gamma_s - \gamma_m} \frac{\overline{U}^3}{gR\omega} \right)^{0.7414} \qquad (2-22)$$

（6）张红武水流挟沙力公式。张红武等从水流能量消耗和泥沙悬浮功之间的关系出发，考虑了泥沙含量对卡门常数及泥沙沉速等影响，给出了以下半经验半理论的水流挟沙力公式，并经过较大范围的粒径的测资料检验，具有较强的适应性。

$$S_* = 2.5 \left[\frac{(0.0022 + S_v) \overline{U}^3}{\kappa \frac{\gamma_s - \gamma_m}{\gamma_m} gh\omega_s} \ln \left(\frac{R}{6d_{50}} \right) \right]^{0.62} \qquad (2-23)$$

式中：S_v 为垂线平均的体积比含沙量，即单位体积的水流所含泥沙的体积；κ 为卡门常数，与含沙量有关；γ_s 与 γ_m 分别为泥沙容重和浑水容重；d_{50} 为床沙中直粒径；ω_s 为群体沉速。

（7）李义天二维水流挟沙力公式。目前，平面二维水流泥沙数学模型中水流挟沙力一般直接使用一维挟沙力公式或经过改进后的一维挟沙力公式。对二维水流挟沙力的研究相对较少。李义天根据长江中游河段的水沙资料，给出了二维水流挟沙力（床沙质）的计算公式：

$$S_* = K \left(0.1 + \frac{90\omega}{\overline{U}} \right) \frac{\overline{U}^3}{gR\omega} \qquad (2-24)$$

式中：$K = 0.5$。

2.5.1.2　非均匀沙水流挟沙力

关于天然非均匀沙水流挟沙力的计算，可采用以下一些途径。

（1）不进行分组，直接按均匀沙挟沙力公式计算。可利用 2.5.1.1 所列举的水流挟沙力公式直接计算非均匀沙挟沙力，不进行分组。其中，泥沙粒径和沉速分别采用平均粒径及平均沉速。然而，由于天然河流尤其是黄河上游河段，悬移质泥沙粒径分布范围较宽，用单一的代表粒径及其沉速公式计算水流挟沙力，会与实际有较大出入。

（2）分粒径组计算各粒径组水流挟沙力，再求和。为了避免计算水流挟沙力与实际挟沙力的误差，可以先分粒径组按上述水流挟沙力公式分别计算水流挟沙力，再求和得到总的水流挟沙力，即 $S_* = \sum S_{*L}$。然而，在天然河流中，水流的实际挟沙力是非常复杂的，既有含沙量大小的问题，又有泥沙粗细的问题。由于粗颗粒泥沙较细颗粒泥沙易于淤积且难以冲刷，在河床有冲淤变化时，床沙及悬移质粒径级配总是沿程变化并随时间而变化的。而上述两种方法只能计算含沙量的沿程变化，不能计算泥沙级配的沿程变化。因此，有必要引入计算分组水流挟沙力的方法和公式。

（3）Hec-6 模型方法。美国陆军工程师兵团研制的 Hec-6 模型中有关求分组水流挟沙力的基本方法是：先求每一粒径组均匀泥沙的可能水流挟沙力，即全部床沙均为某种均匀泥沙的水流挟沙 S_{pL}，再按床沙级配曲线求这一粒径组在床沙中的含量百分比 P_{bL}，两者的乘积为这一粒径的分组水流挟沙力。以张瑞瑾水流挟沙力式（2-17）为例，有

$$S_{*L} = P_{bL}S_{pL} = P_{bL}K\left(\frac{\overline{U}^3}{gR\omega_L}\right)^m \qquad (2-25)$$

用式（2-17）分别除上述等式两边，则

$$P_{*L} = P_{bL}\left(\frac{\omega}{\omega_L}\right)^m \qquad (2-26)$$

可见，水流挟沙力级配 P_{*L} 只与床沙级配及该粒径组沉速 ω_L 与平均沉速 ω 的比值有关，而与其他水力要素无任何关系，这在物理观念上显得不够合理。

（4）黄河水利科学研究院模型方法。河流中的泥沙主要由两部分组成：一部分是上游来水挟带而来；另一部分是由于水流的紊动扩散作用从床面上扩散而来。悬移质挟沙力级配也应该是来水来沙和河床条件的综合结果，即悬移质挟沙力级配 P_{*L} 不仅与床沙级配 P_{bL} 有关，而且与来沙级配 P_L 有关，即

$$P_{*L} = \omega P_L + (1-\omega)P'_{bL} \qquad (2-27)$$

其中

$$P'_{bL} = \frac{P_{bL}\left(\frac{\omega}{\omega_L}\right)^m}{\sum P_{bL}\left(\frac{\omega}{\omega_L}\right)^m} \qquad (2-28)$$

权重因子的取值可根据式（2-29）确定：

$$\omega = \begin{cases} \sqrt{\dfrac{\sum\limits_{L}P_{bL}d_L}{D_{50}}}, & S_* > S \\[4mm] \sqrt{\dfrac{\sum\limits_{L}P_L d_L}{d_{50}}}, & S_* \leqslant S \end{cases} \qquad (2-29)$$

式中：D_{50}、d_{50} 分别为悬移质和床沙的中值粒径；S_*、S 分别为总的挟沙力和含沙量；d_L

为第 L 组泥沙直径。

　　另外，黄河水利科学研究院还给出了挟沙力权重因子 ω 的取值范围：当河道淤积时，$0.624 < \omega < 0.853$；当河道冲刷时，$0.641 < \omega < 0.862$；当冲淤平衡时，$0.485 < \omega < 0.517$。

2.5.2　悬移质不平衡输沙模型

　　将悬移质泥沙分为 M 组，以 S_k 表示第 k 组泥沙的含沙量，可得悬移质泥沙的不平衡输沙方程

$$\frac{\partial(AS_k)}{\partial t} + \frac{\partial(QS_k)}{\partial x} = \alpha\omega_k B(S_k - S_{*k}) \tag{2-30}$$

式中：x 为沿流向的坐标；α 为恢复饱和系数；ω_k 为第 k 组泥沙颗粒的沉速；S_k 为第 k 组泥沙挟沙力。

2.5.3　河床变形模型

　　河床变形方程的形式如下：

$$\gamma' \frac{\partial A}{\partial t} = \sum_{k=1}^{M} \alpha\omega_k B(S_k - S_{*k}) \frac{\partial Bq_b}{\partial x} \tag{2-31}$$

式中：γ' 为泥沙干容重。

2.6　本　章　小　结

　　本章主要对基础理论部分，如水沙调控的基本概念、模型、方法进行了论述。根据水沙调控及水沙资源优化配置的基本概念，提出了黄河水沙调控的定义，确定了水沙调控的对象和目标。通过对水沙调控系统的分解，提出了黄河水沙调控"固-拦-调-放-挖"的途径，构建了黄河上游沙漠宽谷河段的水沙调控模式。综合以往梯级水库水沙联合调度的研究现状，以水库调节下游河道泥沙为核心，建立了基于多目标转换为单一目标的梯级发电量最大和可调水量最大的水沙调控模型，以及多目标的梯级水库水沙联合调度模型。介绍了自迭代模拟优化算法和粒子群优化算法两种常见的智能优化算法，结合黄河上游梯级水库水沙联合调度实例，给出了两种优化算法的计算步骤。结合水流连续方程和水流动量方程，建立了悬移质的挟沙力和泥沙输移模型，为量化水沙调控效果提供技术支撑，奠定了黄河上游沙漠宽谷河段水沙调控的理论基础。

第3章 黄河上游径流规律研究

3.1 年内分配规律

径流的年内变化直接影响水资源的利用、水库群的调度。根据统计分析的原理，本节选取唐乃亥水文站 1956—2011 年长系列径流资料进行年内分配统计分析，结果见表 3-1。

表 3-1　唐乃亥水文站多年平均径流年内分配

季节	春汛			伏汛				凌汛				
月份	4	5	6	7	8	9	10	11	12	1	2	3
平均流量/（m³/s）	353	558	889	1288	1065	1188	962	473	225	168	165	218
占全年/%	4.68	7.39	11.77	17.05	14.1	15.73	12.73	6.27	2.99	2.23	2.18	2.89
最大值/（m³/s）	643	1150	2390	2650	1940	3550	1970	862	358	253	251	318
发生年份	1976—1977	1967—1968	1988—1989	1983—1984	1976—1977	1981—1982	1975—1976	1975—1976	2009—2010	1989—1990	1983—1984	1975—1976
最小值/（m³/s）	210	252	425	532	444	382	335	200	126	90	102	148
发生年份	1959—1960	1959—1960	1965—1966	1995—1996	2002—2003	2002—2003	2002—2003	2002—2003	2002—2003	2002—2003	2002—2003	2002—2003
占全年/%	23.88			59.61				16.51				

其中，4—6 月为春汛，7—10 月为伏汛，11 月至次年 3 月为凌汛。可以看出以下规律：

（1）年内最大流量常发生在伏汛的 9 月，最小流量发生在凌汛的 2 月。

（2）春汛的多年平均径流量占全年 23.88%，凌汛的多年平均径流量占全年 16.51%，伏汛的多年平均径流量占全年 59.61%，来水量最大。

3.2 年际变化趋势分析

趋势性分析的方法很多，常用的方法有滑动平均、线性倾向估计、累积距平、二次平滑、三次样条函数、Kendall 秩次相关法等。本节采用线性倾向估计法（萌勃等，2007）

对黄河上游唐乃亥站的流量进行径流趋势分析。取唐乃亥水文站 1956—2011 年的径流序列为样本序列，建立径流序列（X_1，X_2，X_3，$\cdots$，X_n）与时间序列（t_1，t_2，t_3，$\cdots$，t_n）的一元线性回归方程：

$$X_1 = A + Bt_i (i = 1, \cdots, n) \tag{3-1}$$

式中：A 为回归常数；B 为回归系数。

回归系数 B 的符号表示变量 x 的趋势倾向，正值表示增加趋势，负值表示减少趋势。相关系数 r 表示变量 X_i 与时间 t_i 之间线性相关的密切程度。

对于判断变化趋势的程度是否显著，必须对序列 X_i，t_i 相关分析的结果进行显著性检验。确定显著性水平 α，若 $r > r_\alpha$ 表明 X_i 随时间 t_i 的变化趋势是显著的。否则表明变化趋势不显著。对唐乃亥水文站 1956—2011 年长系列流量变化过程进行分析，如图 3-1 所示。

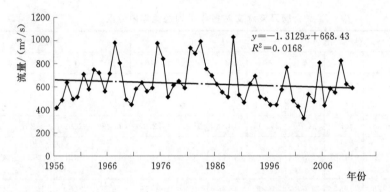

图 3-1　1956—2011 年长系列流量变化过程

由图 3-1 可以看出以下规律：

（1）假设序列通过置信度 $a = 0.95$ 的假设检验，查相关系数临界值表得 $\alpha = 0.05$，$n = 56$ 时 $r_\alpha = 0.2639$，而相关系数 $r = 0.1240 < r_\alpha$，表明原序列存在显著的递减趋势。

（2）唐乃亥水文站的多年流量均值为 $631.68 \mathrm{m^3/s}$。

3.3　年际变化不均匀性分析

反映年径流量年际变化幅度的特征值主要是年径流量的变差系数 C_v 值和年径流量的年际极值比（黄锡荃等，2003）。年径流量的变差系数值 C_v 反映年径流量总体系列离散程度，C_v 值越大表示该地区年径流量相差越大，径流年际分配越不均匀。年际极值比可反映年际变化幅度。唐乃亥水文站的多年流量变化特征值见表 3-2。

C_v 值的计算公式：

$$C_v = \frac{\sigma}{x} \tag{3-2}$$

式中：σ 为标准差；$\overline{x}$ 为多年平均流量。

表 3 - 2   唐乃亥水文站的多年流量变化特征值

项　目	标准差 σ	多年平均流量 / (m^3/s)	变差系数 C_v	最大年流量 / (m^3/s)	最小年流量 / (m^3/s)	年际极值比
特征值	170.42	631.68	0.27	1039	337	3.08

由表 3 - 2 可知：唐乃亥水文站 1956—2011 年的多年平均流量为 631.68m^3/s，流域年径流量的变差系数 C_v 值较小，约为 0.27。最大年流量 1039m^3/s，发生在 1989 年；最小年流量为 337m^3/s，发生在 2002 年，年际极值比约 3.08 倍。表明唐乃亥水文站年径流的年际变化小。

3.4　径　流　周　期　性

水文时间序列变化的过程多种多样，但总可以把它看成是有限个周期波互相叠加而成（赵利红，2007）。可以理解为某一水文现象出现之后，经过一定的时间间隔，这种现象再次重复出现的可能性较大。水文时间序列中的周期项属于确定性成分，主要受地球绕太阳公转和地球自转影响。时间序列的周期分析方法有很多，主要有傅里叶分析法、简单分波法、功率谱分析法、极大熵谱分析法和小波分析法。本节采用极大熵谱分析法对唐乃亥水文站 1956—2011 的径流序列进行周期性分析。

流量、气温等时间序列由趋势项、周期项和随机项组成。严格来说，只有平稳序列才能作谱分析，而对于非平稳序列则会产生谱的虚假成分。在进行谱分析时，为了消除趋势项和随机项等非周期因素的影响，首先，应对资料序列标准化，即将原序列 $(x_1, x_2, \cdots, x_N)$ 值除以序列标准差，所得新序列为标准化序列。由于用标准化序列计算的谱估计与一般的谱估计结果完全一样。因此，本节用标准化程序进行谱估计。

采用 FPE 准则确定最佳模型阶数为 $m=14$，通过唐乃亥水文站选定的模型最佳阶数计算出的熵谱，绘制极大熵谱图如图 3 - 2 所示。

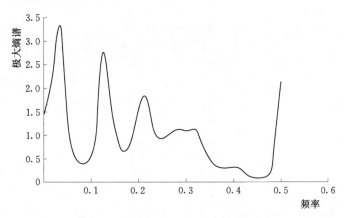

图 3 - 2　唐乃亥水文站多年平均流量极大熵谱图

由图 3 - 2 可知，唐乃亥水文站多年平均流量极大熵谱图呈多峰型，说明其时间序列可能有上述几个隐含周期。为判别真正的主周期，本节采用 Fisher 统计检验法，取 $\alpha = 0.05$ 为显著性水平的下限，所选周期分量 28 年、8 年、4.7 年、3.1 年、2.5 年。通过检验，表明唐乃亥水文站多年平均流量序列具有 28 年、8 年、4.7 年、3.1 年、2.5 年的显著周期。

3.5　丰枯变化分析

影响水库调度的因素中其中较为重要的一个因素是，水库所在流域的径流的丰枯变化（肖洋等，2011）。本节采用传统的水文频率计算方法，适线法对 P-Ⅲ 型频率曲线进行拟合。计算得到 1956—2011 年实测年径流系列 P-Ⅲ 型分布参数：均值 $E_x = 629.67 \text{m}^3/\text{s}$，变差系数 $C_v = 0.28$，偏态系数 $C_s = 0.78$。按照来水频率的大小将径流系列丰枯程度划分为特丰水年 （$p < 5\%$）、偏丰水年 （$5\% \leqslant p < 50\%$）、平水年 （$50\% \leqslant p < 75\%$）、偏枯水年 （$75\% \leqslant p < 95\%$）、特枯水年 （$p \geqslant 95\%$），结果见表 3-3。对唐乃亥水文站的丰、枯水年份的进行统计分析，见表 3-4。黄河上游来水较丰，其中，特丰水年、丰水水年及平水年共占 76%，枯水水及特枯水年占 24%。

表 3-3　　　　　　　　　　唐乃亥水文站来水丰枯程度

年份	年均流量 /（m³/s）	频率 /%	丰枯程度	年份	年均流量 /（m³/s）	频率 /%	丰枯程度
1956	422.43	96.43	特枯	1984	759.66	21.43	偏丰
1957	491.40	78.57	偏枯	1985	700.15	30.36	偏丰
1958	637.95	37.50	偏丰	1986	629.72	41.07	偏丰
1959	497.88	75.00	偏枯	1987	560.96	60.71	平水
1960	516.66	71.43	平水	1988	521.10	67.86	平水
1961	713.55	28.57	偏丰	1989	1039.90	1.79	特丰
1962	586.55	53.57	平水	1990	533.98	66.07	平水
1963	752.98	23.21	偏丰	1991	466.48	85.71	偏枯
1964	722.49	25.00	偏丰	1992	634.92	39.29	偏丰
1965	566.72	58.93	平水	1993	694.02	32.14	偏丰
1966	717.67	26.79	偏丰	1994	514.65	73.21	平水
1967	985.82	5.36	偏丰	1995	494.96	76.79	偏枯
1968	811.46	16.07	偏丰	1996	443.55	91.07	偏枯
1969	489.24	80.36	偏枯	1997	448.86	89.29	偏枯
1970	453.85	87.50	偏枯	1998	581.75	55.36	平水
1971	589.33	51.79	平水	1999	770.95	19.64	偏丰
1972	639.79	35.71	偏丰	2000	483.94	82.14	偏枯
1973	567.69	57.14	平水	2001	440.93	92.86	偏枯
1974	595.17	48.21	偏丰	2002	337.40	98.21	特枯
1975	982.74	7.14	偏丰	2003	541.36	64.29	平水
1976	849.69	12.50	偏丰	2004	480.20	83.93	偏枯
1977	519.41	69.64	平水	2005	810.41	17.86	偏丰
1978	615.47	44.64	偏丰	2006	440.76	94.64	偏枯
1979	651.52	33.93	偏丰	2007	590.26	50.00	平水
1980	600.26	46.43	偏丰	2008	551.76	62.05	平水
1981	940.27	8.93	偏丰	2009	833.82	14.29	偏丰
1982	892.76	10.71	偏丰	2010	627.76	42.86	偏丰
1983	997.63	3.57	特丰				

表 3-4   唐乃亥水文站丰、枯水年统计分析

丰枯程度	次数	所占比例/%	丰枯程度	次数	所占比例/%
特 丰	2	3.64	偏丰水年	25	45.45
平水年	14	25.45	偏枯水年	13	23.64
特 枯	1	1.82			

3.6 典型年选取

在水能计算中，要进行多方案比选，需对来水资料进行逐一分析。对于长系列计算而言，工作量繁重。因此，在实际工作中采取选择典型年的方法来分析计算，其成果的精度一般能满足规划设计的要求（黄强等，2009）。根据黄河上游来水情况，分别选取典型年，为模型的计算提供数据支撑。在水利水电规划中，一般选择的典型年有枯水年、偏枯水年、中水年、偏丰水年、丰水年。枯水年按 95% 确定，偏枯水年按 75% 确定，中水年按 50% 确定，偏丰水年按 25% 确定，丰水年按 5% 确定。为使不同典型年优化计算结果与梯级电站实际情况对比，从龙羊峡水库建库（1987 年）以后的 26 年中，最终选取的典型年结果见表 3-5 和表 3-6，不同典型年径流变化过程如图 3-3 所示。

表 3-5   黄河上游来水典型年选取结果

典型年	丰水代表年	偏丰水代表年	平水代表年	偏枯水代表年	枯水代表年
年 份	2009	1999	2007	1995	2006

表 3-6   丰、平、枯典型年月平均流量   单位：m³/s

丰枯程度	枯水年（95%）		偏枯水年（75%）		平水年（50%）		偏丰水年（25%）		丰水年（5%）	
	实际值 2006 年	典型年	实际值 1995 年	典型年	实际值 2007 年	典型年	实际值 1999 年	典型年	实际值 2009 年	典型年
1 月	221	210	130	133	136	138	176	165	200	231
2 月	213	202	122	125	132	133	201	188	226	261
3 月	226	215	176	180	209	211	235	220	281	324
4 月	286	272	396	405	290	293	292	273	454	524
5 月	365	347	715	731	304	307	362	339	699	806
6 月	613	583	559	572	1200	1213	1530	1432	1060	1222
7 月	814	774	532	544	1410	1426	2290	2143	1680	1937
8 月	577	549	985	1008	862	872	1370	1282	1550	1787
9 月	760	723	999	1022	1049	1061	854	799	1550	1787
10 月	670	637	673	688	796	805	1120	1048	1200	1384
11 月	348	331	416	426	448	453	543	508	703	811
12 月	182	173	213	218	223	226	227	212	358	413
年均流量	441	419	495	506	590	597	771	721	830	957
流量比	0.95		1.02		1.01		0.94		1.15	

表 3-7 为不同典型年份、不同等级流量过程在年内的分配过程。由表 3-7 可以看出，丰水年及偏丰水年的来水主要集中在 6—10 月，且流量都较大；平水年 6—10 月来水比较均匀；偏枯水库和枯水年的来水主要集中在 6—8 月。

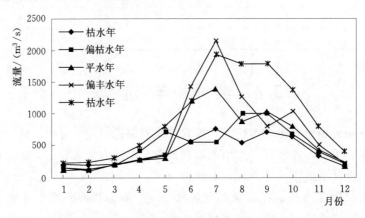

图 3-3 黄河上游不同典型年径流过程

表 3-7 典型年份不同等级流量过程年内分配结果

月份	5		6		7		8		9		10	
流量 /（m³/s）	>1000	>2000	>1000	>2000	>1000	>2000	>1000	>2000	>1000	>2000	>1000	>2000
丰水段/%	22	0	78	11	22	0	89	11	78	22	89	11
偏丰段/%	0	0	30	0	0	0	100	0	70	10	100	0
平水段/%	0	0	45	0	0	0	55		78	0	55	0
偏枯段/%	0	0	22	0	0	0	55	0	45	0	55	0
枯水段/%	0	0	13	0	0	0	38	0	0	0	38	0

3.7 本 章 小 结

本章对黄河上游进口站唐乃亥水文站的径流规律从天然径流的年内分配、年际变化的趋势性和不均匀性、径流周期性，以及丰枯变化等多方面进行了分析，得到了年内分配规律和年际变化趋势，利用极大熵谱法分析得出唐乃亥水文站的显著周期。通过频率曲线法，选择了各典型年及设计代表年，为水沙调控方案集的设置和调控效果对比分析奠定了前期基础。

第4章 黄河上游梯级水库运行及其对下游河道冲淤的影响

黄河上游梯级水库承担着供水、防洪、防凌、减淤等综合利用任务,是维持黄河健康生命、促进沿黄各省(自治区)经济社会可持续发展的骨干工程,是黄河水沙调控体系中的主体工程。由于各水库电站承担的任务不同,其不同的运行方式对整个梯级水库群的防洪、发电、灌溉、水沙调控等具有重大的影响。分析黄河上游梯级水电站的运行方式,旨在摸清各水库电站的不同时期的基本运行原则,结合黄河上游梯级水电站的实际运行情况和下游河道的冲淤变化情况,阐明水库对研究区域水沙关系及河道冲淤有效的调节作用,重点剖析水库参与水沙调控的可行性,回答为何选取黄河上游梯级水库群作为水沙调控的主体、哪些水库参与水沙调控、何时进行水沙调控等一系列关键问题,为安全、有效开展黄河上游梯级水库群水沙调控、实现黄河上游沙漠宽谷河段河道的冲沙减淤,奠定科学、可靠、可行的技术支撑。

4.1 黄河上游梯级水电站运行方式

黄河上游为水电富矿,为国家13个水电基地之一,规划大中型水电站共38座。自龙羊峡至青铜峡河段长918km,落差1300m,规划水电站25座,总装机容量2500万kW。目前,已建水电站包括龙羊峡、拉西瓦、李家峡、直岗拉卡、公伯峡、积石峡、大河家、刘家峡、八盘峡、小峡、大峡、沙坡头、青铜峡。黄河上游水电站众多,但具有年调节以上调节性能(包括年调节)的水电站只有具有多年调节性能的龙羊峡和年调节的刘家峡。因此,黄河上游梯级水电站运行主要以龙羊峡、刘家峡梯级运行为主,如图4-1所示。

4.1.1 现状工程条件下龙羊峡、刘家峡运行方式

由于龙羊峡、刘家峡水库具有较大的调节库容,对黄河上游水量可进行多年调节,蓄丰补枯、提高枯水年特别是连续枯水年的水资源供给能力。通过上游梯级水电站的联合补偿调节,增加梯级水电站的保证出力和发电量,提高水资源利用率和发电企业的经济效益。现状工程条件下,龙羊峡、刘家峡梯级水库联合调节运用,在保证河口镇以上工农业用水,兼顾山西能源基地及中游两岸工农业用水(保证河口镇流量不小于300m³/s)的条件下,按梯级水电站发电量最优运用。现状工程条件下龙羊峡、刘家峡水库联合运用方式如下:

(1)7—9月为主汛期,全年来水主要集中在这个时期,应处理好蓄水、发电和防洪的关系。各水库均控制在汛限水位(或以下)运行,以利于防洪排沙。龙羊峡、刘家峡水库9月份可提高蓄水位,拦蓄洪尾。枯水年份,龙羊峡水库允许泄放水量至死水位,以满

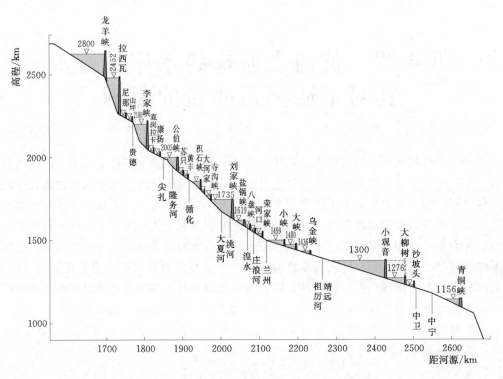

图 4-1　黄河龙羊峡至青铜峡河段梯级纵剖面图

足水力发电和中下游工农业用水要求。当水库水位及来水流量过程达到防洪运用条件时，转入防洪运用。龙羊峡水库利用汛限水位以下的库容兼顾在建工程和宁蒙河段防洪安全，水库的下泄流量需满足龙羊峡—刘家峡区间防洪对象的防洪要求，并使刘家峡水库不同频率洪水时的最高库水位不超过设计值；刘家峡水库按照下游防洪对象的防洪标准要求控制下泄流量。龙羊峡、刘家峡下泄流量不大于各相应频率洪水的控泄流量，洪水退水段最大下泄流量不大于涨水段最大下泄流量。随着预报水平的提高，龙羊峡、刘家峡水库需按实际来水及时调整运行方式。如水位在汛期较高且来水又多时，龙羊峡水库应承担系统基荷，视情况增大出库；如水位较低蓄水任务重时，龙羊峡水库承担系统部分调峰调频和事故备用任务以便蓄水。

（2）10 月为后汛期，水库一般蓄水运用。由于该时段刘家峡水库以下用水减少，梯级发电任务主要由龙羊峡—刘家峡区间电站承担。至 11 月，龙羊峡水位最高水位允许达到正常蓄水位。此时，正值下游冬灌用水高峰时期，可加大刘家峡水库的出库流量，满足灌溉用水和系统用电需要。同时，考虑到 11 月需要腾出库容满足防凌要求，刘家峡水库按满足防凌库容的要求控泄流量。12 月上旬为宁蒙河段封冻期，要求刘家峡水库 11 月按黄河水利委员会下发的防凌预案的要求控制下泄流量。

（3）12 月至次年 3 月为枯水季节，也是宁蒙河段的防凌运用时期，且刘家峡水库以下用水量较小，该时期内刘家峡水库按黄河水利委员会下发的防凌预案的要求控制下泄流量，龙羊峡水库补水以满足梯级电站的出力要求。此时，龙羊峡水库水位消落，刘家峡水库蓄水，为了预留足够的防凌库容，刘家峡水库在 3 月开河期前需保留一定的防凌库容，

3月底允许蓄至正常蓄水位。

（4）4—6月为宁蒙地区的主灌溉期。由于天然来水量不足，需要水库自下而上地补水。补水次序为：刘家峡水库先补水，若不足再由龙羊峡水库补水。此时，刘家峡水库大量供水发电，而龙羊峡—刘家峡区间河段各电站的发电流量较小，控制龙羊峡水电站发电流量满足梯级保证出力要求。6月底龙羊峡、刘家峡水库水位降至汛限水位。

4.1.2 黑山峡水库投入运行后水沙调控运行方式

若黑山峡水库建成，黄河上游将形成龙羊峡、刘家峡、黑山峡水库3座骨干工程，并与渤海湾水库构成的黄河上游水沙调控工程体系。黑山峡水库对龙羊峡、刘家峡下泄流量进行反调节，即可有力地消除龙羊峡、刘家峡水库汛期大量蓄水运用对宁蒙河段造成的不良影响。利用黑山峡水库死库容拦沙，减少进入沙漠宽谷河段的泥沙，塑造有利于维持沙漠宽谷河道的水沙过程，减少河道淤积，改变日趋恶化的河道形态，恢复并维持沙漠宽谷河段的中水河槽，提高排洪输沙能力，改善防凌、防洪的被动局面。

黑山峡水库建成后，原先由刘家峡担负的向宁蒙引黄灌区供水及内蒙古河道的防凌任务交由距离用水地点更近的黑山峡水库担任，以往的水库运行方式也发生变化。龙羊峡、刘家峡、黑山峡梯级水库联合调控运行方式可分时段描述为：

（1）7—9月为黄河主汛期，龙羊峡、刘家峡、黑山峡水库在汛限水位运行，在枯水年份允许泄放至死水位，满足经济社会底限用水要求和上游梯级水力发电要求。黑山峡水库在汛期利用汛限水位以上超蓄的一部分水量，根据来水来沙情况和水库排沙运用要求相机进行调水调沙，塑造有利于沙漠宽谷河段输沙的水沙过程。

（2）10—11月龙羊峡、刘家峡、黑山峡水库蓄水运用。此时，黑山峡水库以下用水锐减，梯级发电任务主要由龙羊峡、刘家峡区间电站承担。至10月底，龙羊峡、刘家峡两库最高水位允许达到正常蓄水位，黑山峡水库在11月底加大泄量，满足较大流量封河要求，并预留一定的防凌库容。

（3）12月至次年4月为黄河枯水季节，黑山峡以下来水很小，且12月至次年3月为宁蒙河段防凌运用时期，黑山峡水库按照防凌预案要求下泄水量，龙羊峡水库补水以满足梯级出力要求。龙羊峡水库水位消落，刘家峡水库维持正常蓄水位运行，黑山峡水库防凌蓄水，并在3月凌汛前保留一定的防凌库容，3月底允许蓄至正常蓄水位，4月黑山峡水库继续蓄水至正常蓄水位，或维持在正常蓄水位运行，以备灌溉季节之需。

（4）5—6月为宁蒙地区的主要灌溉期。由于天然来水量不足，需要水库自下而上地补水。补水次序为：黑山峡水库先补水，若不足再由刘家峡、龙羊峡水库补水。在6月下旬黑山峡水库需考虑为水沙调控预留部分水量，并在6月中下旬根据水库蓄水情况，进行水沙调控运用，以大流量冲沙缓解宁蒙河道的泥沙淤积。6月底黑山峡水库水位降至汛限水位。

由黑山峡水库投入运行后的运行方式可知：黑山峡水库调沙运用的时间一般在汛前，利用汛前汛限水位以上超蓄的一部分水量，根据来水来沙情况和水库排沙运用要求相机进行调水调沙，塑造有利于沙漠宽谷河段输沙的水沙过程，进行调水调沙，与小浪底水库调水调沙的时机及运用过程相同。这种运行方式存在一定的不合理性：其一，黑山峡水库水沙调控后，黄河上游与中游调水调沙无法有序衔接；其二，黑山峡水库汛前进行调水调沙，调沙水量经黄河上中游各河段的传递后，在汛期到达小浪底库区，往往给小浪底水库汛期的防洪运行带来压力，威胁黄河中下游的防洪安全。因此，在黑山峡水库投产后，科学、合理地选择黄河上游水沙调控的时机是本书研究的关键问题之一。

4.2　黄河上游梯级水电站运行情况分析

目前，黄河上游梯级水电站众多。本节根据各水电站建成以来历年的实际运行数据，重点就具有年调节以上性能的龙羊峡、刘家峡水电站运行情况进行分析。

4.2.1　龙羊峡历年运行情况分析

本节收集到龙羊峡水电站历年运行数据，选取龙羊峡水电站投入运行后 1987—2010 年的实际运行资料为数据基础，分析龙羊峡历年运行情况。1987—2010 年期间龙羊峡水库水位保持在死水位与正常高水位之间运行，但多年来水库水位基本上在极限死水位以上运行，水库最高水位为 2597.37m，接近正常高水位，发生在 2005 年 11 月末。最近几年龙羊峡水库水位虽蓄至正常高水位，但多年平均水位仍不足 2560m。说明龙羊峡水库多年来一直处于低水位运行，运行效率较低。从水库库容的调蓄方面，作为多年调节水库，水库蓄满和放空一次一般要经历多年时间。龙羊峡水库总库容 247 亿 m^3，调节库容 193.50 亿 m^3。由 1987—2010 年的实际运行资料，龙羊峡水库从未蓄满过，库满率为 0，库空率 68%，多年平均蓄水量 153.14 亿 m^3，最大蓄水量 237 亿 m^3，发生在 2005 年，说明了龙羊峡水库运行一直处于初期阶段。

在水电站发电方面，龙羊峡水电站多年平均发电量仅 42.15 亿 kW·h，多年平均发电水量 165.54 亿 m^3，多年平均耗水率 4.10m^3/kW·h，平均发电水头 107.67m，年最大发电量 60.43 亿 kW·h（发生在 2006 年），年最小发电量仅 27.01 亿 kW·h（发生在 1997 年）。龙羊峡水电站分别在 1987 年、1988 年、1989 年、1993 年、1997 年、2002 年出现弃水，弃水总量 188 亿 m^3，折合电量 45.8 亿 kW·h。

可以看出，龙羊峡水电站实际运行发电的各项指标均未达到设计值，与水电站设计的发电运行水平还有较大差距（黄河上游梯级水电站水库调度资料汇编，2003；黄河水电公司水库调度实用手册，2011）。

4.2.2　刘家峡历年运行情况分析

本节选取 1978—2010 年刘家峡水电站历年运行资料作为基础数据，分析刘家峡水电站历年运行情况。

1978—2010 年，刘家峡水库水位基本在死水位与正常高水位之间运行，未出现低于死水位的非正常运行情况，且前几年水库蓄水均超过了正常蓄水位，说明刘家峡水库历年均在死水位以上运行，从未放空库容，且在一年中至少蓄满一次，水库库容利用率较高。从刘家峡水库历年的入库水量和出库水量来看，除 1978 年、1986 年有较为明显的蓄水、放水过程外，各年出入库水量基本一致，多年平均入库水量（水文年）为 236.74 亿 m^3，与多年平均出库水量 236.31 亿 m³ 基本一致，刘家峡水库历年年末水位控制在 1725m 左右。从刘家峡水电站的发电情况来看，仅有 5 年的年发电量大于设计值，多年平均发电量为 49.45 亿 kW·h，低于设计值。近一两年刘家峡水电站的年发电量增加，均大于设计值。随着时间的推移，耗水率明显减小，由 4.97m³/kW·h 降至 4.02m³/kW·h；弃水量也显著减小，从最大值 143.73 亿 m³ 降至无弃水产生，极大地提高了水资源的利用效率。

弃水量是反映水电站合理利用的一项重要指标，图 4-2 给出了刘家峡水电站历年弃水量变化过程。由图 4-2 可知，刘家峡水电站在运行初期产生了大量的弃水量。1981 年弃水量为 143.73 亿 m³，占到了全年入库流量的 40%，水能资源浪费严重。即使弃水最少的 1980 年，弃水量也占到全年入库流量的 12%，且 1978—1986 年各年均出现显著的弃水，弃水总量达 664.76 亿 m³，年平均弃水量 73.86 亿 m³。究其原因，主要是龙羊峡水库尚未修建，受来水形式变化、水电站初期运行缺乏经验、单库运行约束条件限制等诸多因素的影响，刘家峡水电站未能合理利用年调节水库库容的调蓄作用，蓄丰补枯，造成水资源的浪费和发电企业经济效益的损失。

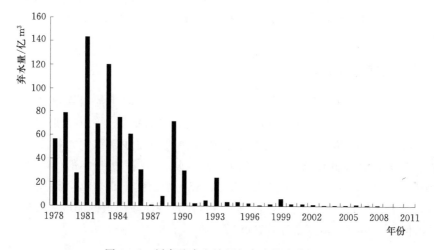

图 4-2 刘家峡水电站历年弃水量变化过程

在龙羊峡、刘家峡联合运行初期，1989 年、1990 年和 1993 年刘家峡水电站出现较大弃水，1993 年以后弃水量很小，1987—2010 年多年总弃水量为 169.23 亿 m³，年平均弃水量仅 7.05 亿 m³，特别是 1994—2010 年，多年总弃水量为 58.15 亿 m³，年平均弃水量仅 2.91 亿 m³，弃水量明显减少。近两年，刘家峡水电站无弃水产生。龙羊峡、刘家峡的联合运行，使刘家峡水电站上游的来水得到控制，入库水量明显减少，使刘家峡水库水位基本未超过 1735m，最高水位蓄至 1734.86m。刘家峡发挥下游水库的反调节作用，充分利用调节库容调蓄龙羊峡下泄流量，以保证刘家峡下游的综合效益，极大地提高了刘家峡水电站的水资源利用率。龙羊峡与刘家峡联合运行后，使刘家峡水库的起调水位抬高，基本保持在 1717m 以上运行，抬高了发电水头，发电耗水率由 1978—1986 年的 4.46m³/kW·h 降低到 1987—2010 年的 4.22m³/kW·h，提高了刘家峡水电站的发电效率。

龙羊峡、刘家峡梯级水电站的联合运行，有效地控制了唐乃亥水文站的天然径流过程。通过多年调节性能的龙羊峡水库的调蓄，龙羊峡—刘家峡区间、刘家峡下游的流量得到有效控制。龙羊峡、刘家峡的联合运行，不仅提高了龙羊峡、刘家峡水电站自身的运行水平和效率，提高了水资源利用效率和发电企业的经济效益，对于下游水利工程建设、城市防洪安全、河道泥沙治理、宁蒙河段防凌以及全流域水资源配置做出了巨大的贡献。

4.3　黄河上游沙漠宽谷河段河道冲淤变化分析

近年来，随着黄河流域水资源供需矛盾日益突出，黄河上游沙漠宽谷河段河道泥沙淤积严重，形成长达 268km 的"悬河"，河床高程比沿黄城市地面高 3～5m，在"十大孔兑"处甚至形成 4m 左右高度的"支流悬河"，不仅导致过流能力下降、沙漠宽谷河段"小水致大灾"、洪凌灾害频发的严峻局面，还影响重大水利工程的布局和实施以及全流域水资源的开发利用，严重危及黄河下游河道及群众人身财产安全。本节以 1952 年以来黄河沙漠宽谷河段泥沙冲淤资料为基础，重点分析各河段各时期泥沙冲淤变化过程，探讨近年来沙漠宽谷河道的淤积问题，为了解和掌握黄河上游沙漠宽谷河段河道的泥沙淤积及水沙规律奠定基础。

4.3.1　研究区域泥沙来源

黄河上游沙漠宽谷河段各区间的产沙情况见表 4-1。除下河沿河道来沙外，黄河上游沙漠宽谷河道产沙包括乌兰布和沙漠、十大孔兑以及青铜峡—头道拐区间河道产沙。可以看出：随着时间的推移，在黄河上游沙漠宽谷河段的泥沙来源中，各区间的产沙量增大，占整个干流的比例也越来越大，区间产沙量从 1952—1968 年的 15.58 亿 t 增长到 1986—2003 年的 23.64 亿 t，占干流比例从 44.35% 增加到 179.58%，说明支流和区间产沙量已经大于干流总泥沙量。因此，黄河上游沙漠宽谷河段河道的泥沙主要来源于区域内部产沙（杨根生，2002；拓万全等，2009）。

表 4-1　　　　　　　　黄河上游沙漠宽谷河道各区间产沙情况

时　段	下河沿河道来沙 /亿 t	乌兰布和沙漠		十大孔兑		青头区间		当地产沙	
		来沙 /亿 t	占干流比例 /%	来沙 /亿 t	占干流比例 /%	来沙 /亿 t	占干流比例 /%	总量 /亿 t	占干流比例 /%
1952—1968 年	35.13	3.05	8.69	3.33	9.48	9.20	26.19	15.58	44.35
1969—1986 年	19.40	3.24	16.72	3.72	19.17	9.53	49.15	16.49	85.05
1986—2003 年	13.16	3.25	24.71	4.94	37.50	15.45	117.37	23.64	179.58

4.3.2　黄河上游沙漠宽谷河段河道冲淤演变

黄河上游沙漠宽谷河段河道的冲淤演变过程大致可分为三个阶段：1960 年以前的微淤状态、1961—1986 年的冲刷状态以及 1986 年以后的淤积状态（李秋艳等，2012；张建等，2008），如图 4-3～图 4-5 所示。

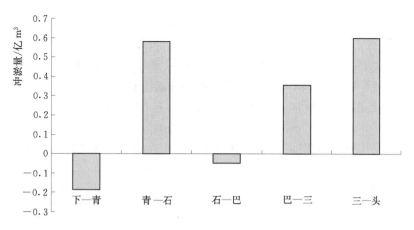

图 4 - 3　1954—1960 年黄河上游沙漠宽谷河段年均冲淤量

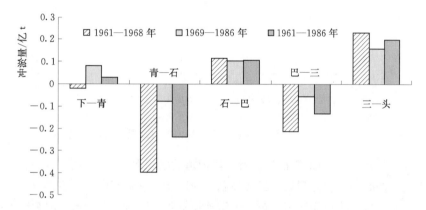

图 4 - 4　1961—1986 年黄河上游沙漠宽谷河段年均冲淤量

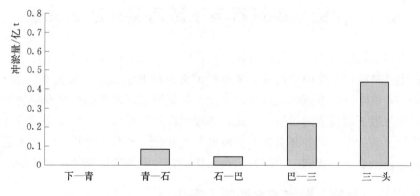

图 4 - 5　1987—2006 年黄河上游沙漠宽谷河段年均冲淤量

由图 4 - 3～图 4 - 5 可知，天然水沙关系情况下，除下河沿—青铜峡（下—青）区间、巴彦高勒—三湖河口（巴—三）区间有明显冲刷外，其他区间泥沙呈淤积状态，其中青铜峡—石嘴山（青—石）、三湖河口—头道拐（三—头）区间泥沙淤积量分别为 0.526 亿 t、0.591 亿 t，淤积量较大。整体而言，黄河上游沙漠宽谷河段有冲有淤，呈现出微淤状态。1961—1987 年，黄河上游沙漠宽谷河段下河沿—石嘴山、巴彦高勒—三湖河口（巴—三）

区间河床有显著的冲刷，特别是 1961—1968 年，年冲刷量达 0.418 亿 t 和 0.222 亿 t，冲刷效果明显。石嘴山—头道拐区间微淤，整个研究区域的黄河河段呈冲刷状态，年平均冲刷 0.022 亿 t。1987 年以后，黄河上游沙漠宽谷河段总体处于淤积状态，年平均淤积量为 0.840 亿 t，其中下河沿—青铜峡（下—青）区间冲淤平衡，青铜峡—巴彦高勒呈微淤状态，石嘴山—头道拐淤积严重，年平均淤积量达 0.760 亿 t，占黄河上游沙漠宽谷河段总淤积量的 91%。

综合上述分析，本节给出了历年沙漠宽谷河段河道的冲淤量过程，如图 4－6 所示。

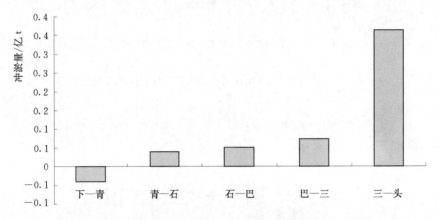

图 4－6　1952—2006 年黄河上游沙漠宽谷河段年均冲淤量

纵观 1952—2006 年黄河上游沙漠宽谷河段河道的淤积形态：下河沿—青铜峡（下—青）区间多年平均呈冲刷状态，青铜峡—巴彦高勒区间微淤，三湖河口—头道拐（三—头）区间淤积明显。三湖河口—头道拐区间是黄河上游沙漠宽谷河段河道泥沙治理的关键河段。

4.4　梯级水库运行与下游河道冲淤的关系

黄河上游水电站的投产、运行，打破了黄河河道天然的径流过程。水库对天然的河川径流具有蓄丰补枯的调节作用，改变了河川径流天然的时空分布。通过水库的防洪调度，汛期洪峰削弱，洪水历时缩短，洪水特征改变。与此同时，水库的拦沙库容会拦蓄一部分河道泥沙，以减缓下游河道的淤积。因此，梯级水库运行对水量、沙量均能进行调节，随着水量、沙量关系的变化，势必引起下游河道冲淤变化。本节在分析梯级水库运行前后水沙关系、河道冲淤变化的基础上，探讨梯级水库运行与下游河道泥沙冲淤的响应关系。

4.4.1　水库建成前后下游河道水沙关系变化

根据刘家峡、龙羊峡不同的投产运行时间，将 1954—2006 年系列分为 1968 年以前（天然）、1969—1986 年（刘家峡单库运行）、1987 年以后（龙刘两库联合调度运行）三个时段（李秋艳等，2012）。表 4－2 给出了不同时期黄河上游沙漠宽谷河段河道实测水量、沙量的变化情况。根据汛期各站水量、沙量占年水量沙量的比例，绘制了图 4－7 和图 4－8。

表 4-2 黄河上游沙漠宽谷河道产水、产沙情况

时 段		水量/亿 m³			沙量/亿 t		
		下河沿	石嘴山	头道拐	下河沿	石嘴山	头道拐
1968 年以前	汛期	211.38	202.54	168.12	1.885	1.663	1.454
	全年	341.98	320.58	267.28	2.163	2.044	1.786
1969—1986 年	汛期	171.65	162.33	128.86	0.910	0.714	0.868
	全年	324.01	295.87	239.15	1.089	0.971	1.103
1987 年以后	汛期	74.33	66.66	43.78	0.423	0.399	0.216
	全年	243.69	215.68	151.50	0.734	0.814	0.390

1954—1968 年下河沿、石嘴山、头道拐各水文站汛期水量占全年径流量的六成以上，而沙量占到了全年输沙量的八成以上，说明黄河上游沙漠宽谷河段的泥沙输送主要发生在汛期，验证了黄河干流"大水挟大沙"的泥沙输移规律。

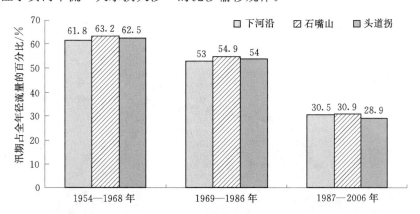

图 4-7 1954—2006 年沙漠宽谷河段汛期占全年径流量的百分比变化

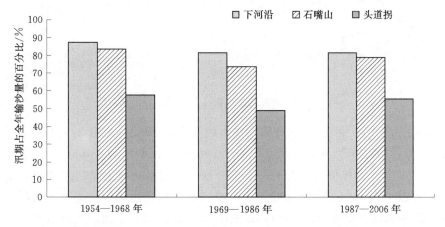

图 4-8 1954—2006 年沙漠宽谷河段汛期占全年径流量的百分比变化

1968—1986 年刘家峡水库参与调蓄后，各站年水量较 1954—1968 年分别减少 5.3%、7.7% 和 10.5%，但年沙量较 1954—1968 年分别减少达 49.7%、52.5% 和 38.2%。一方

面与下河沿来沙量减少有关，另一方面说明刘家峡水库有效地控制了下游河道的泥沙，减少了泥沙在河道中的淤积。1968—1986 年各站汛期水量较 1954—1968 年有所减少，汛期水量与非汛期水量基本持平，汛期沙量占全年输沙量的比例略有减小，说明刘家峡利用年调节库容有效地调节了水量，蓄丰补枯。

1987—2006 年龙羊峡、刘家峡联合运行后，各断面的水量和沙量均明显减小，各水文站多年平均水量较 1954—1968 年分别减少 28.7%、32.7% 和 43.3%，沙量分别减少 66.1%、60.2% 和 78.2%，较 1968—1986 年分别减少 24.8%、27.1% 和 36.7%，沙量分别减少 32.6%、16.2% 和 64.6%。经过龙羊峡、刘家峡水库的调蓄，各断面汛期水量仅占全年的三成，非汛期水量与汛期的比例与刘家峡单库运行期间比例完全颠倒。1987—2006 年各站汛期沙量占全年输沙量的比例分别是 57.6%、49.0% 和 55.5%，较 1968—1986 年的 83.6%、73.5% 和 78.7% 分别降低 16.0、24.5 和 23.2 个百分点，年沙量的变化幅度远远大于年水量的变化幅度。汛期泥沙的减少，势必会引起非汛期泥沙的增加，从而改变了汛期水量大沙量大的水沙时空分布规律。黄河上游龙羊峡、刘家峡梯级水库的联合运行，改变了黄河上游沙漠宽谷河段各站年内的水沙分配。

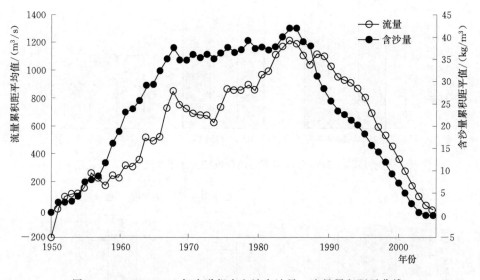

图 4-9　1952—2006 年头道拐水文站含沙量、流量累积距平曲线

由表 4-2、图 4-7 和图 4-8 可知，头道拐水文站 1952—2006 年年平均水量、沙量分别以 1969 年、1987 年为分界点，表现为三阶段特征，年平均水量和沙量分别在 1969 年、1987 年出现最小的极值点。为了进一步分析头道拐水文站水量、沙量年际变化的变异情况，本节以 1950—2006 年头道拐水文站流量和年均含沙量数据为准，绘制流量、含沙量的累积距平曲线（Lishan，2010），如图 4-9 所示。可以看出，含沙量累积距平曲线和流量累积距平曲线在 1968 年和 1986 年出现明显的突变。

头道拐水文站年径流量和年输沙量的累积距平曲线显示出同样的规律（侯素珍等，2012），如图 4-10 所示。

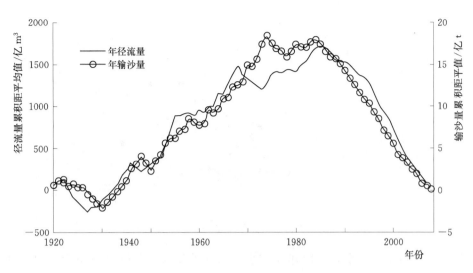

图 4-10 1952—2006 年头道拐水文站年径流量、输沙量累积距平曲线

由图 4-10 可知，1961 年以后年径流量和年输沙量的累积距平值开始出现不同步现象，但年径流量和年输沙量未出现突变，这是由于盐锅峡水库投产运行后对河道水沙的调节所致。1968 年、1986 年头道拐水文站年径流量和年输沙量的累积距平值发生突变。头道拐水文站含沙量和流量累积距平曲线、年径流量和年输沙量的累积距平曲线分别在 1968 年、1986 年发生突变，凸显出水沙关系以 1968 年、1986 年为分界点，出现三个不同阶段，且在分界点处发生突变，其突变点正是刘家峡、龙羊峡水库开始蓄水的年份，说明刘家峡、龙羊峡水库的投产运行，对头道拐水文站多年水沙关系的突变具有主导影响作用。

为了深入分析刘家峡、龙羊峡水库投产运行对下游水文站点水沙关系的影响，本节以建库前后各水库下游控制水文站历年水量、输沙量数据为准，分别点绘刘家峡下游控制水文站小川站、龙羊峡下游控制水文站贵德站年水量与输沙量关系曲线，如图 4-11 和图 4-12 所示，分析水库建成前后下游水文站的水沙关系变化。

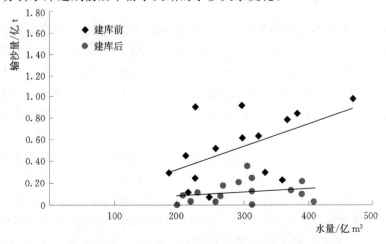

图 4-11 小川水文站年水量与输沙量关系曲线

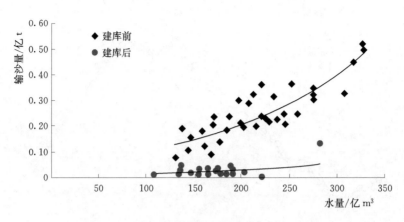

图 4 - 12　贵德水文站年水量与输沙量关系曲线

由图 4 - 11 可知，刘家峡水库建库前小川水文站年水量与输沙量呈现明显的线性关系，1952—1968 年年均输沙量 0.81 亿 t，年平均流量 925m³/s；刘家峡水库自 1969 年开始蓄水，投产运行后小川水文站年水量与输沙量的线性关系发生改变，1969—1986 年年平均输沙量 0.16 亿 t，年平均流量 910m³/s，相同流量建库前后输沙量减少 80％左右，说明小川水文站的水沙关系在刘家峡建库前后发生明显变化。与刘家峡建库前后的情况类似，龙羊峡下游贵德水文站年水量与输沙量关系曲线也发生变化，如图 4 - 12 所示。龙羊峡建库前贵德水文站年水量与输沙量呈指数关系，建库后趋于线性关系，且多年平均输沙量由建库前的 0.25 亿 t 减少到建库后 0.03 亿 t，减幅达 88％；多年平均流量由建库前 698m³/s 减少到建库后 547m³/s，减幅 22％。

刘家峡、龙羊峡水库相继投产运行，改变了下游水文站点天然水量、沙量的时空分布和年内分布，改变了下游水文站点的水沙关系，减少了下游各水文站的年径流量和汛期径流量，对下游河床的冲淤带来不利影响，使黄河上游沙漠宽谷河段河道的冲淤局势进一步恶化。

4.4.2　水库调节对河床冲淤演变的影响

水库调节引起河道水沙规律变化主要集中表现在对水沙关系的数值分析上，具体在河道中表现为河床的冲淤演变。由 4.3.2 节中图 4 - 3～图 4 - 5 可知，黄河上游沙漠宽谷河段河道的冲淤演变过程大致可分为三个阶段：1960 年以前的微淤状态、1961—1986 年的冲刷状态和 1986 年以后的淤积状态。本节以兰州—头道拐河段年平均冲淤量数据为准，绘制了该河段冲淤量随时间的变化过程图，如图 4 - 13 所示，分析刘家峡下游河段整体的淤积形态及产生原因。

由图 4 - 13 可知，近 50 年来，黄河上游不同时段冲淤平衡存在显著变化。1952—1960 年，黄河上游河道处于天然状态下，兰州—头道拐河段年冲淤量均大于 0，为淤积河段，年淤积最大值为 2.38 亿 t；1961 年以后，随着盐锅峡首台机组发电、三盛公水利枢纽投入运用以及刘家峡大坝截流成功，兰州—头道拐河段年冲淤量转为负值，河道基本呈现出冲刷特征；1987 年龙羊峡水库投产运行，兰州—头道拐河段年冲淤量正多负少，兰州—头道拐河段呈现出淤积特征。在图 4 - 13 中，兰州—头道拐河段冲淤量角度量化说

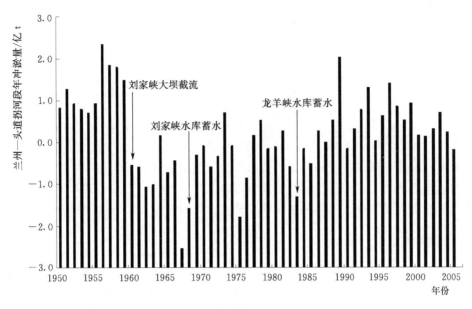

图 4 - 13　兰州水文站至头道拐水文站冲淤量随时间的变化过程

明了刘家峡、龙羊峡投产运行对河道冲淤的影响。

刘家峡、龙羊峡水库的运行使进入三湖河口—头道拐区间的水量和输沙量的减少，水库调蓄洪水后，使支流汇入的高含沙水流的稀释作用减弱，再加上区间沙量的增加、河道纵比降小等因素的综合作用，造成三湖河口—头道拐区间河道的冲淤，且在不同的年份，起主要作用的影响因素不同。

综上所述，刘家峡、龙羊峡水库在不同阶段的投产运行，改变了各时期进入黄河上游沙漠宽谷河段的水量—沙量关系以及洪水特性，是造成各河段冲淤变化的主要原因。此外，区间来沙量、区间洪水以及各区间河段的河道形态，是左右个别年份不同区间河段冲淤的主要原因。

4.5　水库参与水沙调控的可行性探讨

通过 4.4.1 及 4.4.2 的论述可知，刘家峡、龙羊峡梯级水库的联合运行改变了河道天然的水量、沙量关系，加上区间来沙量、区间洪水以及各区间河段河道形态等因素的综合作用，形成了黄河上游沙漠宽谷河段的冲淤变化形态。水库调节对于水沙关系、河道冲淤演变具有重要的调控作用。目前，黄河上游沙漠宽谷河段三湖河口—头道拐区间河段"二级悬河"形势日益加剧和恶化，改善黄河上游沙漠宽谷河段水沙关系、维持河道冲淤相对平衡，已刻不容缓。"解铃还须系铃人"，将水库调节作为水沙调控的调控手段是科学的、合理的。通过梯级水库联合运行，根据黄河上游沙漠宽谷河段的水沙规律，重新塑造适合河道冲刷的流量过程，是减轻下游河槽淤积甚至冲刷下游河槽，有效缓解日益严峻的"二级悬河"问题的上上之策。本节从水库的调控库容、可调水量和控泄流量等方面，分析梯级水库的调控因素，结合小浪底水库调水调沙成果，分析洪水对沙漠宽谷河道的冲刷效果，探讨水库参与水沙调控的可行性。

4.5.1　调控库容

黄河上游具有年调节以上的已建水电站包括龙羊峡和刘家峡水电站。龙羊峡水库校核洪水位以下库容 274.19 亿 m³，正常高水位以下库容 247 亿 m³，调节库容 193.60 亿 m³，库容系数 0.94，具有多年调节库容。刘家峡水库校核洪水位以下总库容 64 亿 m³，设计洪水位（正常高水位）以下库容 57 亿 m³，兴利库容 41.50 亿 m³，为年调节性能的水库。待建的黑山峡水库总库容 114.77 亿 m³，具有年调节库容。

不考虑各水库库区泥沙淤积占用的蓄水库容，黄河上游龙羊峡、刘家峡、黑山峡梯级水库群的总库容达到 418.77 亿 m³，总调节库容 299.80 亿 m³，多年调节库容的龙羊峡水库与年调节性能的刘家峡、黑山峡水库联合调度，可对多年来水来沙进行调节。

4.5.2　可调水量

本节以黄河上游沙漠宽谷河段为调控对象，依靠具有年调节以上性能的黄河上游梯级水库群联合调度，构造适宜于黄河上游沙漠宽谷河段的水沙关系进行远距离输沙冲沙。然而，在梯级水库群参与水沙调控期间，其是否能够提供足够的水量用于水沙调控，或者梯级水库群可调水量有多少，用于输沙冲沙的可调冲沙水量有多少，是水库群参与水沙调控可行与否的重要研究内容。因此，本节重点对龙羊峡、刘家峡梯级水库的可调水量进行研究。

水库的可调水量是指水库在一年内按其控制水位和调度规则下泄水量后蓄在库中的水量，即从水库可以调出的水量。顾名思义，水库的可调水量是扣除这一年下游综合用水后储存在水库的水量。由 4.2.1 节 1987—2010 年龙羊峡实际运行资料可知，龙羊峡水库仅在 2005 年接近水库蓄满状态，蓄满率极低，且水库多年处于低水位运行状态。说明龙羊峡水库的多年调节库容未能充分发挥其蓄丰补枯的作用，对天然径流的调节能力没有得到充分发挥，对水量的调节配置能力仍有很大潜在空间。为了进一步分析龙羊峡多年调节水库的水量调节能力，图 4-14 给出了龙羊峡水库 1987—2010 年可调水量的变化过程。

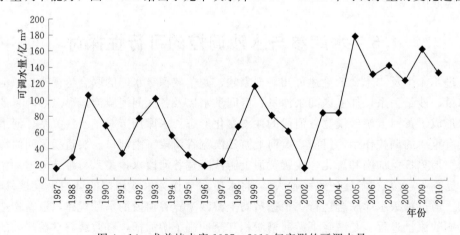

图 4-14　龙羊峡水库 1987—2010 年实测的可调水量

由图 4-14 可知，龙羊峡水库的可调水量变化存在明显的两个阶段：第一阶段从建库初期到 2005 年，龙羊峡水库的可调水量呈现明显的锯齿状分布特征，可调水量的极值在

20 亿～100 亿 m^3 之间交替变化；第二阶段从 2005 年至今，年可调水量的值均在 120 亿 m^3 以上，且总体呈现增加趋势。主要原因是：2005 年以前受来水偏枯、水库处于运行初期等影响，龙羊峡水库一直处于低水位运行，对本就偏枯的径流的调节能力捉襟见肘。随着 2005 年以后来水的增多，水库蓄水位抬升，可调水量增加，极大地缓和了日益严峻的黄河干流水资源供需矛盾。

上述结论与 4.2.1 中龙羊峡水库多年运行规律吻合。可以看出，2005 年以后龙羊峡水库的可调水量增加。近年来，龙羊峡水库水位一直保持高水位运行，可调水量的增加为黄河上游沙漠宽谷段的水沙调控奠定了水量基础。

4.5.3 调控流量

龙羊峡水库大坝按 1000 年一遇洪水设计，设计洪水位为 2602.25m，相应控制下泄流量为 4000m^3/s；可能最大洪水校核，校核洪水位为 2607m，相应控制下泄流量为 6000m^3/s。右岸的 2 孔溢洪道最大泄流量 4493m^3/s；坝身中孔、深孔、底孔最大泄流量分别为 2203m^3/s、1340m^3/s 和 1498m^3/s。唐乃亥水文站最大洪水经龙羊峡水库调蓄后，可将洪峰的下泄流量控制在 4000～6000m^3/s。龙羊峡水电站满发时最大发电流量 1192m^3/s，保证出力对应的流量 680m^3/s，实测最小流量 177m^3/s。由龙羊峡水库洪水设计和发电参数可知，龙羊峡水库的调控流量为 177～6000m^3/s。

刘家峡水库大坝按千年一遇洪水设计、万年一遇洪水校核，与龙羊峡水库联调后，达到可能最大洪水校核。设计洪水位 1735m，对应最大控泄流量 7500m^3/s；校核洪水位 1738m，对应最大控泄流量 9220m^3/s。考虑到下游兰州市的防洪要求，安全控泄流量为 6500m^3/s。刘家峡水电站满发时最大发电流量为 1350m^3/s，保证出力对应的流量为 606m^3/s，实测最小流量为 233m^3/s。由刘家峡水库洪水设计和发电参数可知，刘家峡水库的调控流量为 233～6500m^3/s。

由上述分析，龙羊峡—刘家峡区间梯级水库群调控流量为 233～6500m^3/s，即通过龙羊峡—刘家峡梯级水库群联合调度，人造洪水的洪峰流量最大可达到 6500m^3/s，为黄河上游沙漠宽谷段的水沙调控奠定了流量基础。

4.5.4 小浪底水库调水调沙经验

小浪底水库于 2000 年正式投入运用，经过数十年的摸索和实践，小浪底水库调水调沙经历了 3 次调水调沙试验和多次生产实践，分别选取小浪底水库单库运行、干流多库联合调度和人工扰沙三种不同的调水调沙模式，在汛前对黄河下游进行调水调沙（李国英，2008），取得了丰硕的成果。

（1）黄河下游主槽实现了全线冲刷。3 次调水调沙试验进入下游总水量 100.41 亿 m^3，总沙量 1.1114 亿 t，实现了下游主槽的全线冲刷，试验期入海总沙量 2.568 亿 t，下游河道共冲刷 4.1577 亿 t。

（2）黄河下游主槽河底高程平均被冲刷降低 1.5m，孙口断面的平均冲刷深度达 2.8m 左右，过流能力由 2002 年汛前的 1800m^3/s 恢复到 2011 年的 4000m^3/s，降低了下游河道的洪水位，洪水时滩槽分流比得到初步改善，"二级悬河"形势开始缓解，下游滩区"小水大漫滩"状况得到改善。

小浪底水库多次调水调沙试验不仅证明了水库可以塑造具有"和谐"水沙关系的人造洪峰，冲刷河道主河槽，增加河道的过流能力，降低河道的洪水位，而且实现了小浪底库区排沙，延长了水库拦沙库容的使用寿命，为实现水库泥沙的多年调节提供了依据。可见，水库调水调沙是输沙入海、减轻下游河道淤积甚至冲刷下游河道的有效途径之一，而且多次的调水调沙试验和实践已验证了"调"作为黄河水沙调控有效措施之一的巨大作用，体现了水沙时空调度理论的成功。因此，利用水库塑造和谐的水沙关系冲刷下游河道的泥沙，是可行的、科学的、有依据的。

4.5.5　洪水对黄河上游沙漠宽谷河段的冲刷效果

本节以 1981 年、2012 年洪水为例，分析大洪水对黄河上游沙漠宽谷河段的冲刷效果。1981 年 9 月黄河上游唐乃亥水文站发生了百年罕见的大洪水，简称"81·9"洪水。"81·9"洪水不仅具有洪峰高、洪量大、历时长与沿途洪水不相遭遇的特点，且对黄河上游沙漠宽谷河段具有明显的冲刷（曹大成等，2012）。以巴彦高勒水文站、昭君坟水文站为例，图 4-15 和图 4-16 给出了巴彦高勒水文站和昭君坟水文站平均河底高程历年变化过程。

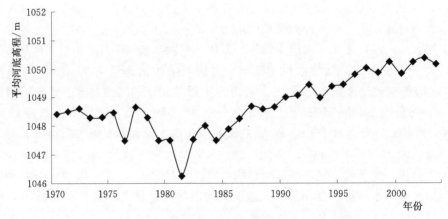

图 4-15　巴彦高勒水文站河底高程历年变化过程

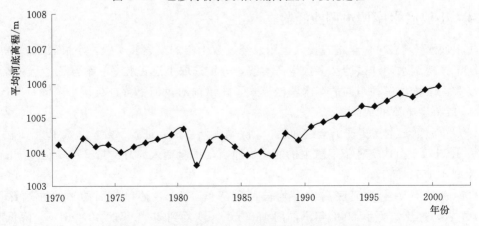

图 4-16　昭君坟水文站河底高程历年变化过程

由图 4 - 15 和图 4 - 16 可知，"81·9"洪水对巴彦高勒水文站的冲刷非常明显，平均降低巴彦高勒水文站河底高程 1.18m，经过 4~5 年时间才将 1981 年冲刷的河道淤平到 "81·9"洪水之前。昭君坟水文站的平均河底高程降幅 0.83m，到 1986 年河道才淤平到 "81·9"洪水之前状态。1981 年作为巴彦高勒水文站、昭君坟水文站历年冲淤变化的拐点，清晰地反映出 "81·9"洪水对黄河上游沙漠宽谷河段巴彦高勒水文站、昭君坟水文站的冲刷，说明大洪水对黄河上游沙漠宽谷河段的冲淤演变具有有效的调节作用。

2012 年 9 月，同样受降雨影响，黄河上游唐乃亥水文站流量从 6 月开始上涨，到 7月 25 日唐乃亥水文站洪峰流量达到 3440m³/s，为 1986 年以来最大洪峰。"12·9"洪水发生的主要原因还是降水，降水总量较往年增多 109%，洪水具有峰高量大、持续时间长、起涨消退缓慢、峰形矮胖、洪水含沙量小等特点（易其海，2012）。"12·9"洪水过后，洪水对河床具有一定的冲刷作用。以头道拐断面为例。当头道拐断面流量大于 1750m³/s 时，头道拐断面左岸淤积、右岸冲刷；当断面流量大于 2320m³/s 时，头道拐实测断面的冲淤特点虽未发生变化，但冲刷面积略大于淤积面积，即断面总体上呈冲刷状态。此外，"12·9"洪水增加了头道拐水文站的平滩流量，从一级平滩流量 1630m³/s 增加到二级平滩流量 2920m³/s，水面宽度由 520m 增加为 580m，增强了河道的过流能力。可见，在目前河道冲淤演变的实际条件下，洪水过程对黄河上游沙漠宽谷河段河道的冲刷具有良好的调节效果，对增加断面平滩流量，增强河道过流能力具有重要的积极作用。

由上述分析可知，"81·9"洪水和 "12·9"洪水对黄河上游沙漠宽谷河段的河道冲刷具有明显的调节效果，在保证下游河道安全和过流能力范围内，通过黄河上游龙羊峡、刘家峡梯级水库联合调节，最大可能地塑造具有适宜和谐水沙关系的人工洪水，实施水沙调控运行，冲刷黄河上游沙漠宽谷河段河道主河槽，在理论上是可以实现的。

综上所述，根据小浪底多年调水调沙经验及成果，"调"作为黄河水沙调控的有效措施之一，在保证黄河下游河道安全、可调水量充沛的前提下，利用多年调节库容的龙羊峡水库与年调节性能的刘家峡联合调度，最大可能地塑造洪峰流量在 6500m³/s 以内的人造洪水，对黄河上游沙漠宽谷河段河道进行冲刷，是建立在水沙时空调度理论基础上的，是有历史经验可循的，是可行的。

4.6　水沙调控水库及时机的选择

在黄河上游已建成的大型水利枢纽中，有较大调节能力的水库 2 座，即具有多年调节性能的龙羊峡和具有年调节性能的刘家峡，其他水库均为径流式。在黄河上游沙漠宽谷河段水沙调控过程中，龙羊峡、刘家峡水库具有较大调控库容，可作为水沙调控的主体，对研究区域的水沙关系、河道冲淤进行调节。其他水库中，由于泥沙淤积占用兴利库容，盐锅峡、青铜峡、三盛公水库已丧失了参与拦沙调沙的能力（赵昌瑞，2006；张天红等，2011）。海勃湾水库于 2010 年 4 月开工建设。目前，海勃湾水库大坝已完成施工蓄水，待水库运行投产发电后，海勃湾水库较大的拦沙库容可对内蒙古河段减淤、预防内蒙古河段萎缩有一定的缓解作用（李友起等，2006）。由此，参与黄河上游沙漠宽谷河段水沙调控的水库包括已建成的龙羊峡、刘家峡水库和未建的黑山峡水库。其中，龙羊峡、刘家峡、黑山峡水库承担着水沙调控的主要任务，海勃湾水库将会对水沙调控起到微调作用。

表 4 - 3　　　　　　　　　　唐乃亥水文站丰枯水年统计次数

丰枯程度	次数	所占比例/%	丰枯程度	次数	所占比例/%
特丰（＜5%）	2	3.64	偏枯水年（75%～95%）	13	23.64
偏丰水年（5%～50%）	25	45.45	特枯（＞95%）	1	1.82
平水年（50%～75%）	14	25.45			

水沙调控时机的选择是确保黄河上游水沙联合调度安全、顺利、有效实施的重要研究内容。以唐乃亥水文站 1956—2011 年各月天然来水序列为准，分析唐乃亥水文站径流系列丰枯变化情况，结合黄河上游梯级水库群多年平均蓄补水状况，确定黄河上游梯级水库群水沙调控年份。唐乃亥水文站丰枯水年统计次数见表 4 - 3。

由图 3 - 1 及表 4 - 3 分析可知：

（1）唐乃亥水文站 1956—2011 年特丰水年次数仅为 2 次，占 3.64%，而丰水年总数为 27 次，占总年数的 49.09%，其中偏丰水年次数最多，为 25 次，占总年数的 45.45%；平水年次数为 14 次，占总年数的 25.45%；偏枯水年次数为 14 次，占总年数的 23.64%。

（2）在长系列调度中，上游梯级水库群在丰枯水年需要水库补水，最大补水量为 40 亿 m^3，平水年年均补水量为 10 亿 m^3。由于水沙调控过程需要扣除水库多年平均蓄补水量，平水年及枯水年去除水库多年平均补水量后，可调水量较小，故平水年及枯水年不适宜开展水沙调控。

（3）在水库蓄水年份，除满足枯水年补水量外，能够满足一次水沙调控所需水量的年份均在丰水年和偏丰水年。

黄河中下游依托三门峡、万家寨、小浪底等水库至今已经进行了 14 次调水调沙试验，对下游河床的再造以及主河槽冲沙入海的效果已经显而易见，在巩固黄河流域河道健康、完善"二级悬河"治理、保证黄河流域沿线居民生活以及生产等方面卓有成效。小浪底水库调水调沙月份多为 6—8 月，为黄河汛期之前，合理的避开黄河汛期；调水调沙天数最大为 23 天，最小为 9 天。历年小浪底水库调水调沙数据统计见表 4 - 4。

表 4 - 4　　　　　　　　　　小浪底水库水沙调控数据统计表

年　份	日　期	历时/天	调控流量/(m³/s)	调控含沙量/(kg/m³)	河道冲刷量/亿 t
2002	7 月 4 日	11	2600	20	0.362
2003	9 月 6 日	12	2400	30	0.456
2004	6 月 19 日	19	2600～2800	40	0.665
2005	6 月 16 日	15	3000～3300	40	0.6467
2006	6 月 10 日	23	3500～3700	40	0.6011
2007	6 月 19 日	18	2600～4000	40	0.288
2007	7 月 29 日	9	2200～3000	40	0.0003
2008	6 月 19 日	14	2600～4000	40	0.2007

年　份	日　期	历时/天	调控流量 /(m³/s)	调控含沙量 /(kg/m³)	河道冲刷量 /亿 t
2009	6 月 19 日	20	2600～4000	40	0.3429
2010	6 月 19 日	19	2600～4000	40	0.242
2010	7 月 24 日	10	2600～3000	40	0.101
2010	8 月 11 日	10	2600～3000	40	0.118
2011	6 月 19 日	18	2600～4000	40	0.1340

借鉴小浪底水沙调控经验，黄河上游梯级水库群水沙调控月份应选择汛前或汛后，合理避开汛期。由 2002—2011 年头道拐水文站历年各月输沙量变化过程可知，非汛期头道拐水文站输沙量最大值出现在 3—4 月，汛期输沙量最大值出现在 9 月。黄河上游河道3—4 月为开河期，因凌汛期结束，河道流量增加，为水沙调控创造有利时机。同时，为了保证黄河上游沙漠宽谷河段的防凌安全，避免在凌汛期开河时产生人造洪水，威胁下游河道的行洪安全，故本节采取黄河宁蒙河段全线开河后的 3—4 月作为黄河上游梯级水库群水沙调控月份。

4.7　本　章　小　结

本章围绕着"为什么选择水库作为水沙调控的主体"这一核心问题展开讨论，并取得了如下重要结论：

（1）从龙羊峡、刘家峡水库运行方式以及历年运行情况着手，从正面分析了梯级水库群的联合运行对提高水资源利用效率所做出的贡献。反之，梯级水库联合调度减少了下游河道水量，改变了水沙关系，正反两方面说明了水库建设前后的利弊所在。

（2）阐明了水沙变化与河道冲淤演变的关系，建立了梯级水库运行与下游河道泥沙冲淤演变的响应关系，证实了水库运行加剧了研究区域河道泥沙的淤积形态。

（3）从调控库容、可调水量、调控流量、小浪底水沙调控经验以及洪水对河道的冲刷效果方面，重点阐述了通过水库塑造人造洪水，对研究区域河道进行冲刷，是可行的、有效的水沙调控措施，为选择水库参与水沙调控奠定了理论和实际应用基础，具有重大的研究意义。

（4）选取已建成的龙羊峡、刘家峡水库，正在建设的海勃湾水库和未建的黑山峡水库作为参与黄河上游沙漠宽谷河段水沙调控的主体，其中，龙羊峡、刘家峡、黑山峡水库承担着水沙调控的主要任务，海勃湾水库将会对水沙调控起到微调作用。

（5）选择黄河干流凌汛开河结束后的 3 月、4 月作为黄河上游沙漠宽谷河段水沙调控的最佳时机。

第5章 黄河上游沙漠宽谷
河段水沙规律及过流能力

探索黄河上游沙漠宽谷河段的水沙规律，分析各河段区间流量与河道淤积形态的直接关系，旨在塑造和谐的水沙关系，在不同河段不同含沙率的条件下，确定维持黄河上游沙漠宽谷河段河道冲淤相对平衡的水沙阈值系列，为梯级水库群水沙调控期间的控泄流量提供理论支撑。输沙能力是河道中水流、泥沙由上游向下游输移能力大小的表征，直接决定河道是冲刷还是淤积。分析研究区域河道的输沙能力，对于确定不同调控方案的输沙量，阐明水沙置换和水沙调控效果，具有重要的实际意义和应用价值。

5.1 水 沙 规 律 分 析

5.1.1 历史年份黄河上游各站水量、沙量分析

根据黄河上游河段各水文站实测的水量、沙量资料，本节收集到了黄河上游沙漠宽谷河段各水文站 1952—2003 年的年水量、年沙量资料，绘制各站水量、沙量变化过程。在本节中给出了头道拐站水量、沙量的线性趋势线及方程，如图 5-1 和图 5-2 所示，以分析黄河上游各水文站水量、沙量的年际变化、特征值和未来趋势。与 4.4.1 节分析水沙关系的方法不同，本节从 1952—2003 年各水文站的年水量、沙量整体变化过程进行分析。

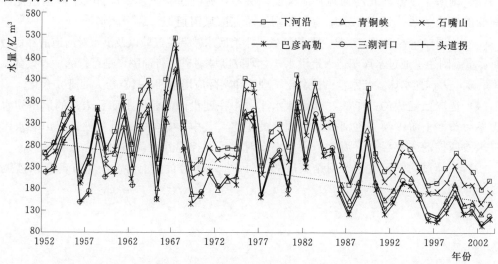

图 5-1 黄河上游各水文站的年际水量

由图 5-1 可知，下河沿历年水量变化过程线高于其他各站，其次是石嘴山、青铜峡。说明在不同的丰枯年份，宁夏河段各站水量由大到小的排序是：下河沿、石嘴山、青铜峡。内蒙古河段各站年水量变化大小顺序无明显特征。各站年最大水量发生在 1967 年，最小水量发生在 2002 年，且各站表现出良好的一致性。各站历年水量总体上呈现衰减趋势，且自 1991 年以后减幅最为显著。与其他站点一样，头道拐站年水量变化过程的线性趋势线斜率为负，说明各站年水量的确呈显著的衰减趋势。

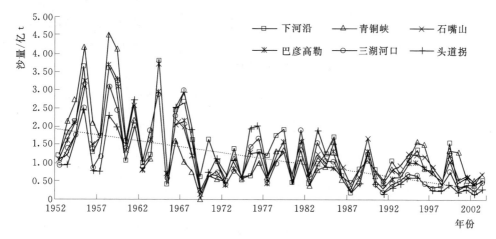

图 5-2　黄河上游各水文站的年沙量

由图 5-2 可知，各站历年沙量的变化过程无显著的大小顺序规律。1969 年将各站逐年沙量变化过程分为两部分。1969 年之后，各站年输沙量再未超过 2.00 亿 t。各站年最大输沙量发生在 1958 年的青铜峡站，年最大输沙量 4.53 亿 t，最小输沙量发生在 1969 年，同样是青铜峡站，年最小输沙量仅 0.03 亿 t，但输沙量极值在不同年份与各站点并未有明显的一致性规律。总体上，各站年输沙量变化过程呈显著的衰减趋势，这与水量变化趋势一致，但沙量的衰减速度明显较水量要快。以头道拐站为例，年水量变化过程趋势线的斜率为 -2.5525，而年输沙量变化过程趋势线的斜率仅 -0.0318，年输沙量变化斜率明显大于水量的，说明输沙量减幅大于水量，其他各站也有同样的规律。

年水量与年输沙量过程衰减幅度的不一致性，表现为各站水少输沙量更少，致使各站水沙关系向不协调方向发展，这为黄河上游沙漠宽谷河段的河道淤积提供了有利条件。因此，要重新实现黄河上游和谐的水沙关系、冲刷河槽，必须尽可能地、大幅地增大各站的年水量。

5.1.2　各区间河段水沙规律分析

为了进一步深入地对研究区域水沙规律进行研究，本节拟将研究区域划分为不同的河段，针对不同河段对水沙规律进行分析。

研究成果表明，由于地理位置、地质地貌、河道形态、来沙条件等差异，河流河道不同区域的水沙规律也存在明显的不同。如峡谷河段与冲击性平原河段、河床形态稳定河段与浅槽游荡河段以及比降大小不同的河段，其水沙规律往往也是不同的。对于黄河上游沙漠宽谷河段而言，内蒙古河段的水沙关系就远比宁夏河段的复杂，这主要与河床比降、河道形态以及区间来沙条件不同有关。本节以黄河上游沙漠宽谷河段各水文站为划分节点，将研究区域划分为不同的区间，根据收集的 1952—2003 年各水文站流量、含沙量以及区间河段冲淤量的实测资料，点绘区间河段入口流量与区间冲淤量的关系，重点分析不同河段不同含沙量情况下下游河道淤积、冲刷对应的流量特征，以确定水沙调控时不同河段不同含沙量的水沙阈值系列，为确定水沙调控期间的控泄流量奠定基础。

5.1.2.1　下河沿—青铜峡河段

将下河沿—青铜峡河段的含沙量分为四个区间，即 $0 \sim 3 kg/m^3$，$3 \sim 7 kg/m^3$，$7 \sim 15 kg/m^3$ 和大于 $15 kg/m^3$，点绘下河沿站洪水期平均流量与下河沿—青铜峡区间河段的冲淤量关系散点图，如图 5-3 所示，分析该区间河段的水沙规律。

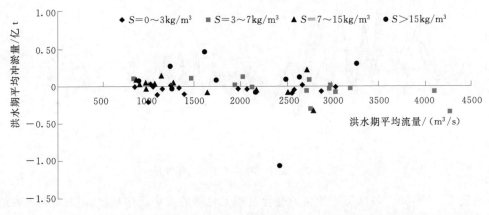

图 5-3　洪水期下河沿—青铜峡河段冲淤量与下河沿平均流量关系图

由图 5-3 可知，在不同含沙量、不同流量的情况下，下河沿—青铜峡河段的河道的冲淤形态不同，有冲有淤，冲淤量的变化不大，下河沿站流量主要集中在 $1000 \sim 1500 m^3/s$ 和 $2500 \sim 3000 m^3/s$ 两个区间内。下河沿—青铜峡河段区间最大冲刷量为 1.0531 亿 t，发生在 1959 年 8 月，对应的下河沿站流量和含沙量分别是 $2410 m^3/s$、$20.57 kg/m^3$；最大淤积量为 0.4540 亿 t，发生在 1970 年，对应的下河沿站流量和含沙量分别是 $1600 m^3/s$、$24.69 kg/m^3$，均是在高含沙量时出现极值。区间多年冲淤量大多在 ±0.20 亿 t 以内。含沙量分布以 $0 \sim 3 kg/m^3$ 为主，$3 \sim 7 kg/m^3$ 次之。说明下河沿站的来沙少，总体上含沙量不大。

不同的含沙量、不同的流量，表现在下河沿—青铜峡河段河道的冲淤形态也不同。当水流含沙量在 $0 \sim 3 kg/m^3$ 时，流量小于 $1000 m^3/s$ 时，区间冲淤量几乎为 0，冲淤相对平衡；流量达到 $1000 m^3/s$ 时，含沙量在 $0 \sim 3 kg/m^3$ 时冲刷量达到最大值，河道冲刷效果最佳；当流量在 $1000 \sim 1500 m^3/s$ 时，冲淤量反而减小；当流量增大到 $2000 \sim 3000 m^3/s$ 时，河道整体虽表现为冲刷，但冲刷量较 $1000 m^3/s$ 时显著减小。

可以看出，当含沙量由 $0 \sim 3 kg/m^3$ 增加到 $3 \sim 7 kg/m^3$ 时，下河沿流量从 $1000 \sim 1500 m^3/s$ 增加到 $2500 \sim 3000 m^3/s$，呈现出"大水挟大沙"的基本规律。总体而言，不同流量等级下均出现不同的含沙量，含沙量未呈现出随流量的增加而增加的趋势。下河沿—青铜峡河段区间的冲淤量并不随着流量的增加而增大，即并非是流量越大，对区间河段的冲刷越大，只有在特定的含沙量区间内，随着流量的增大，冲淤量有所增加。

5.1.2.2 青铜峡—石嘴山河段

与上一河段一致，将含沙量同样划分为四个区间，点绘青铜峡站洪水期平均流量与青铜峡—石嘴山区间河段的冲淤量关系，如图 5-4 所示。

在图 5-4 中，随着河道的下移，青铜峡—石嘴山区间含沙量主要以 3～7kg/m³ 为主，泥沙含量较上一河段有所增加。

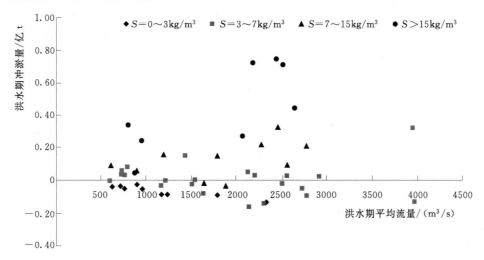

图 5-4　洪水期青铜峡—石嘴山河段冲淤量与下河沿平均流量关系图

与下河沿—青铜峡河段不同，当水流含沙量为 0～3kg/m³ 流量在 600m³/s 时，青铜峡—石嘴山河段已开始冲刷，且随着流量的增加，青铜峡—石嘴山河段均发生冲刷，冲刷程度随流量的增加有明显的递增趋势。流量增加到 2300m³/s 时，区间河段的冲刷量也达到含沙量为 0～3kg/m³ 时的最大值，冲刷量为 0.1420t。因此，青铜峡—石嘴山河段含沙量小于 3kg/m³ 时，青铜峡站流量在 623～2500m³/s 以内，区间河道均发生冲刷，且流量越大，冲刷量越大。

当水流含沙量为 3～7kg/m³ 时，青铜峡—石嘴山河段有冲有淤，但河段总体呈冲刷状态。流量小于 1000m³/s 时，区间冲淤量为正，青铜峡—石嘴山河段河道呈微淤状态；当流量达到 1000～1500m³/s 时，区间河道有冲有淤，总体上表现为淤积。随着流量的增加，当青铜峡洪水期流量在 1500～2500m³/s 时，区间河道开始冲刷，且在流量达到 2130m³/s 时，青铜峡—石嘴山河段河道的冲刷量 0.1620 亿 t，达到最大值，河道冲刷效果最佳；当流量增加到 2500～4000m³/s 时，区间河段总体上呈明显的冲刷状态，但冲刷量呈明显的衰减趋势。

当水流含沙量在 7～15kg/m³ 时，流量在 500～1500m³/s 左右时，区间河段的冲淤量一直为正，青铜峡—石嘴山河道处于淤积状态；当流量达到 1500～2000m³/s 时，区间河道有冲有淤，但总体表现为淤积；当流量大于 2000m³/s 后，区间河道的淤积量明显上升，河道淤积严重。表现出随着流量的增大淤积量也增加的规律。

当水流含沙量大于 15kg/m³ 时，随着流量的增加，河道淤积量显著增加，且未出现河道冲刷的情况。说明含沙量大于 15kg/m³ 后，大流量也改变不了青铜峡—石嘴山区间河道的冲淤状态，河道不具备输沙条件。

5.1.2.3　石嘴山—巴彦高勒河段

由图 5-5 可知，石嘴山—巴彦高勒区间含沙量以 3～7kg/m³ 为主，占到了 1952—2003 年中的 30 年，较上一河段 3～7kg/m³ 含沙量的比例明显增加，其次以 7～15kg/m³ 为主，0～3kg/m³ 与大于 15kg/m³ 的含沙量出现情况很少。石嘴山站流量主要集中在 1000～1500m³/s 和 2000～3000m³/s 两个区间内。各含沙量、流量情况下的淤积量主要集中在 0.01 亿 t 以内，而冲刷量在 0.50 亿 t 以内，说明石嘴山—巴彦高勒区间的含沙量较小，大流量有利于区间河道的冲刷。

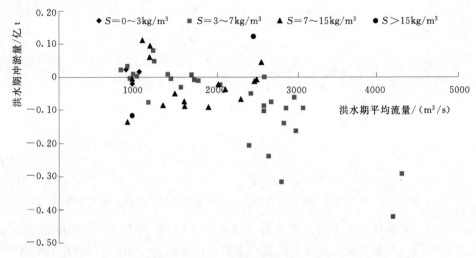

图 5-5　洪水期石嘴山—巴彦高勒河段冲淤量与下河沿平均流量关系图

石嘴山—巴彦高勒区间含沙量在 0～3kg/m³ 的情况很少，且流量偏小，在 1000m³/s 左右，区间河道有冲有淤，冲淤基本平衡。

当含沙量在 3～7kg/m³ 时，流量变化幅度最大，从最小值 787m³/s 到最大值 4290m³/s，河道有冲有淤，但冲刷量明显大于淤积量。当流量在 500～2000m³/s 时，区间河道的冲淤量有正有负，冲淤相对平衡；随着流量的增大，当流量大于 2000m³/s 后，区间河道的冲淤量全为负，区间河道冲刷，特别是流量在 2500m³/s 左右，石嘴山—巴彦高勒区间河道，随着流量的增加，冲刷量从 0.10 亿 t 迅速增大到 0.30 亿 t，冲刷效果最佳。

当含沙量在 7～15kg/m³ 时，石嘴山—巴彦高勒区间河道分别在最小和最大流量区间发生明显淤积，流量在 1500～2500m³/s 区间时发生冲刷，且冲刷量不随流量的增加而增加，一直保持在 0.10 亿 t 左右。当石嘴山流量在 1000～1500m³/s 时，石嘴山—巴彦高勒区间河道有冲有淤，总体上呈微淤状态；当石嘴山流量增加到 1500～2500m³/s 时，区间河道呈明显的冲刷形态，且冲刷量保持在 0.10 亿 t 左右；当流量增加超过 2500m³/s 以后，冲淤量由负转正，区间河道开始冲刷，且冲刷量随流量增加增大。

含沙量超过 15kg/m³ 的情况出现较少，流量在 1000m³/s 时，河道冲刷；流量增加到

2500m³/s 左右时，区间河道反而淤积。说明石嘴山—巴彦高勒区间河道在沙量超过 15kg/m³ 的情况下不适宜大水输沙冲沙。

5.1.2.4 巴彦高勒—三湖河口河段

由图 5-6 可知，巴彦高勒—三湖河口区间含沙量以 7～15kg/m³ 为主，较上一河段以 7～15kg/m³ 为主的含沙量明显增加，其次以 3～7kg/m³ 为主，0～3kg/m³ 与大于 15kg/m³ 的含沙量出现情况很少。巴彦高勒站流量主要集中在 500～1500m³/s 和 2000～2500m³/s 两个区间内。各含沙量、流量情况下的冲淤积量主要集中±0.2 亿 t 以内，说明巴彦高勒站的含沙量增大后，大含沙量不利于河道的冲刷，巴彦高勒—三湖河口区间河道的总体呈现微淤。

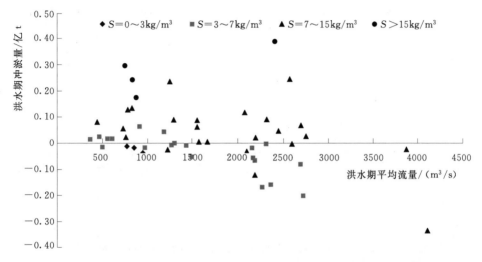

图 5-6　洪水期巴彦高勒—三湖河口河段冲淤量与下河沿平均流量关系图

巴彦高勒—三湖河口区间含沙量在 0～3kg/m³ 的情况很少，流量在 1000m³/s 以内，区间河道处于冲刷。随着含沙量增大到 3～7kg/m³，流量在 500～1500m³/s 时，巴彦高勒—三湖河口区间河道总体呈淤积形态；当流量增加到 2000～2500m³/s 时，河道冲刷，且冲刷量增幅显著，达到该含沙量时的最大冲刷量。此时，巴彦高勒站流量为 2720m³/s，区间河段的冲刷量达到 0.2056 亿 t。

当含沙量为 7～15kg/m³ 时，巴彦高勒—三湖河口区间河道总体呈明显的淤积形态，一直到流量接近 4000m³/s 时，河道进入冲刷。当流量在 500～1500m³/s 时，巴彦高勒—三湖河口区间河道淤积，淤积量达到 0.20 亿 t 以上；当流量在 2000～2500m³/s 时，区间河道整体的淤积情况有所缓解，部分流量出现冲刷，但总体上呈淤积，且淤积量达到该含沙量时最大值，达 0.2465 亿 t。随着流量增大到 3500m³/s 以上，区间河道开始冲刷，且在 4109m³/s 时达到最大的 0.3352 亿 t。

含沙量大于 15kg/m³ 以后，区间河道处于明显淤积状态，淤积量在流量很小时就超过了含沙量为 7～15kg/m³ 时的最大值。当流量增加到 2500m³/s 时，巴彦高勒—三湖河口区间河道的淤积量达到所有含沙量范围内的最大值。

5.1.2.5 三湖河口—头道拐河段

随着河道的下移，下游河道三湖河口—头道拐河段洪水期的流量、含沙量与冲淤量的关系有所改变。首先，含沙量增加。三湖河口—头道拐河段的含沙量以 7～15kg/m³ 为主，占到历年的一半以上，含沙量在 3～7kg/m³ 区间的次之，比上游河段的含沙量明显增大，且其他含沙量的情况极少。其次，区间河道的冲淤平衡被打破，淤积量在 0～0.40 亿 t 内，冲刷在 0～0.20 亿 t 区间内。最后，三湖河口站流量主要集中在 500～1500m³/s 和 2000～2500m³/s 两个区间内。三湖河口—头道拐河段区间最大冲刷量为 0.2228 亿 t，发生在 1971 年 10 月，对应的巴彦高勒站流量和含沙量分别是 2240m³/s、6.83kg/m³；最大淤积量为 0.3811 亿 t，发生在 1981 年 9 月，对应的巴彦高勒站流量和含沙量分别是 3989m³/s、7.84kg/m³。

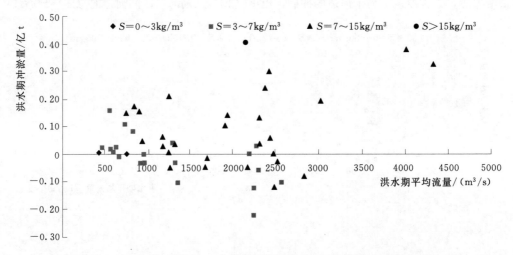

图 5-7　洪水期三湖河口—头道拐河段冲淤量与下河沿平均流量关系图

当水流含沙量为 0～3kg/m³ 时，三湖河口—头道拐区间河段总体呈明显的淤积状态，且流量在 1000m³/s 以内。

当三湖河口站含沙量增加到 3～7kg/m³ 时，流量在 500～1500m³/s 内区间河段有冲有淤，总体上呈明显的淤积状态，淤积量在 0～0.20 亿 t 内，且有流量越小淤积量越大、流量越大淤积量越小的趋势。当流量在 1500～2500m³/s 时，区间河道冲多淤少，河道冲刷量增加，且在流量为 2240m³/s 时达到区间河段的最大冲刷量。

随着含沙量进一步加大到 7～15kg/m³ 时，洪水期流量与河段冲淤量的散点图主要落在这一区域内。当流量在 500～1500m³/s 时，区间河段淤积多冲刷少，且依然存在流量越小淤积量越大、流量越大淤积量减小的趋势。当流量在 2000～2500m³/s 时，区间河段有冲有淤，淤积形式有所减缓，但整体上依旧呈明显的淤积形态。当流量大于 2500m³/s 后，流量越大，淤积量反而越大，最终在 3989m³/s 时淤积量达到最大值。

当含沙量大于 15kg/m³ 时，河道处于淤积形态。

将上述各区间水沙规律总结、归纳，可以得到以下结论：

（1）宁夏河段各站的含沙量分布较为均匀，虽以 0～3kg/m³、3～7kg/m³ 为主，但其他含沙量区间均有出现。内蒙古河段主要以 3～7kg/m³、7～15kg/m³ 为主，0～3kg/m³ 以及大于 15kg/m³ 的情况极少。下游河段的含沙量较上游河段明显增大，含沙量随河道下移有增大的趋势，即下河沿—青铜峡区间平均含沙量最小，三湖河口—头道拐区间含沙量最大。

（2）宁夏河段各站洪水期的流量在 $1000\sim3000\mathrm{m}^3/\mathrm{s}$ 内，内蒙古河段各站流量有所减少，基本在 $500\sim2500\mathrm{m}^3/\mathrm{s}$ 以内。

（3）宁夏河段水沙冲淤规律较内蒙古河段呈现出不同的特点。当流量在 $1000\mathrm{m}^3/\mathrm{s}$ 左右时，宁夏河段有冲有淤，冲淤基本平衡，只有在大含沙量时淤积明显；内蒙古河段呈现出明显的淤积形态，在小流量时就产生淤积。

（4）各站冲刷效果较好的区域集中在含沙量 $3\sim7\mathrm{kg}/\mathrm{m}^3$、流量 $2000\sim3000\mathrm{m}^3/\mathrm{s}$ 的区域内。当然，随着流量的增大，部分站点在流量大于 $4000\mathrm{m}^3/\mathrm{s}$ 时获得了区间的最大冲刷量。

（5）当含沙量大于 $15\mathrm{kg}/\mathrm{m}^3$ 以后，无论区间河段多大的流量，河道基本处于严重淤积的形态。即，研究区域的泥沙含量超过 $15\mathrm{kg}/\mathrm{m}^3$ 以后，基本不具有水沙调控条件。

5.1.3 研究区域水沙阈值的确定

阈值即所谓的临界值。水沙阈值是水沙关系与河道冲淤演变转换过程中的重要参数，也是有效实施研究区域水沙调控的关键因素。在不同的区间河段，不同含沙量对应的输沙或冲沙流量是不同的。当流量达到某一含沙量情况下悬移质泥沙的启动流速对应的流量时，区间河道主槽由淤积转向冲刷，该流量是河道在这一含沙量条件下主槽开始冲刷的临界值，称为该河段在这一含沙量条件下的水沙阈值。

根据上述各区间河段的水沙规律，本节得到了不同区间河段、不同含沙量情况下的水沙阈值系列，见表 5-1。

表 5-1 研究区域水沙阈值系列

河 段	区间河道含沙量			
	$0\sim3\mathrm{kg}/\mathrm{m}^3$	$3\sim7\mathrm{kg}/\mathrm{m}^3$	$7\sim15\mathrm{kg}/\mathrm{m}^3$	$\geqslant15\mathrm{kg}/\mathrm{m}^3$
下河沿—青铜峡	1150	2134	2180	2160
青铜峡—石嘴山	623	2130	1630	—
石嘴山—巴彦高勒	921	1720	2010	—
巴彦高勒—三湖河口	769	1430	2580	—
三湖河口—头道拐	780	2240	2470	—

注 表中数据为该区间河段某一含沙量区间时的水沙阈值，单位为 m^3/s。"—"表示该情况下不具备水沙调控条件。

由上述水沙阈值系列，可协调已知含沙量情况下的水沙关系，塑造能使河道冲刷的人造洪水流量过程，以满足黄河沙漠宽谷河段的水沙调控要求。

表 5-1 给出了水沙阈值，即不同河段不同含沙量情况下能够冲动泥沙的临界流量。那么，梯级水库按照水沙阈值下泄流量，各区间在此条件下的输沙量是多少呢？下一节就该问题进行详细阐述。

5.2 河道输沙能力分析

5.2.1 输沙量计算的基本原理

输沙量是河道输沙能力的直接体现。一般地，各河段输沙量的计算所依据的基本原理为水量平衡原理与输沙量平衡原理（赵昌瑞等，2010），即流入某一河段的水量、沙量与流出该河段的水量、沙量是平衡的。当然，这其中一定要考虑区间来水量、来沙量与区间引水量和引沙量。否则，水量与沙量在空间分布上是不平衡的。此外，在一个特定的河段内，上断面流入的水量、沙量流入下断面，需要经过一个时段过程，即所谓的水流时滞效应。也就是说，上下断面的水量、沙量在时间分布上是相对平衡的。当考虑水流时滞效应，计算出不同含沙量、不同水流的流量演进时间后，即可得到绝对的上下游水量、沙量平衡关系。由此，本节在全面考虑区间水量、沙量和水流时滞效应的条件下，根据水量平衡原理与输沙量平衡原理，建立河段内水量沙量平衡方程，见式（5-1）和式（5-2）。

$$W_{上} \, \Delta t = W_{下} \, \Delta t \pm \Delta W \Delta t \tag{5-1}$$

式中：$W_{上}$ 为上断面进入的水量；$W_{下}$ 为下断面流出的水量；$\pm \Delta W$ 为河段区间蓄水量；Δt 为计算时段。

$$S_{上} \, \Delta t = S_{下} \, \Delta t \pm \Delta S \Delta t \tag{5-2}$$

式中：$S_{上}$ 为上断面进入的沙量；$S_{下}$ 为下断面输出的沙量；$\pm \Delta S$ 为河段内淤积或冲刷的沙量，其他符号同前。

考虑到水沙调控的实际情况，根据水沙调控时段的选择，本节拟选取一场洪水的起末时间作为输沙量计算时段。

5.2.2　场次洪水输沙量计算模型

场次洪水输沙量计算常用的方法是：如果某断面的输沙量与该断面的最大洪峰流量、洪水总量以及上游断面的输沙量之间存在着线性或非线性关系，则建立的场次洪水输沙量计算模型如下（胡兴林等，1997）：

$$S = K Q_{max}^{\alpha} W^{\beta} \tag{5-3}$$

式中：S 为计算的下断面场次洪水输沙量；Q_{max} 为场次洪水的洪峰流量；W 为场次洪水的洪量；K，α，β 为模型参数。

在实际情况中，由于上游输入该河段的沙量较大，式（5-3）计算下断面的输沙量误差较大。考虑到黄河干流"大水挟大沙"的输沙规律，在式（5-3）中加入上游场次洪水输沙量 $S_{上}$，得出另一个计算下断面输沙量的数学模型：

$$S_{下} = K Q_{max}^{\alpha} W^{\beta} S_{上}^{\gamma} \tag{5-4}$$

式中：$S_{下}$ 为计算的下断面场次洪水输沙量；γ 为模型参数；其他符号同前。

5.2.3　研究区域各断面输沙能力

各河段下断面输沙量计算模型选用式（5-3）和式（5-4），采用各河段上、下游断面同步实测的水量、沙量资料，用最小二乘法识别出模型参数，对黄河上游沙漠宽谷河段各断面的场次洪水输沙量进行分析计算，可以得到各断面的输沙量模型。

（1）青铜峡站。青铜峡断面的人造洪水输沙量计算模型采用式（5-4）：

$$S_{青} = e^{0.347} Q_{max,青}^{0.3822} W_{青}^{0.5174} S_{下}^{0.3373} \tag{5-5}$$

式中：$S_{青}$ 为青铜峡站场次洪水输沙量，万 t；$S_{下}$ 为下河沿站场次洪水输沙量，万 t；$Q_{max,青}$ 为青铜峡站场次洪水的洪峰流量，m^3/s；$W_{青}$ 为青铜峡站场次洪水的洪量，亿 m^3。

上述模型的复相关系数 $R=0.941$，标准差 $E=0.197$。模型通过了 $\alpha=0.05$ 的 F 检验。经模型计算值与实测输沙量值的对比分析，相对误差为 -0.03%，证明模型的计算精度较高，可以用于河道输沙或冲淤计算。

（2）三湖河口站。三湖河口断面的场次洪水输沙量计算模型采用式（5-3）：

$$S_{三}=13.0265Q_{\max,三}^{0.1923}W_{三}^{1.0437} \tag{5-6}$$

式中：$S_{三}$ 为三湖河口站场次洪水输沙量，万 t；$Q_{\max,三}$ 为三湖河口站场次洪水的洪峰流量，$\mathrm{m^3/s}$；$W_{三}$ 为三湖河口站场次洪水的洪量，亿 $\mathrm{m^3}$。

该模型的复相关系数 $R=0.974$，标准差 $E=0.437$。模型通过了 $\alpha=0.05$ 的 F 检验。将场次洪水的输沙量实测值与模型计算值相对比，如图 5-8 所示。

由图 5-8 可知，实测值与模型计算值拟合较好，实测 102 场洪水输沙量平均值为 2746.1 万 t，模型计算值为 2758.2 万 t，相对误差仅 0.44%。因此，模型具有较高的计算精度，可以用于河道输沙或冲淤计算。

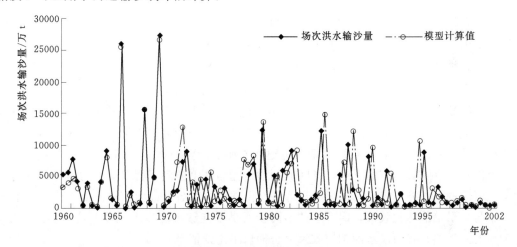

图 5-8 三湖河口站场次洪水输沙量实测值与模型计算值比较

（3）头道拐站。头道拐断面的场次洪水输沙量计算模型采用式（5-3）：

$$S_{头}=0.0438Q_{\max,头}^{1.0726}W_{头}^{0.731} \tag{5-7}$$

式中：$S_{头}$ 为头道拐站场次洪水输沙量，万 t；$Q_{\max,头}$ 为头道拐站场次洪水的洪峰流量，$\mathrm{m^3/s}$；$W_{头}$ 为头道拐站场次洪水的洪量，亿 $\mathrm{m^3}$。

该模型的复相关系数 $R=0.936$，标准差 $E=0.518$。模型通过了 $\alpha=0.05$ 的 F 检验。输沙量实测值与模型计算值相对比，如图 5-9 所示。

由图 5-9 可知，实测值与模型计算值拟合较好，实测 65 场洪水输沙量平均值为 3803.9 万 t，模型计算值为 3678.2 万 t，相对误差仅 -3.3%。由此可知，该模型计算精度较高，可以用于河道输沙或冲淤计算。

考虑到洪水期河道断面调整较为迅速，且冲淤性多泥沙河流的泥沙具有"多来、多淤、多排"的来水来沙和输移规律，输沙率与流量基本呈现出直线关系，本节建立了黄河上游沙漠宽谷河段各断面输沙率 $Q_{s出}$ 与流量 $Q_{出}$、上游站含沙量 $S_{进}$ 的相关关系（张晓华等，2008）：

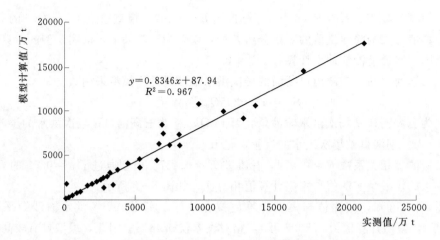

图 5-9　头道拐站场次洪水输沙量实测值与模型计算值比较

青铜峡站：$\qquad Q_{S出} = 0.011702 Q_{出}^{0.705} S_{进}^{0.794}$ $\qquad$ (5-8)

石嘴山站：$\qquad Q_{S出} = 0.000424 Q_{出}^{1.242} S_{进}^{0.412}$ $\qquad$ (5-9)

巴彦高勒站：$\qquad Q_{S出} = 0.000164 Q_{出}^{1.240} S_{进}^{1.083}$ $\qquad$ (5-10)

三湖河口站：$\qquad Q_{S出} = 0.000159 Q_{出}^{1.377} S_{进}^{0.489}$ $\qquad$ (5-11)

头道拐站：$\qquad Q_{S出} = 0.000064 Q_{出}^{1.482} S_{进}^{0.609}$ $\qquad$ (5-12)

用实测资料对上述公式进行验证表明，除个别支流来沙大的年份外，公式计算值与实测值相差基本在 10% 以内，可以用于河道输沙或冲淤计算。

可以看出，随着河道的下移，各断面的输沙能力从上游到下游有减小的趋势，特别是内蒙古河段的输沙能力较宁夏河段明显降低。上述建立的各断面河道输沙能力模型，量化了流量与冲淤量的转化效果，回答了"不同场次洪水能够带走多少泥沙"这一实际问题，为黄河上游沙漠宽谷河段水沙调控效果分析提供了论证依据。

5.3　过流能力分析

本节通过确定黄河上游沙漠宽谷河段的关键控制断面，推求各断面过水能力，以保证水沙调控期间下游河道行流安全和行洪安全。研究黄河沙漠宽谷河段过水能力，是保障水沙调控安全、有效实施的前提，是汛期、防凌期和非凌汛期下游人民群众人身财产安全的可靠保障，更是实现上游沙漠宽谷河段水沙调控可持续发展的决定性因素。

5.3.1　各站历史过流能力

根据各站建站以来实测的最高水位、最大流量统计值可知：下河沿站 1981 年 9 月 16 日出现最高水位 1235.19m，相应流量为 5770m³/s；青铜峡站在 1981 年 9 月 17 日出现最高水位 1138.87m，相应流量为 5710m³/s；石嘴山站 1946 年 9 月 18 日出现最高水位 1092.35m，相应流量为 5820m³/s（实测最大流量）；巴彦高勒站 2003 年 9 月 6 日出现最高水位 1052.16m，相应流量为 1360m³/s，1981 年 9 月 19 日出现最大流量 5290m³/s，相应水位1052.07m；三湖河口站2003年9月7日出现最高水位1019.99m，相应流量1460m³/s，1981年9月22日出现建站以来最大流量5500m³/s，相应水位1019.97m；头道拐站1967年9月21日实测最高水位990.69m，相应流量5310m³/s，1967年9月19日出现建站以来最大流量5420m³/s，相应水位990.62m。

可以看出，各站自建站以来出现的实测最大流量均在5000m³/s以上。目前，各站的情况发生了巨大变化，主要原因是河道形态及断面形状发生了变化。河道的萎缩、摆动以及河床的抬高，使过流能力明显减小。因此，定量分析关键断面处的冲淤变化，分析水文站水位流量的变化趋势，探讨现状条件下各站的过流能力至关重要。

5.3.2 各站现状过流能力分析

根据黄河水利委员会公布的1987—2011年各关键控制断面的实测断面数据（黄河泥沙公报2002—2011），分析近20年以来关键断面的冲淤变化，为确定各控制断面的现状过流能力奠定基础。图5-10～图5-13给出了石嘴山、巴彦高勒、三湖河口、头道拐四个关键控制断面的冲淤变化。

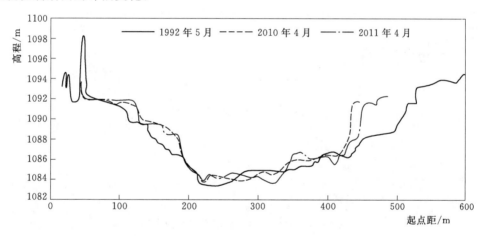

图5-10 黄河石嘴山站断面冲淤变化图

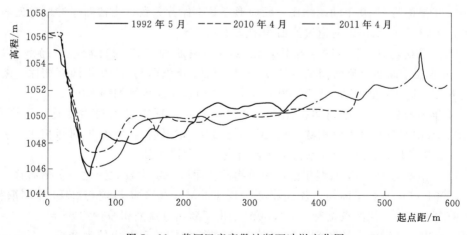

图5-11 黄河巴彦高勒站断面冲淤变化图

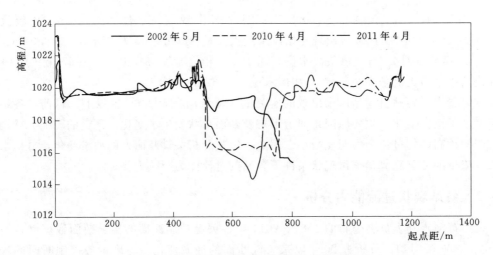

图 5-12　黄河三湖河口站断面冲淤变化图

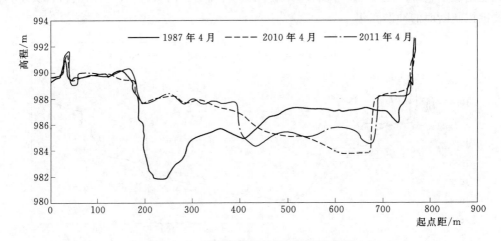

图 5-13　黄河头道拐站断面冲淤变化图

2011 年汛前与 1992 年同期相比，石嘴山站断面形态没有发生大的变化，局部有冲淤。2011 年汛前与 2010 年同期相比，断面形态基本保持一致，主槽右岸冲刷并向右扩展约 15m，1093.00m 水位下河道过流面积增加 27m²。

2011 年汛前与 1992 年同期相比，巴彦高勒站断面形态变化较小，局部有冲淤。1055.00m 水位下断面过流面积减少约 144m²。2011 年汛前与 2010 年同期相比，断面形态变化不大，左岸主槽冲刷，1055.00m 水位下断面过流面积增加约 49m²。

2011 年汛前与 1992 年同期相比，三湖河口站断面形态发生较大变化，主槽左移，1021.00m 水位下断面过流面积减少约 194m²。2011 年汛前与 2010 年同期相比，主槽刷深，两岸嫩滩淤积，1021.00m 水位下断面过流面积仅减小约 8m²。

2011 年汛前与 1987 年同期相比，头道拐站断面形态发生较大变化，主槽右移，深泓点抬升，991.00m 水位下断面过流面积减少约 439m²。2011 年汛前与 2010 年同期相比，断面主槽左冲右淤，深泓点抬升，991.00m 水位下断面过流面积减少约 86m²。

可以看出，三湖河口站和头道拐站近 20 年主槽的摆动和淤积较为严重，石嘴山站和巴彦高勒站主槽的变化不大。由于测站断面的冲淤变化,进而影响了断面的过流面积,水位—流量关系也随之改变,如 2010—2011 年畅流期重要断面的水位—流量关系曲线如图 5-14 所示。根据各站实测的水位—流量数据,绘制了各站各年水位—流量关系变化图,如图 5-15～图 5-18 所示。

由图 5-14 (a) 和图 5-15 可知,石嘴山站 2010—2011 年水位—流量关系的线性相关系数 0.95,呈现出良好的线性关系。与 1992 年水位流量关系对比,石嘴山站 2011 年的水位—流量关系曲线形态由单一线变为顺时针绳套曲线,涨水段 1000m³/s 以下曲线较 1992 年抬高约 0.15m,落水段向左上方抬升,1000m³/s 以下曲线较 1992 年抬高约 0.07m。与 2010 年相比,绳套曲线方向相反,涨水段抬高约 0.15m,落水段基本重合。石嘴山站近 20 年同一流量的水位抬高不多,其水位—流量关系曲线趋于平稳。

巴彦高勒站 2010—2011 年水位—流量散点图如 5-14 (b) 所示,线性关系略差。从图 5-16 可以看出,与 1992 年水位—流量关系对比,2011 年的曲线方向相反,2010 年的

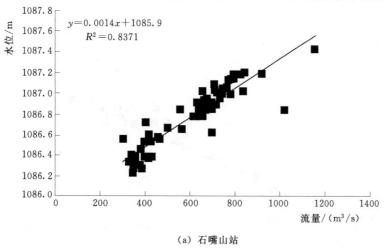

(a) 石嘴山站

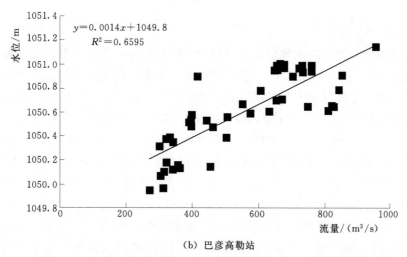

(b) 巴彦高勒站

图 5-14 (一)   各站 2010—2011 年畅流期水位—流量关系曲线

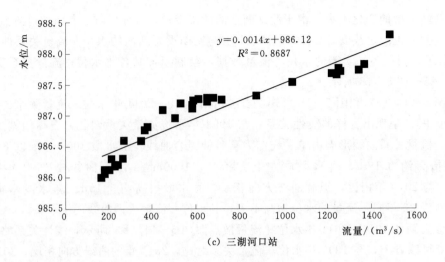

（c）三湖河口站

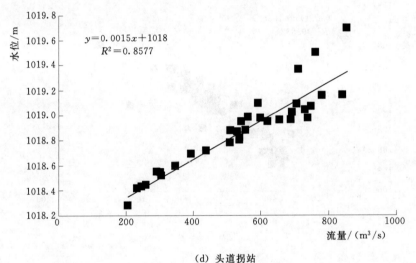

（d）头道拐站

图 5-14（二）　各站 2010—2011 年畅流期水位—流量关系曲线

曲线向左上方抬升，但曲线整体向左上方抬升，同流量水位抬高。对应落水段 1000m³/s
流量水位较 1992 年抬高约 0.55m。2010—2011 年水位—流量曲线与 2010 年的水位—流
量曲线变化不大，整体较 2010 年略有上升，幅度约 0.11m。近 20 年来，巴彦高勒站同一
水位的过流能力减少 420～560m³/s，最大流量由 1680m³/s 降至 1490m³/s。

　　由图 5-14（c）和图 5-17 可知，三湖河口站 2010—2011 年水位—流量关系的线性
相关系数 0.92，呈现出较好的线性关系。与 1987 年水位流量关系对比，曲线形态有所变
化，水位—流量曲线逐渐向直线趋近，且整体向右上方抬升，1000m³/s 流量的水位较
1987 年抬高约 1.45m，实测的流量值也有显著增加，最大流量达到了 1740m³/s。特别
地，同一水位的流量无交集，说明同一水位的流量变化剧烈。以 1018.50m 水位为例，
1987 年通过该高程的流量为 800～1000m³/s，2011 年通过该高程的流量不足 100m³/s。
较 2010 年而言，2011 年的水位—流量关系略有上升，1000m³/s 流量对应水位抬高

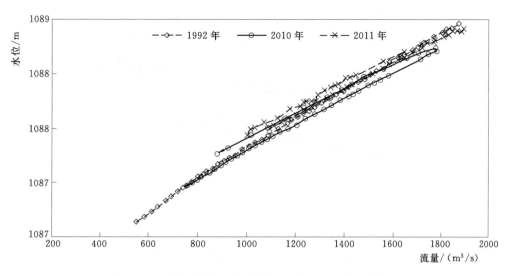

图 5-15　黄河石嘴山站各年断面水位—流量关系变化图

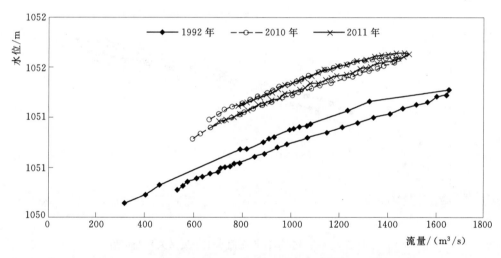

图 5-16　黄河巴彦高勒站各年断面水位—流量关系变化图

0.18m，平移趋势与 1987 年类似。近 20 年来，三湖河口站同一水位的过流能力减少 1000～1400m³/s，主要原因是泥沙冲淤导致该高程淹没或严重淤积抬高水位。

由图 5-18 可知，头道拐站 2011 年与 1987 年水位—流量关系对比，曲线整体上移的幅度不大，且曲线也有向直线变化的趋势，曲线整体呈现逆时针绳套，略向右上方抬升，1000m³/s 流量的水位较 1987 年抬高 0.10m，最大流量虽然由 1200m³/s 增加到 1450m³/s，但同一水位下流量减少 90～120m³/s。与 2010 年相比，2011 年的水位—流量关系曲线基本与之重合，略有抬升，约 0.02m。

由上述描述可以看出，各关键控制断面同一水位下的流量均有所减少，以三湖河口站和巴彦高勒站的流量减幅最大，从侧面说明了三湖河口水文监测断面的泥沙淤积情况最为严重。各站的水位—流量关系发生了显著的变化，整体向右上方移动，且三湖

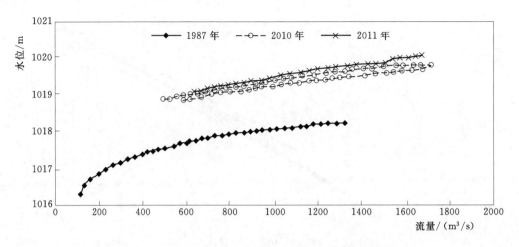

图 5-17 黄河三湖河口站各年断面水位—流量关系变化图

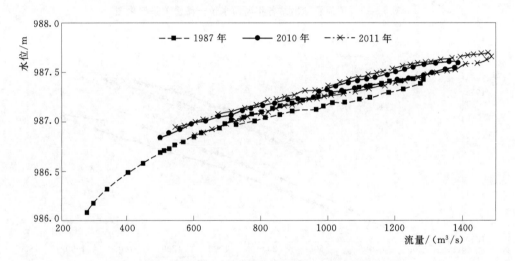

图 5-18 黄河头道拐站各年断面水位—流量关系变化图

河口站和头道拐站的水位—流量关系曲线有向直线变化的趋势。除巴彦高勒站外，石嘴山站、三湖河口站及头道拐站的实测最大流量均有显著增加，增幅最大的为三湖河口站。说明三湖河口站虽然泥沙淤积严重，河床抬高致使河底高程抬升，但其过流能力增加，主要原因可能是该断面采取加高堤防、河道整治加大了平滩流量，增加了主槽的过流能力。

由此可知，近年来随着沙漠宽谷河段河道演变，河床抬高，河道断面形态变化，河道的过流能力显著降低。如何定量得到各站的现状过流能力，对于安全、顺利地开展水沙调控具有重要的意义。以 2001—2011 年沙漠宽谷河段各水文站的实测径流数据为准，参照各站历史最大流量，由绘制的各关键控制断面近 11 年的水位—流量散点关系图统计得到畅流条件下的现状过流能力。以三湖河口站为例，图 5-19 和图 5-20 给出了 2006 年、2007 年、2008 年三湖河口站的水位—流量关系散点图。

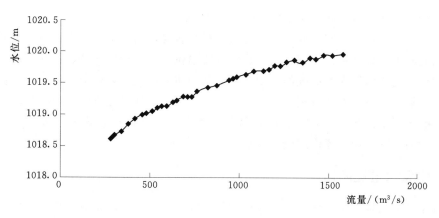

图 5-19 黄河三湖河口站 2006 年水位—流量关系散点图

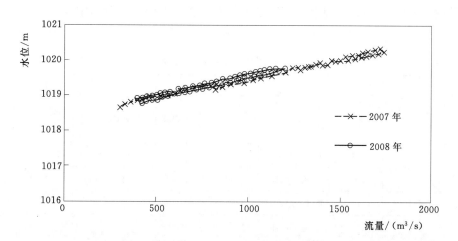

图 5-20 黄河三湖河口站 2007 年和 2008 年水位—流量关系散点图

表 5-2   关键控制断面历史最大流量及现状过流能力

断面	历史最大流量 /(m³/s)	现状过流能力 /(m³/s)	断面	历史最大流量 /(m³/s)	现状过流能力 /(m³/s)
下河沿	5740	2130	巴彦高勒	5290	1660
青铜峡	6230	2220	三湖河口	5500	1650
石嘴山	5820	1860	头道拐	5420	1460

根据近 10 年三湖河口断面的水位—流量散点关系图，三湖河口站近年的流量变化趋于平稳，最小流量为 280m³/s，最大流量为 1740m³/s。据此，可统计出三湖河口站的最大过水流量为 1740m³/s。以此类推，可得到其他各站畅流条件下的最大过水流量。参照各站历史最大流量，表 5-2 给出了各关键控制断面现状过流能力。

由得到的关键控制断面现状过流能力，推得各站畅流期最大过流能力对应的水位分别为 1232.28m、1136.78m、1088.43m、1052.25m、1020.13m、988.08m。根据 2011 年各站测流断面的大断面测绘图，可得出最大过流能力对应的水位位置。除三湖河口外，其余各关键控制断面的行流均在主槽内过流，三湖河口站左岸部分漫滩。

上述得到的各关键控制断面的现状过流流量是否是各站的最大安全流量？从对各关键控制断面的实地考察来看，河道内安全行流受主槽位置、生产堤位置、黄河大堤位置以及堤防内的村庄与耕地等人为情况的限制，部分河段主要在主槽内行流，部分河段把平滩流量和漫滩流量作为最大安全流量。因此，需要对黄河上游沙漠宽谷河段河道的堤防情况进行分析，确定堤防的防洪级别、长度及材料，确定不同流量对应的安全水位，为确定可靠、合理的最大安全流量提供理论支撑。

5.3.3　宁蒙河道堤防情况

要确定宁蒙河段关键控制断面的实际河道过流能力，必须确定各断面对应的防洪大堤的位置。在保证黄河大堤安全的基础上，一旦确定了洪水可淹没的最高水位，即可推算出该断面的最大过流能力。宁夏和内蒙古黄河堤防的情况的统计（黄河宁蒙河段防洪工程建设环境影响报告书，2007）见表 5-3 和表 5-4。

表 5-3　　　　　　　　　　　宁夏黄河堤防情况的统计表

河　段	行政区域	合计 /m	左　堤				右　堤			
			起终点	长度 /m	宽度 /m	边坡	起终点	长度 /m	宽度 /m	边坡
下河沿至青铜峡	中卫	89.88	下河沿—胜金关	40.30	6	1:02	下河沿—马滩	49.58	6	1:02
		78.52	胜金关—渠口	41.09	6	1:02	马滩　向阳	37.43	6	1:02
	渠口农场	3.62	渠口—广武	3.62	6	1:02				
青铜峡至石嘴山	青铜峡	19.47	王老滩—中庄 唐滩—雷台	11.35 1.17	6 6	1:02 1:02	曹河—郝渠	6.95	6	1:02
	利通区	41.76	中庄—唐滩	23.72	6	1:02	郝渠—古城	18.04	6	1:02
	永宁县	30.12	雷台—政权	30.12	6	1:02				
	银川郊区	28.25	政权—通风西沟	28.25	6	1:02				
	贺兰	23.17	通风西沟—永乐	23.17	6	1:02				
	灵武	42.85					华三灵武桩号 古城—下桥	0.90 41.95	6	1:02
	平罗	45.53	永乐—冬灵	45.53	6	1:02				
	陶乐	10.81					井湾—都思兔河	10.81	6	1:02
	石嘴山	34.12	冬灵—园艺场	34.12	6	1:02				

由表 5-3 可知，无论从长度、宽度、大堤材质方面，还是防洪标准方面，宁夏段的黄河大堤均优于内蒙古段。结合重要控制断面及危险河段的位置，重点分析内蒙古段黄河大堤的现状及存在的问题。从目前收集到的堤防资料来看，黄河内蒙古段堤防大部分是在 1998 年以前开始修筑，虽然大部分河段布置了堤防，但是存在以下显著问题：

表 5 - 4 内蒙古黄河堤防情况的统计表（局部）

桩 号	堤顶高程/m	堤顶宽度/m	设计水位/m	设计超高/m	提防边坡		地面高程/m	
					临河	背河	临河	背河
1＋500	1056.47	6.0	1053.30	1.6	1：3	1：3	1054.44	1051.44
10＋500	1053.61	6.0	1051.75	1.6	1：3	1：3	1050.48	1050.48
20＋500	1051.98	5.8	1049.70	1.6	1：3	1：3	1048.06	1048.06
30＋500	1050.39	6.0	1048.73	1.6	1：3	1：3	1047.60	1045.90
40＋000	1048.77	6.0	1047.21	1.6	1：3	1：3	1049.71	1046.00
50＋000	1046.57	6.0	1044.91	1.6	1：3	1：3	1043.14	1042.37
60＋000	1045.05	6.0	1043.05	1.6	1：3	1：3	1041.69	1041.37
70＋000	1043.16	6.0	1040.86	1.6	1：3	1：3	1039.04	1038.50
80＋000	1041.21	6.0	1039.13	1.6	1：3	1：3	1036.74	1037.61
90＋000	1039.33	6.0	1037.40	1.8	1：3	1：3	1036.74	1036.74
100＋000	1037.22	6.0	1035.15	1.8	1：3	1：3	1033.68	1033.68
110＋000	1035.86	6.0	1033.92	1.8	1：3	1：3	1032.26	1032.26
120＋000	1034.28	6.0	1032.30	1.8	1：3	1：3	1031.40	1031.40
130＋000	1033.38	6.0	1031.00	1.8	1：3	1：3	1029.13	1029.13
⋮	⋮	⋮	⋮	⋮	⋮	⋮	⋮	⋮

（1）防洪标准偏低，现状堤防普遍达不到 50 年一遇标准。由于防御标准低，险工险段多，20 世纪 90 年代以来，大堤决口时有增加，灾害损失也随着经济的发展逐年递增。

（2）堤防质量不高，有相当部分的河段为历史上当地农民自发修建的土堤，即民堤。这些堤坝基本上是沙质土组成，没有专业规划设计，也没有经过上级水利部门审批，存在堤线布置不合理、堤身单薄、顶宽狭窄、边坡不足的问题。有些堤段甚至以废旧干渠的渠背为堤，透水性大，坝面残缺不全，纵横裂缝较多，鼠洞随处可见，堤防抗冲、抗渗能力都不能满足要求。由于堤防基础薄弱，筑堤土质差，堤基透水性大，每年堤防都要发生渗漏、管涌、流土滑坡等。

（3）堤防内的村庄、永久居住人口及耕地强行占用河道的过流区域，大大限制了过流面积，导致漫滩流量就会带来不必要的人民生命及财产损失，造成灾情。黄河宁蒙河道的河道整治问题一直困扰着河道的安全行流，在黄河防洪大堤内修建生产堤，耕种作物，且堤防内存在村庄，移民问题反反复复，这些根深蒂固的顽疾一直未得到根治，很大程度上限制着堤防的防洪任务。

黄河内蒙古段河道堤防标准低、质量差，占用河道情况严重，加上泥沙淤积使部分河段水位屡创历史新高，难以抵挡超标准洪水，是导致堤防发生严重险情、堤内致灾的根本原因。

近年来，随着国家和当地政府投资力度的加大，堤防除险加固的步伐在加快。黄河宁蒙段近期和未来规划的防洪工程建设中针对堤防工程的项目有干流堤防加高培厚、断堤修复和新建堤防、支流干沟回水段堤防、穿堤建筑物和合并改建及堤顶铺碎石、堤防植树、堤坡防护等附属工程。黄河宁蒙河段长滩至蒲滩拐，规划新建加高堤防 688km；新建续建险工 19 处；对穿堤构筑物进行合并改建；同时对山洪沟道入黄河口进行治理。堤防长度的增加和质量的提高可直接提高黄河内蒙古危险河段的防洪水位高，增加河道的槽蓄水量，增强河道的过流能力，降低发生洪灾、凌灾的风险。

随着黄河宁蒙河道清淤、清障工作的大力展开，移民、退耕及占用河道情况的恢复，标准化堤防的修建，黄河宁蒙河段，特别是内蒙古河段的防洪水位将加高，对应的过流面积增大，过流能力增强，这将对于安全实施水沙调控具有重要的现实意义。

5.3.4　各站过流能力修正

堤防的加高加宽加长以及河道整治会增加河道的过流流量。因此，需要对各站现状条件下的过流能力进行修正。根据流量在河道内分布位置的不同，将河道流量分为平滩流量和堤防设计安全流量，分别讨论河道整治及标准化堤防建成后各站过流能力的提升幅度。

平滩流量，也称为主槽平滩流量，是指当水位上升到主槽与滩地交汇点时平滩水位对应的流量。此时，河道的宽深比最小，平滩水位以下对应的过流面积称为平滩面积。平滩流量是水面宽、水深及比降的综合反映，常作为表征河道形态的综合参数。平滩流量和平滩面积的大小标志了来水来沙动力作用从塑造主槽到塑造滩地的一个转折点（李凌云，2010）。黄河河道典型横断面如图 5-21 所示。

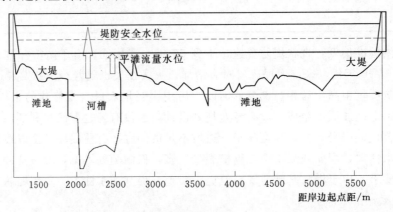

图 5-21　黄河河道典型横断面示意图

随着水位从河槽抬升到滩地，流量逐渐蔓延到达大堤，当水位上升到一定高度后就会达到堤防设计的防汛安全上限水位，超过该水位的上限会造成严重灾情甚至决口，威胁堤外的人民生命及财产安全，将该水位对应的流量称为堤防设计安全流量。从一定意义上讲，堤防设计安全流量就是该断面的最大流量。

为了得到各关键控制断面的平滩流量和堤防设计安全流量，拟采取的思路是：首先确定各控制断面的主槽范围、平滩高程及堤防安全高程；其次，再根据平滩高程及堤防安全高程计算过流面积；最后，由水位—流量关系曲线得到平滩高程或堤防安全高程对应的平滩流量和最大流量。

由近 10 年的决堤溃坝数据可知，石嘴山—头道拐河段，最高水位距堤顶 0.8~1.6m 的范围内易发生溃堤决口，出于安全考虑，将各关键控制断面的堤顶高程减去 1.6m 作为堤防安全高程。根据各关键控制断面的堤防安全高程，查各控制站点的水位—流量关系曲线，得到各河段的平滩流量和安全流量（最大流量），见表5-5和表5-6。

表5-5 　　　　　　　　　　宁蒙河段各区间河段平滩流量统计表

河 段	下河沿—青铜峡	青铜峡—石嘴山	石嘴山—巴彦高勒	巴彦高勒—三湖河口	三湖河—头道拐
平滩流量/(m³/s)	2940	2460	2200	2080	1910

表5-6 　　　　　　　　　　宁蒙河段各断面堤防设计安全流量统计表

断 面	下河沿	青铜峡	石嘴山	巴彦高勒	三湖河口	头道拐
安全流量/(m³/s)	4230	3980	4500	3730	3510	3730

5.4 本 章 小 结

围绕"多大流量能冲动多大含沙量的细颗粒泥沙""不同流量能冲走多少沙""黄河宁蒙河段的安全过流流量是多少"等关键问题，从不同河段不同含沙量的水沙规律、河道输沙能力以及河道过流能力等方面进行阐述，得到了如下成果：

（1）重点分析了各区间河道不同含沙量情况下的水沙规律，得到了不同区间河段、不同含沙量情况下的水沙阈值系列，为塑造能使得河道冲刷的人造洪水流量过程，以满足黄河沙漠宽谷河段的水沙调控要求，奠定了坚实的理论基础。

（2）根据输沙量计算的水量平衡原理与输沙量平衡原理，建立了场次洪水输沙量计算模型，对研究区域河道输沙能力进行了研究，确定了各站的输沙能力，为衡量输沙效果、分析各水沙调控方案的优劣提供了科学的理论依据。

（3）通过分析各断面历史过流能力以及关键控制断面的冲淤变化，得到了现状条件下各断面的过流能力。在构建研究区域标准化黄河堤防以及保证河道过流安全的前提下，根据堤防的安全高程，对现状过流能力进行修正，得到了各河段的平滩流量和最大流量，为在安全条件下进行水沙调控创造了条件。

第6章 水沙调控指标的选取及方案集设置

为了塑造和谐水沙关系的人造洪水，对黄河上游沙漠宽谷河段的河道进行冲刷，以维持河道冲淤相对平衡的水沙调控目标，必须确定一系列具有可操作性的指标。一方面，作为多目标决策问题的水沙联合调度，需要确定可调控的诸多指标，以便对各种情景下的调控目标进行量化处理，以得到水沙联合调度模型的初始参数及约束条件；另一方面，不同的调控指标组合可以构建不同水沙调控方案，为水沙调控方案集的构建奠定基础。因此，研究水沙调控指标，构建不同调控目标下的方案集，是实现梯级水库群水沙调控的基础，对有效实施研究区域水沙调控、合理评价各方案集调控效果的优劣，具有重要的指导意义。

6.1 水沙调控指标选取

调控指标作为水沙调控系统运用的基本参数，是实现各调控目标的控制条件。影响水沙调控的指标众多。按照影响水沙调控因素的来源分类，调控指标包括调控目标、水利工程、河道等。根据影响因素的可调控性，可分为不可控指标和可控指标，其中可控指标中又包括直接可控指标和间接可控指标。按照调控目标分类，调控指标包括维持河道冲淤相对平衡的调控指标、满足梯级水电站合理运行的调控指标、实现水资源供需平衡的调控指标以及防洪防凌等其他调控指标。为了深入讨论各调控目标下的指标体，本节从影响水沙调控的相关因素入手，重点从维持河道冲淤的相对平衡、水电站发电、防洪防凌、水资源综合利用等调控目标入手，考虑水利工程和河道对水沙调控的影响因子，将各类影响因素甄选、分类，选取水沙调控的指标。

（1）维持河道冲淤相对平衡的调控指标。通过对黄河上游沙漠宽谷河段水沙关系、河道冲淤特性、流量流速关系以及流量含沙量的综合分析，本文提出了维持河道冲淤相对平衡调控指标，即水沙阈值系列。水沙阈值包括了含沙量、流量两个重要的调控参数，具体体现了研究区域各河段河道冲淤变化与流量的关系，是有效、合理实现研究区域水沙调控的基本参数。

（2）发电调控指标。作为我国十二大水电基地之一，黄河上游梯级水库群承担着重要的发电任务。在黄河上游龙羊峡、刘家峡梯级水库群中，装机容量在百万千瓦以上的水电站就有6座。因此，发电调控指标关系着梯级水库群水沙调控运行与发电运行的协调统一，是衡量水沙调控效果与发电效益的重要依据。本文首先引入保证出力对应的最小流量、最大过机流量、弃水流量作为发电调控指标，以协调发电与水沙调控之间的对立关系。此外，在水库参与水沙调控期间，水库特征水位控制是保证水库安全、正常运行的控制因素。通过上述分析，本文拟选取弃水流量、发电流量、水库水位作为发电运行的调控指标。

（3）防洪防凌调控指标。每年11月到来年3月为黄河干流的防凌期。根据《黄河刘家峡水库凌期水量调度暂行办法》（国汛〔1989〕22号）中规定，刘家峡水库凌汛期下泄水量采用月计划、旬安排的调度方式，提前5天下达次月的调度计划及次旬的水量调度指令，下泄流量按旬平均流量严格控制，各日出库流量避免忽大忽小，日平均流量变幅不能超过旬平均流量的10%。本节选择黄河干流凌汛开河结束后的3月和4月作为黄河上游沙漠宽谷河段水沙调控的最佳时机，水沙调控时机与凌汛开河安全结束相衔接，下与每年4月下旬至6月中下旬供水高峰期相衔接。在水沙调控过程中，刘家峡水库3月的控泄流量必须遵循防凌预案要求，严格按照防凌预案要求的控泄流量进行下泄。因此，以防凌预案要求的刘家峡水库的下泄流量作为防凌调控指标。

（4）水资源供需平衡的调控指标。黄河上游沙漠宽谷河段的水沙调控从凌汛期完全结束开始，持续15～30天后结束，之后进入宁夏灌区的供水高峰期。在此时段内，由于下泄水量较大，完全可以满足各区间、各断面的供水要求。但是，梯级水库群在满足水资源供需要求的基础上，是否还有足够的可调水量用于水沙调控，是本节研究的一个难点。当在平水年或者枯水年进行水沙调控时，要达到研究区域良好的冲刷输沙效果，势必会减少全流域的供水量，蓄水量与可调水量之间呈明显的对立关系。根据上述分析，以兰州站作为水资源供需的控制站，在梯级水库群不参与水沙调控的11个月内，严格按照《黄河流域水资源综合规划》的要求，控制兰州站的控泄流量，以满足水资源供需的平衡。

影响水沙调控的因素主要有水利工程和河道，具体对应的调控指标分别有：参与调控的水库数目及组合，调控时间及历时，可调水量，调节库容及流量，区间来水、来沙，断面过流能力、输沙能力，水沙规律（水沙阈值）以及河道宽度、纵比降等。与此同时，根据调控目标的不同，各调控目标对应的调控指标也不同。如维持河道冲淤平衡目标中的水

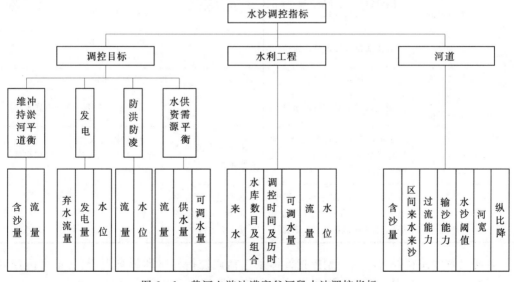

图 6-1　黄河上游沙漠宽谷河段水沙调控指标

沙阈值，发电目标中的弃水流量、发电流量以及水库水位，防洪防凌目标中的流量、水位，水资源供需平衡目标中的流量等。水沙调控的指标如图 6-1 所示。

6.2 水沙调控指标体系构建

将上述调控指标按来源、可调控性进行整理、分类、综合评比（见图 6-2），构建出黄河上游沙漠宽谷河段的水沙调控指标体系，见表 6-1。

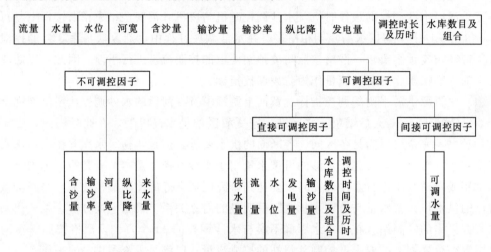

图 6-2 黄河上游沙漠宽谷河段水沙调控指标分类

表 6-1 　　　　　　黄河上游沙漠宽谷河段水沙调控指标体系

指标来源		调控指标 （影响因子）	不可调控因子	可调控因子	
				直接可控因子	间接可控因子
调控目标	维持河道冲淤平衡发电	水沙阈值（含沙量、流量）、调控时长	含沙量	流量、调控时长	—
		弃水流量，发电量，水位	—	弃水流量，发电量，水位	—
	防洪防凌	流量，水位	—	流量，水位	—
	水资源供需平衡	流量，供水量、可调水量	—	供水量、流量	可调水量
水利工程		来水，水库数目及组合，调控时间及历时，可调水量，流量，水位	来水（上游来水、区间来水）	水库数目及组合，调控时间及历时，流量，水位	可调水量
河道		含沙量，区间来水、来沙，过流能力，输沙能力（输沙量），水沙阈值，河宽，纵比降	含沙量，输沙率，区间来水、来沙，河宽，纵比降	输沙量	—

黄河上游沙漠宽谷河段水沙调控指标体系包括调控指标（即影响因子）、不可调控因子、可调控因子。其中，可调控因子又分为直接可调控因子和间接可调控因子。

直接可调控因子主要来自各调控目标以及水利工程，其中出现频率最高的是流量、水位。二者在水库调节时是一致的。可以看出，流量调节贯穿着各调控目标的始终，是实现各调控目标最直接的调控因子，也是调控指标中对水沙调控效果影响最大的因子。对于不能通过水库直接调控的间接可调控因子，如可调水量，可以通过水库对流量、水量的直接调控，达到对可调水量的间接控制作用。

不可调控因子主要来自河道。受区间来水、来沙、含沙量等不可调控因子影响，与这些因子有关的输沙能力等因子成为间接可调控因子。对此，可以设置不同的情景，对间接可调控因子及其组合情况进行描述，以达到将影响水沙调控的不可调控因子与水沙调控过程相结合的目的。如不同流量级，对应的输沙能力不同，可以将不同水沙调控控泄流量、含沙量等按照不同情景进行设置，为分析不同调控指标对水沙调控效果的影响奠定研究基础。

在上述调控指标体系中，部分影响水沙调控的指标是无法定量描述的，如河道宽度、纵比降等，在水沙调控过程中可以按常量考虑。此外，输沙量、发电量、供水量作为各调控目标的直接表现形式，均为直接可调控因子。单一目标的调控以获得对应目标的极值为目标。对于多目标水沙联合调度而言，以获得多目标之间的均衡解为目标。

由以上分析，水沙指标体系中，可调控因子由水库电站控制，不可调控因子可以设置不同的情景，以达到不可调控因子与水沙调控过程的衔接，其他影响因子或作为常量或作为约束条件处理。据此构建水沙调控方案集。

6.3 方 案 集 设 置

调控方案集是顺利开展梯级水库群水沙调控的重要研究内容。一方面，水沙调控方案集是在各种初始条件、约束条件下，构建出不同的水沙调控方案，是水沙联合调度具体实施的方案；另一方面，水沙调控方案集集各调控指标于一体，是定量分析重要调控因子对水沙调控的影响以及各方案水沙调控效果的研究基础，对于分析水沙调控效果具有重要的意义。

黄河上游梯级水库群水沙联合调度属于多目标决策问题，需要考虑水沙调控、发电、防洪防凌、供水等目标，且边界、约束等条件复杂。为了能够最大限度地反映水沙调控期间各水库电站、河道区间河段及断面的真实情况，增强各方案的可操作性，根据6.2中黄河上游沙漠宽谷河段的水沙调控指标体系，本节重点对不可调控指标进行分析，设置不同方案，使不可调控指标能够更好地参与到水沙调控的具体实施方案中，以提高水沙调控方案实施的合理性、可操作性以及有效性。

以2010年为现状年，2020年、2030年为远景年，其中2030年以是否考虑西线调水，划分为四个情景。在不同的水资源供需方案的基础上，设置水沙调控的典型年方案集和长系列方案集。

长系列方案集以2010年为现状年，2020年、2030年为远景年，以及考虑南水北调西线调水的2030年远景年为准，在不同计算模式下，设置以1956—2010年为准的长系列水沙调控方案集，计算梯级水库合理库容以及水沙调控成果。

典型年方案集以2010年为现状年，2020年、2030年为远景年，不考虑南水北调西线调水，在1987—2010年序列中选取典型年，设置以年计算结果为准的水沙调控方案集。

6.3.1　考虑西线调水的方案集

根据南水北调西线调水工程规划报告，西线调水工程的总体规划分为三期：第一期为调水 40 亿 m³，第二期为调水 50 亿 m³，第三期为调水 80 亿 m³，三期共调水 170 亿 m³。鉴于此，考虑 2020 年、2030 年西线调水工程生效的情况，将调水量级划分为无调水、调水 40 亿 m³、调水 80 亿 m³ 三种情景。为了直观地反映黄河上游水沙调控目标对防洪、防凌、供水、发电等综合目标的影响程度，各情景分别计算"调沙"和"不调沙"两种运行方式。考虑到黄河全流域水资源供需矛盾，无调水时水沙调控的控制流量为 2580m³/s，持续时间为 14 天；调水时水沙调控的控制流量为 2580m³/s，持续时间为 30 天，设置梯级水库合理库容以及长系列水沙调控计算的方案集，见表 6-2。

表 6-2　　　　　　　　　　　　各 水 平 年 方 案 集

水平年	方案	西线调水			水沙调控	
		不调水	40 亿 m³	80 亿 m³	不调沙	调沙
2010	方案 1	√			√	
	方案 2	√				★
2020	方案 3	√			√	
	方案 4	√				★
	方案 5		√		√	
	方案 6		√			★★
	方案 7			√	√	
	方案 8			√		★★
2030	方案 9	√			√	
	方案 10	√				★
	方案 11		√		√	
	方案 12		√			★★
	方案 13			√	√	
	方案 14			√		★★

注　"√"表示所选项目，"★"表示调沙持续 14 天，"★★"表示调沙持续 30 天。

6.3.2　不考虑调水的方案集

本节以来水、来沙（含沙量）、参与水沙调控水库数目及其组合、可调水量等调控指标为基础，在不考虑调水的条件下，分析各种情景下的指标值，以设置不考虑西线调水的典型年水沙调控方案集。

1. 来水

来水主要包括龙羊峡以上来水、龙羊峡—刘家峡区间来水以及刘家峡—兰州站区间来水。其中，以龙羊峡以上来水的形势变化作为重点分析对象。唐乃亥站是龙羊峡水库的控制站。龙羊峡以上来水由唐乃亥站水量决定。因此，本节根据唐乃亥站天然径流序列，对1956—2010年唐乃亥站径流变化进行分析，选取典型年的来水过程作为龙羊峡以上来水的重要参考依据。

为了定量描述龙羊峡水库的来水，拟通过典型年选取，以典型年确定不同情况的来水。以95%、75%、50%、25%和5%分别作为枯水年、偏枯水年、中水年、偏丰水年和丰水年的来水频率。为了更贴切近几十年唐乃亥站的来水情况，以龙羊峡水库建库以后1987—2010年作为典型年选取系列，分别选取2006年、1995年、2007年、1999年、2009年作为枯水年、偏枯水年、中水年、偏丰水年和丰水年，见表3-3、表3-4和图3-3。

可以看出，来水主要集中在汛期6—10月；偏丰水年在7月获得了月平均流量的最大值，而不是发生在丰水年份；丰水年份的年水量最大。

考虑到来水对水沙调控的影响以及黄河干流水资源供需情况，在平水年、偏枯、枯水年份不考虑梯级水库群的水沙调控，仅考虑在部分偏丰、丰水年进行梯级水库群水沙调控，以免加剧日益恶化的水资源供需矛盾。对于龙羊峡—刘家峡以及刘家峡—兰州站的区间来水，取水沙调控期间各区间来水的多年平均值作为参考依据。

2. 来沙（含沙量）

由4.4.1的研究成果可知，黄河上游沙漠宽谷河段的泥沙主要来自河道自产沙，即除上游断面带来少量泥沙外，多数泥沙以塌岸、风沙及支流洪水的形式进入河道，主要来源于宁夏河东沙地、内蒙古乌兰布和沙漠、库布齐沙漠及支流十大孔兑四大重点粗砂区，且区间来沙量有时甚至大于支流来沙量。可见，受河岸坍塌、降雨、支流汇入、洪水等因素的影响，河道各断面来沙以及区间产沙情况无法人为控制。来沙或含沙量作为不可调控因子，主要影响冲沙输沙流量的大小以及河道的输沙能力，最终影响水沙调控各方案的输沙量值，是重要的水沙调控参数。此外，由2.2.1水沙调控的途径可知，河道各断面的泥沙经水土保持固沙拦沙、河道滩地疏浚引沙放淤、人工挖河减淤等泥沙治理措施后，减少了入黄沙量，改变了各断面的含沙量。考虑到"固""拦""放""挖"等措施实施力度的不同，减少的入黄沙量和引走的沙量都是未知的、不确定的。因此，鉴于来沙、产沙、治沙多方面的不确定性，根据5.1.3各区间河段水沙规律的研究成果，将各河段含沙量分为四个区间，即 $0\sim3kg/m^3$、$3\sim7kg/m^3$、$7\sim15kg/m^3$ 和大于 $15kg/m^3$。考虑到黄河上游沙漠宽谷河段严重淤积河段的含沙量主要在 $3\sim7kg/m^3$、$7\sim15kg/m^3$ 区间内，且大于 $15kg/m^3$ 以上的含沙量时河道基本不具有冲沙输沙条件。因此，本节主要以含沙量在 $3\sim7kg/m^3$、$7\sim15kg/m^3$ 区间的泥沙调控为主，不考虑 $0\sim3kg/m^3$ 以及大于 $15kg/m^3$ 的情况。鉴于区间来沙和区间引沙主要发生在汛期，在非汛期进行水沙调控时暂不考虑区间来沙和区间引沙的影响。

以"固""拦""放""挖"等综合水沙调控措施为减少源区以及区间泥沙的有效手段，考虑水土保持、防风固沙、部分水库拦沙以及区间放水引沙、挖沙等水沙调控手段，以梯级水库群调沙手段为主，其他减沙调控手段为辅，设置不同的减沙情景，见表6-3。仅考虑"固""拦""放""挖"等其他水沙调控辅助措施对研究区域各断面沙量减沙所做的贡献。

表 6 - 3　　　　　　　　　　　　**不考虑调水各调控手段组合情况**

减沙				调沙
固沙	拦沙	放沙	挖沙	
				★
★	★	★	★	★

3. 参与水沙调控水库数目及其组合

参与水沙调控的水库包括龙羊峡、刘家峡、黑山峡梯级水库群，参与发电调度的水库包括龙羊峡、拉西瓦、李家峡、公伯峡、积石峡、刘家峡、黑山峡梯级水电站（群）。黄河上游沙漠宽谷河段参与水沙调控水库 3 座，具体的组合方式见表 6 - 4。

表 6 - 4　　　　　　　　　　　　**参与水沙调控的水库及其组合情况**

龙羊峡	刘家峡	黑山峡
★	★	
★	★	★

4. 可调水量

由图 6 - 3 龙羊峡水库 1987—2010 年的蓄/补水量过程可以看出，龙羊峡水库的蓄补过程与丰枯年份具有良好的吻合程度，水库在枯水年份补水，可调水量不足。龙羊峡水库补水年份 11 年，多年总补水量 349 亿 m^3，多年平均补水量 32 亿 m^3。因此，为了保证龙羊峡水库多年补水水量，除死水位对应的 53.43 亿 m^3 死库容外，水库至少需要保证 32 亿 m^3 调节库容来应对枯水年份的补水情况，对应的龙羊峡水库水位为 2546.50m，即龙羊峡水库的年终消落水位不得低于 2546.50m。理论上可认为，龙羊峡水位在 2546.50m 以上的水量作为可调水量。具体的可调水量取决于来水以及水库蓄水情况。

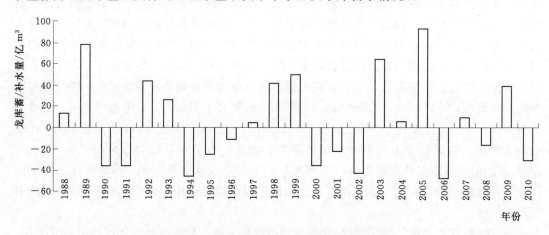

图 6 - 3　龙羊峡水库 1987—2010 年蓄/补水量

本节分别取 2010 年（偏丰水年）、2020 年和 2030 年作为基准年和远景年，在不同的来水和供水情况下，分析可调水量。设置不同的可调水量情景，为黄河上游沙漠宽谷河段水沙调控方案的构建奠定基础。以 2010 年为例。2010 年唐乃亥站来水较丰，为偏丰水年。对于黄河全流域来说，2010 年唐乃亥站年实测径流量为 197.10 亿 m^3，其中龙羊峡—兰州站区间年径流量为 106 亿 m^3。为了保证兰州断面的综合供水要求，龙羊峡水库补水 31 亿 m^3，兰州站年实测径流量达到了 314 亿 m^3，超过兰州断面综合用水流量控制方案的最小水量 238 亿 m^3，确保了黄河全流域的水资源供需平衡。本节以 2010 年黄河上游梯级水电站群和河道水沙输移的实际情况为准，作为初始方案。

对于龙羊峡水库来水，龙羊峡入库水量 185 亿 m^3，出库水量 215 亿 m^3，水库向下游补水量 30 亿 m^3。龙羊峡水库蓄水位从 2010 年 1 月初的 2591.15m 降至 12 月末的 2582.56m，总降幅 8.59m，对应库容从 214.24 亿 m^3 减少到 184.41 亿 m^3，库容减少约 31 亿 m^3，与水库补水量吻合。据此，可以推算 2011 年龙羊峡水库的可调水量为 129 亿 m^3。

远景年的可调水量不仅与龙羊峡蓄/补水量有关，还与远景年份龙羊峡水库的起始水位有关。理论上，起始水位与龙羊峡水库年末消落水位之间的水量可作为可调水量。取不同的年初水位作为远景年龙羊峡水库的起始水位，可以得到不同情景下的可调水量，见表 6-5。

表 6-5　　　　　　　　　　　不同年份的可调水量

年份	丰枯变化	唐乃亥站径流量/亿 m^3	龙羊峡—兰州站区间径流量/亿 m^3	兰州断面控制水量/亿 m^3	龙羊峡蓄/补水量/亿 m^3	龙羊峡起始水位/m	可调水量/亿 m^3
2010	—	197	106	314	−31	2591.47	97
2020	丰水年	302	113	326	89	2588.00	207
						2580.00	180
	偏丰水年	228	106		8	2588.00	126
						2580.00	99
2030	丰水年	302	113	323	92	2588.00	210
						2580.00	183
	偏丰水年	228	106		11	2588.00	129
						2580.00	102

注　龙羊峡蓄/补水量中，正值表示龙羊峡蓄水，负值表示龙羊峡补水。

由表 6-5 可以看出，可调水量主要由三部分组成：来水量、供水量和水库蓄水量，且可调水量的多少受来水、供水、龙羊峡水库蓄补水量以及起始水位的限制，是一项综合的调控指标。

以水沙调控持续 30 天、控制流量为 2240m^3/s 和 2580m^3/s 为例，开展黄河上游沙漠宽谷河段水沙调控，可调水量分别为 58 亿 m^3、67 亿 m^3。与龙羊峡水库的可调水量比较，不同年份的可调水量均能够满足梯级水库群水沙调控期间的水量要求，可以开展黄河上游梯级水库群的水沙联合调度。

以梯级水库群的调沙手段为主，"固""拦""放""挖"等水沙调控手段为辅，考虑龙羊峡、刘家峡、黑山峡等水库的不同组合情况，设置典型年的水沙调控方案集，见表 6-6。其中，将 2010 年的实际情况作为初始方案。

表 6 - 6 典型年的水沙调控方案集

方案名称		调控手段					控制流量/ (m³/s)	调控主体	调控指标	
		固	拦	放	挖	调			可调水量/亿 m³	调沙水量/亿 m³
初始方案		—	—	—	—	—	—	—	—	—
2010 年	方案 1					★	2240	龙、刘	97	58
	方案 2					★★	2580	龙、刘	97	67
	方案 3	★	★	★	★	★★	2580	龙、刘	97	67
2020 年	方案 4						2580	龙、刘	207	67
	方案 5					★	2580	龙、刘	180	67
	方案 6					★	2580	龙、刘	126	67
	方案 7					★★	2580	龙、刘	99	67
	方案 8					★	2240	龙、刘	99	58
	方案 9					★★	2580	龙、刘、黑	99	67
2030 年	方案 10					★★	2580	龙、刘	102	67
	方案 11					★	2240	龙、刘	102	58
	方案 12					★	2240	龙、刘、黑	102	58
	方案 13	★★	★★	★★	★★	★★	2580	龙、刘、黑	102	67

注 表中"★"表示方案生成时选择的水沙调控手段，其数量表示调控力度。龙代表龙羊峡，刘代表刘家峡，黑代表黑山峡。

6.4 本 章 小 结

本章从分析影响水沙调控的诸多因素入手，列出了影响水沙调控的各个指标，构建了黄河上游沙漠宽谷河段的水沙调控指标体系。以调控指标体系为基础，设置了不考虑西线调水的典型年水沙调控方案集和考虑西线调水的长系列水沙调控方案集，为梯级水库合理库容的论证以及水沙调控效果的定量计算，奠定了方案基础。

第7章　梯级水库群合理库容分析

梯级水库群合理的调节库容是确保水沙调控实施的前提条件。众所周知，黄河上游梯级水库群，特别是龙羊峡、刘家峡，承担着供水、防洪、防凌、发电等综合利用任务。开展黄河上游沙漠宽谷河段长系列的水沙调控，改变了梯级水库群以往的运行调度方式。一方面，在兼顾发电的运行模式下，黄河上游梯级水库群水沙调控的合理库容是多少？现有的调节库容是否能够满足水沙调控的长系列运行要求？是本章节回答的关键问题之一；另一方面，随着黄河流域的需水量的增加，考虑未来跨流域调水工程的不同调水量，在兼顾供水、防洪、防凌、发电和水沙调控的条件下，开展不同情景和不同运行方式下梯级水库群合理库容的研究，旨在论证黄河上游现有的调节库容是否能够满足水沙调控的多年长系列调控任务，是本章要回答的关键问题之二。本书开展介绍的梯级水库的合理库容，其特色在于：①考虑了梯级水库参与长系列水沙调控；②考虑了梯级水库参与未来跨流域调水的调节，更贴切于未来黄河上游梯级水库群的实际运行需要。

7.1　梯级水库合理库容的概念

梯级水库合理库容较单库库容而言，是将河流理论上可建、但由于自然条件及技术原因而无法一次性完成的大型水库库容进行合理分摊，形成以梯级开发代替单一巨型水库的流域开发方式。因此，梯级水库的合理库容应是梯级水库经过径流调节且满足防洪、发电、供水等任务时，梯级水库所需的各自库容值。年调节水库库容大小的确定取决于年内一次运用或多次运用的余水量和缺水量。多年调节水库库容则根据长系列多年的余水量及缺水量经过列表法计算确定。水库的库容值并不是盲目地追求越大越好，这样既不利于工程建设，又浪费物力资源，且水库蓄水带来的淹没、移民成本、对生态环境的影响也不容忽视。因此，应根据不同情况的来水、需水、综合利用目标等，确定水库的合理库容值。

梯级水库合理库容可定义为：通过梯级调度能够确保水资源综合利用满足情况良好，有一定能力水沙调控，生态、环境影响在可接受范围内，总成本较为合理，运行能力能够充分发挥且运行效果良好时的梯级水库所需兴利库容。合理的兴利库容是能够满足水资源综合利用要求，并能实现梯级水库科学合理调度运行，充分发挥水资源综合利用效益。水库特征水位和库容如图 7-1 所示。

考虑到黄河上游梯级水库群的综合利用要求，本节以兼顾发电模式为准，设置方案集见表 6-2。2010 年方案 1、方案 2 是以 2010 年现状条件下的供需平衡为前提，在不考虑西线调水的条件下，采用 1956—2010 年长系列径流资料，求解多目标联合调度模型，计算得到调沙与不调沙情况下，梯级水库群的库容变化过程。2020 年方案 3～方案 8 是以 2020 年远景条件下的供需平衡为前提，在不考虑调水、调水 40 亿 m³、80 亿 m³ 情况下，采用 1956—2010 年长系列径流资料，求解多目标联合调度模型，计算得到调沙与不调沙情况下，梯级水库群的库容变化过程。2030 年方案 9～方案 14 与 2020 年类似。考虑无外调水，且在保证供水的前提下，2010 现状年、2020 远景年无调水、2030 远景年无调水情景下，采用控制流量为 2580m³/s、调控时间 14 天的长系列水沙调控方式。其他方案以控制流量为 2580m³/s、调控时间 30 天为准。

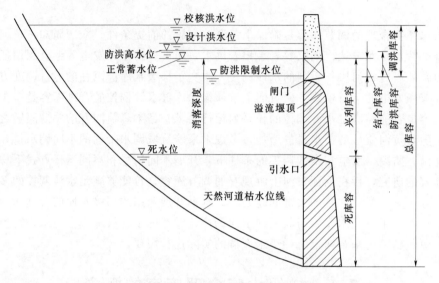

图 7-1　水库特征水位和库容示意图

7.2　2010 现状水平年合理库容分析

梯级水库的合理库容，即从长系列梯级水库所需库容规模变化过程，分析龙羊峡、刘家峡多年库容规模，将水库库容规模排频，寻求水库的合理库容。2010 现状水平年梯级水库库容变化如图 7-2 所示。将长系列的水库库容变化过程依次排频，得到现状水平年 2010 年水库库容频率曲线，如图 7-3 所示。选取水库的库容频率 90%，对应的库容规模即为水库所需兴利库容。

不考虑调沙时，图 7-2 中方案 1 龙羊峡水库的库容变化在 1956—2001 年和 2002—2010 年具有明显的分段特征：①1956—2001 年，龙羊峡水库库容规模最大值为 86.90 亿 m³，最小值为 24.90 亿 m³，极值的变幅为 62 亿 m³，多年平均值为 47.30 亿 m³；②2002—2010 年，最大值为 131.20 亿 m³，最小值为 39.10 亿 m³，极值变幅为 92.10 亿 m³，多年平均值为 79.30 亿 m³，较 1956—2001 年变幅明显增大。主要原因是：长系列多年均采用"87 分水方案"的需水量，因此在需水量相同的条件下，长系列水库的库容规模主要与多年来水过程相关。研究发现，1956—2001 年龙羊峡多年平均入库径流量为 202.90 亿 m³，而 2002—2010 年龙羊峡多年平均入库径流量为 177.20 亿 m³，减小了 25.70 亿 m³；此外，出现枯水年的频率也由 1956—2001 年间的 20% 略微增加到 25%，出现枯水年的概率增加。在多年平均径流量减小及枯水年频率增加的双重影响下，2001 年以后的龙羊峡水库所需存蓄的兴利库容增加。

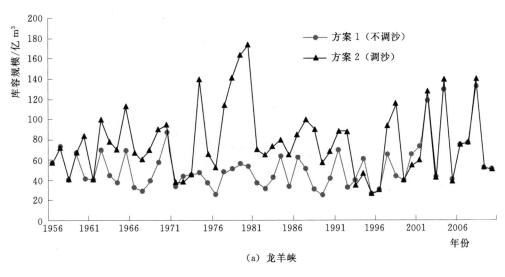

（a）龙羊峡

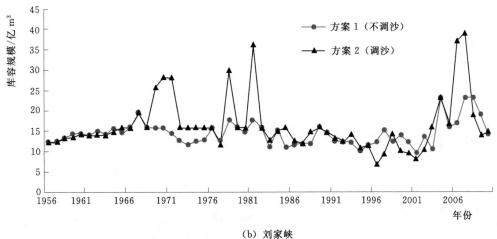

（b）刘家峡

图 7-2　方案 1、方案 2 的长系列库容规模变化

在图 7-2 中，方案 2 考虑调沙时，龙羊峡、刘家峡调沙年份的库容规模均大于方案 1 不调沙时水库的库容值。由图 7-2（a）可知，当 1975—1980 年梯级水库连续多年调沙时，龙羊峡水库所需的库容规模持续增大。

由图 7-3 可知，同一频率下，方案 2 考虑调沙的梯级水库库容规模大于方案 1 不考虑调沙时的相应值，反映出梯级水库长系列运行考虑水沙调控时，较不考虑水沙调控需要更大的库容规模。

由图 7-2 和图 7-3 分析，可以得到如下结论：

（1）当水沙调控的控制流量为 2580m³/s、调控时间 14 天时，龙羊峡、刘家峡在 56 年的长系列运行中水沙调控的次数有 26 次，平均两年 1 次。调沙年份分别为 1961 年、1963—1969 年、1975—1980 年、1982—1990 年、1993 年、1998—1999 年，水沙调控所在年份的库容规模明显增大。特别地，1963—1969 年、1975—1980 年、1982—1990 年持

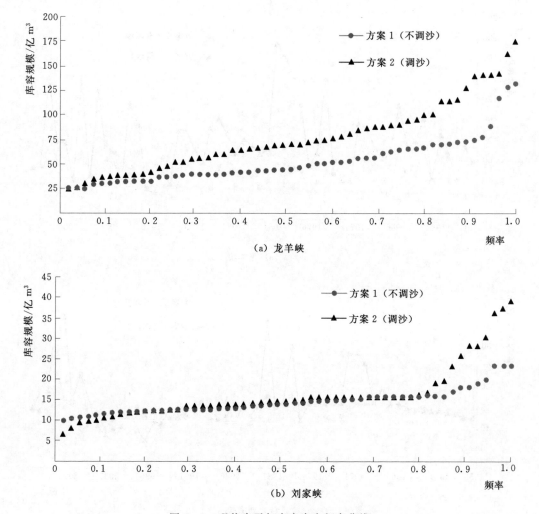

(a) 龙羊峡

(b) 刘家峡

图 7-3　现状水平年水库库容频率曲线

续多年连续开展水沙调控运行时，龙羊峡、刘家峡库容规模增幅最大。

（2）方案 1 不考虑调沙时，龙羊峡、刘家峡的合理库容值分别为 75.30 亿 m³、17.90 亿 m³；方案 2 考虑调沙时，龙羊峡、刘家峡的合理库容值分别为 139.80 亿 m³、28.20 亿 m³，方案 2 比方案 1 龙羊峡、刘家峡所需的合理库容较大，说明长系列水沙调控需要更大的调节库容。

（3）现有的龙羊峡兴利库容为 193.50 亿 m³，刘家峡现有兴利库容为 33.40 亿 m³，均大于方案 1 及方案 2 中梯级水库所需的最大调节库容，特别是方案 1 不考虑调沙时，龙羊峡、刘家峡的合理库容远小于龙羊峡、刘家峡库容的设计值。引起这一现象的原因主要有两个方面：一方面，现有的龙羊峡、刘家峡兴利库容设计值所基于的水文资料为 1919—1998 年逐月径流序列，而本节所采用的径流序列为 1956—2010 年逐月径流资料，计算序列的不同，特别是本节采用的径流序列与龙羊峡、刘家峡设计值依据的径流序列相比较来水量减少，使得本节中计算获得的梯级水库合理库容偏小；另一方面，龙羊峡、刘家峡梯级水库设计之初的主要任务是以发电为主，兼顾灌溉、供水等其他兴利目标，因此梯级水库兴利库容的设计值较大。而在近年来黄河上游天然径流量呈减小的趋势下，龙羊峡、刘家峡的运行原则逐渐转变为"电调服从水调"方式，本节将供水作为梯级水库调度运行的主要目标，主要任务的不同也导致了获得的龙羊峡、刘家峡合理库容较设计值偏小。

综上所述，梯级水库长系列水沙调控所需的库容规模较不调沙的库容规模大，且龙羊峡、刘家峡现有的调节库容能够满足 2010 现状水平年的发电、供水、水沙调控等综合利用要求。

7.3　2020 远景水平年梯级水库合理库容分析

7.3.1　不考虑调水

2020 远景水平年不考虑调水方案，即方案 3、方案 4 的梯级水库库容规模变化和库容排频如图 7-4 和图 7-5 所示。由图 7-4 和图 7-5，可以得到如下结论：

（1）当水沙调控的控制流量为 2580m³/s、调控时间 14 天时，龙羊峡、刘家峡在 56 年的长系列运行中水沙调控的次数有 19 次，平均 3 年/次。调沙年份分别为 1961 年、1964—1965 年、1967—1968 年、1974—1979 年、1982—1988 年、2010 年，实施水沙调控所在年份的库容规模明显增大。特别地，1974—1979 年、1982—1988 年持续多年开展水沙调控运行时，龙羊峡、刘家峡库容规模增幅最大。对库容规模极值进行分析，调沙方案龙羊峡、刘家峡的长系列库容规模最大值分别为 157.30 亿 m³、31.90 亿 m³；最小值分别为 16.40 亿 m³、5.40 亿 m³；库容规模变幅分别为 157.30 亿 m³、26.50 亿 m³。

（2）2020 远景水平年不考虑调水的方案 3 与方案 4 比较。方案 3 不考虑调沙时，龙羊峡、刘家峡的合理库容值分别为 96.40 亿 m³，17.10 亿 m³；方案 4 考虑调沙时，龙羊峡、刘家峡的合理库容值分别为 118.70 亿 m³，23.30 亿 m³，方案 4 较方案 3 龙羊峡、刘家峡所需的合理库容更大，说明长系列水沙调控需要更大的调节库容，与 2010 现状水平年分析得出的结论一致。

（3）不考虑调沙时方案 3 与 2010 现状水平年方案 1 相比较，方案 3 梯级水库所需的合理库容较方案 1 高出 20.30 亿 m³，即在无西线调水的情况下，2020 远景水平年黄河上游梯级水库所需合理库容大于现状水平年所需合理库容。其主要原因是：随着黄河流域社会经济水平的发展，兰州断面需水量将由现状年的 238 亿 m³ 增加至 2020 远景水平年的 270 亿 m³，在无西线调水即来水未增加的情况下，流域内多年平均缺水量也将由 2010 现状水平年的 66.10 亿 m³ 亿扩大至 75.30 亿 m³。为满足综合用水要求，流域内缺水量的增加使蓄水期梯级水库的蓄水量增大，从而库容规模增加。

（4）考虑调沙时方案 4 与 2010 现状水平年方案 2 相比较。方案 4 梯级水库的合理库容较 2010 现状水平年方案 2 减小 26 亿 m³，即 2020 远景水平年无西线调水的情况下，考虑长系列水沙调控的梯级水库合理库容较 2010 现状水平年减少。主要原因是 2020 远景水

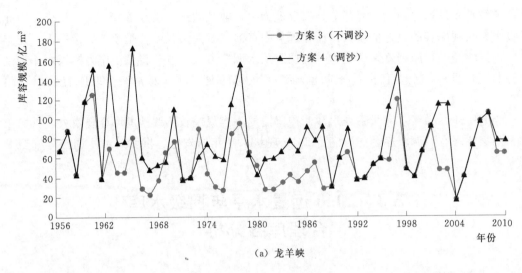

（a）龙羊峡

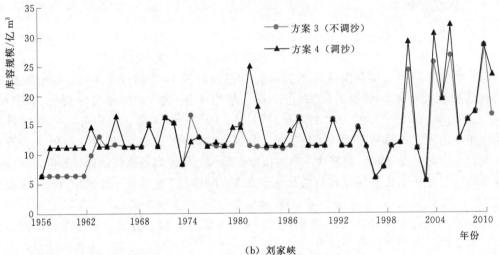

（b）刘家峡

图 7-4　方案 3、方案 4 的长系列库容规模变化

平年无调水时，来水量不变的情况下流域内需水量增加，则供水量增加，导致龙羊峡、刘家峡可调水量减少，进而长系列水沙调控的次数减少，由方案 2 的 26 次下降到方案 4 的 19 次，从而梯级水库所需合理库容相应减小。可见，2020 远景水平年受需水增加及无调水补充的影响，梯级水库长系列水沙调控的能力有所下降，调沙方案所需合理库容减小。

（5）以方案 1 为基准，对比分析需水增加与水沙调控对库容的影响程度。不考虑调沙的方案 3 可作为分析流域内需水量增加对梯级水库合理库容影响的对比方案，2020 远景水平年无调水时兰州断面需水量为 270 亿 m³，较现状年"87 分水方案"的 238 亿 m³ 增加了 32 亿 m³，流域内需水量增加引起梯级水库合理库容较 2010 现状水平年增加了 20.30 亿 m³；考虑调沙的方案 2 可作为分析长系列水沙调控对梯级水库合理库容影响的对比方案，水沙调控引起梯级水库合理库容较方案 1 增加了 74.80 亿 m³，远高于由流域内需水增加引起的梯级水库库容增加量。可见，长系列水沙调控对梯级水库合理库容的影响更加显著。

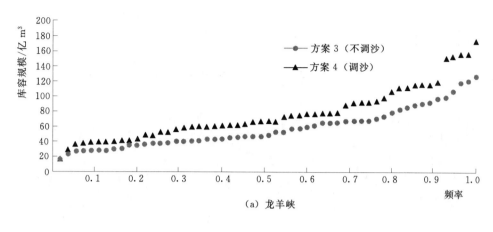

（a）龙羊峡

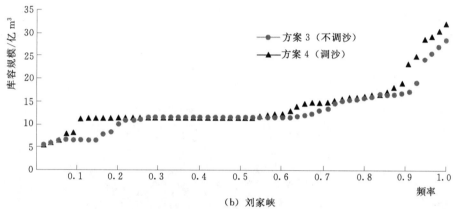

（b）刘家峡

图7-5　方案3、方案4水库库容频率曲线

　　综上所述，现有的龙羊峡兴利库容为193.50亿 m³，刘家峡现有兴利库容为33.40亿 m³，均大于长系列水沙调控期间各水库需要的合理库容。龙羊峡、刘家峡现有的调节库容能够满足2020远景水平年不考虑调水时的水沙调控等水资源综合利用要求。

7.3.2　调水40亿 m³

　　调水40亿 m³，即方案5、方案6的梯级水库库容规模变化和库容排频如图7-6和图7-7所示。由图7-6和图7-7可以得到如下结论：

　　（1）当水沙调控的控制流量为2580m³/s、调控持续时间30天时，龙羊峡、刘家峡在56年的长系列运行中水沙调控的次数有16次，平均3.4年1次。调沙年份分别为1957年、1962年、1964年、1967—1968年、1975—1978年、1982—1986年、1989年、2010年，实施水沙调控所在年份的库容规模明显增大。对库容规模极值进行分析，调沙方案龙羊峡、刘家峡的长系列库容规模最大值分别为175亿 m³、30.20亿 m³；最小值分别为20.60亿 m³、8.90亿 m³；库容规模变幅分别为154.40亿 m³、21.30亿 m³。方案5龙羊峡、刘家峡的合理库容值分别为75.60亿 m³，21.60亿 m³；方案6龙羊峡、刘家峡的合理库容值分别为166.30亿 m³，20亿 m³。方案6考虑调沙时梯级水库的合理库容值为

186.30 亿 m³，较方案 5 高出 89.10 亿 m³，依然遵循梯级水库长系列水沙调控需要更大的调节库容这一规律。

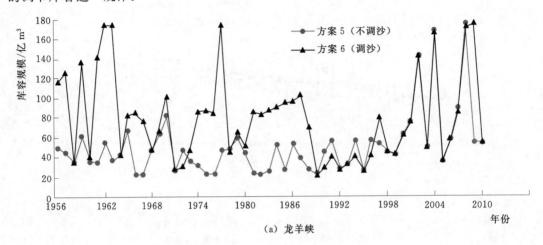

（a）龙羊峡

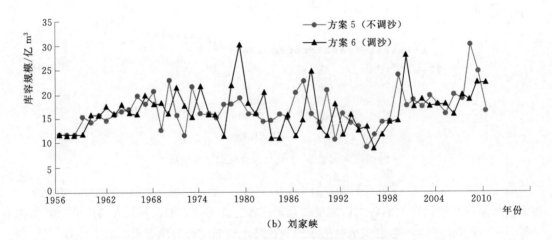

（b）刘家峡

图 7-6　方案 5、方案 6 的长系列库容规模变化

（2）不考虑调沙时 2020 远景水平年调水 40 亿 m³ 与无调水相比较。方案 5 梯级水库所需的合理库容较方案 3 减小了 16.30 亿 m³，即在 2020 远景水平年相同的需水条件下，实施外流域调水能够减小黄河上游所需的梯级水库合理库容。主要原因是远景 2020 水平年需水量不变的情况下，西线调水 40 亿 m³ 增加了黄河上游的可利用水量，实时地补充了梯级水库供水期的供水量，使得供水期缺水量减小，而水库兴利库容的大小取决于供水期缺水量，因此水库所需兴利库容减小。

（3）考虑调沙时 2020 远景水平年调水 40 亿 m³ 与无调水相比较。方案 6 梯级水库合理库容较方案 4 增加 44.30 亿 m³，即考虑水沙调控后 2020 远景水平年西线调水 40 亿 m³ 将使梯级水库所需合理库容增大。主要原因是 2020 远景水平年调水 40 亿 m³ 较无调水而言，在均满足相同的供水要求的情况下，西线调水增加了黄河上游的可利用水资源量，使梯级水库可调水量增大，提高了梯级水库水沙调控的能力，即由无调水时的调控时间 14

天共调沙 19 次转变为调控时间 30 天共调沙 16 次，从而引起梯级水库所需的合理库容增大。可见，受惠于西线调水 40 亿 m³，方案 6 较无调水方案 4 的梯级水库长系列水沙调控能力有所提高，并且梯级水库所需合理库容增大。

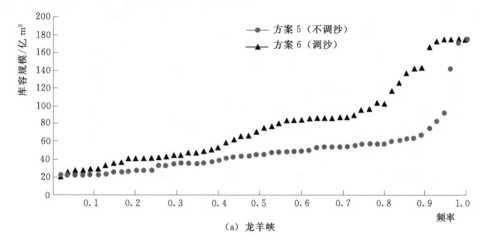

（a）龙羊峡

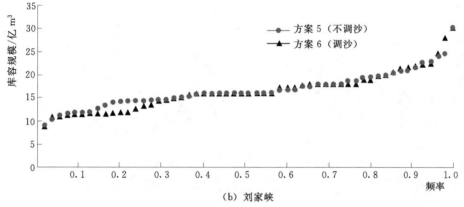

（b）刘家峡

图 7-7 方案 5、方案 6 水库库容频率曲线

综上所述，现有的龙羊峡兴利库容为 193.50 亿 m³，刘家峡现有兴利库容为 33.40 亿 m³，均大于长系列水沙调控期间各水库需要的合理库容，龙羊峡、刘家峡现有的调节库容能够满足 2020 远景水平年调水 40 亿 m³ 时的水沙调控等水资源综合利用要求。

7.3.3 调水 80 亿 m³

调水 80 亿 m³，即方案 7、方案 8 的梯级水库库容规模变化和库容排频如图 7-8 和图 7-9 所示。由图 7-8 和图 7-9 可以得到如下结论：

（1）当水沙调控的控制流量为 2580m³/s、调控时间 30 天时，龙羊峡、刘家峡在 56 年的长系列运行中水沙调控的次数有 22 次，平均 2.5 年 1 次。调沙年份分别为 1956—1957 年、1961 年、1964 年、1966—1968 年、1970 年、1972 年、1976—1978 年、1982—1987 年、1989—1990 年、1992 年、2010 年，实施水沙调控所在年份的库容规模明显增大。特别地，1966—1968、1976—1978、1982—1987 持续多年开展水沙调控运行时，龙羊峡、刘家峡库容规模增幅最大。从水库库容规模变化范围分析，方案 7 考虑调沙时，龙羊峡水库的库容规模最大值为 185.50 亿 m³，最小值为 20.10 亿 m³，变幅为 165.40 亿 m³；刘家峡水库的库容规模最大值为 32.90 亿 m³，最小值为 13.10 亿 m³，变幅为 19.80 亿 m³。

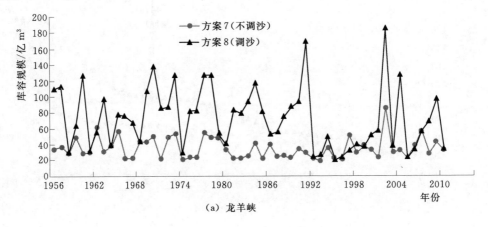

（a）龙羊峡

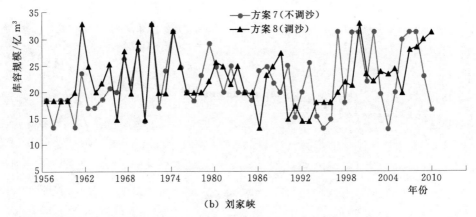

（b）刘家峡

图 7-8　方案 7、方案 8 的长系列库容规模变化

（2）2020 远景水平年考虑调水 80 亿 m³ 的调沙方案与不调沙方案比较。方案 7 不考虑调沙时，龙羊峡、刘家峡的合理库容值分别为 53.40 亿 m³，31.30 亿 m³；方案 8 考虑调沙时，龙羊峡、刘家峡的合理库容值分别为 126.40 亿 m³，29.80 亿 m³。可见，方案 2 比方案 1 梯级水库所需的合理库容大 71.50 亿 m³，水沙调控同样需要更大的调节库容。

（3）不考虑调沙的 2020 远景水平年调水 80 亿 m³ 与调水 40 亿 m³ 及无调水对比。不同调水下的梯级水库合理库容大小关系为无调水（113.50 亿 m³）＞调水 40 亿 m³（97.20 亿 m³）＞调水 80 亿 m³（84.70 亿 m³），即在不考虑水沙调控的前提下，随着南水北调西线调水量的增加，龙羊峡、刘家峡梯级水库所需的合理库容逐渐减小。主要原因是 2020 远景水平年需水量一定的条件下，西线调水的量级越大，则黄河上游的水资源可利用量越多，能更好地实时满足下游综合用水，使水库供水期缺水量进一步减小，兴利库容随之减小。

（4）考虑调沙时 2020 远景水平年调水 80 亿 m³ 与调水 40 亿 m³ 及无调水对比。不同调水下考虑调沙的梯级水库合理库容大小关系为调水 40 亿 m³（186.30 亿 m³）＞调水 80 亿 m³（156.20 亿 m³）＞无调水（142 亿 m³），即调沙时有西线调水情景较无西线调水下的梯级水库合理库容规模增大，而随着西线调水量的加大，水库合理库容呈减小趋势。2020 远景水平年有调水的两种情景较无调水而言，梯级水库合理库容规模增大的原因与调水 40 亿 m³ 一致，此处不再赘述。随着西线调水量增大，梯级水库合理库容减小的主要原因是：由于调水 80 亿 m³ 对来水的极大补充，使龙羊峡、刘家峡梯级水库在进一步减小供水期缺水量的同时还能增加可调水量，使得长系列水沙调控次数由调水 40 亿 m³ 时的 16 次提高到 22 次，水沙调控能力得到提高，而梯级水库合理库容由于供水期缺水量的减少而减小。

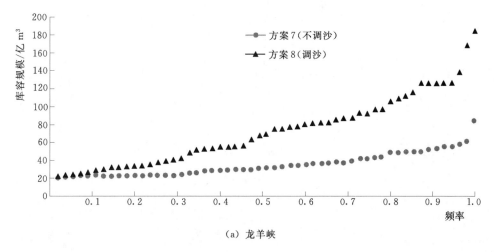

（a）龙羊峡

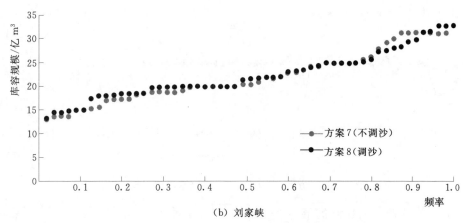

（b）刘家峡

图 7-9   方案 7、方案 8 水库库容频率曲线

经比较得到，2020 远景水平年调水 80 亿 m³ 方案 7 及方案 8 的梯级水库合理库容均小于龙羊峡、刘家峡现有库容，即龙羊峡、刘家峡现有的调节库容能够满足 2020 远景水平年调水 80 亿 m³ 时的水沙调控等水资源综合利用要求。

7.4　2030 远景水平年梯级水库合理库容分析

7.4.1　不考虑调水

2030 远景水平年无调水方案，即方案 9、方案 10 的梯级水库库容规模变化和库容排频如图 7-10 和图 7-11 所示。由图 7-10 和图 7-11 可以得到如下结论：

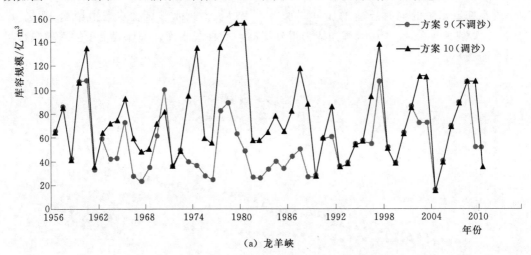

（a）龙羊峡

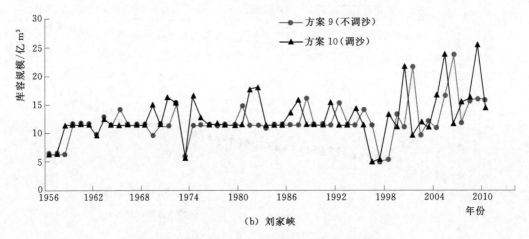

（b）刘家峡

图 7-10　方案 9、方案 10 长系列水库库容规模变化

（1）当水沙调控的控制流量为 2580m³/s、调控时间 14 天时，龙羊峡、刘家峡在 56 年的长系列运行中水沙调控的次数有 21 次，平均 2.6 年 1 次。调沙年份分别为 1961 年、1964—1965 年、1967—1968 年、1974—1979 年、1982—1989 年、2009—2010 年，实施水沙调控所在年份的库容规模明显增大。特别地，1974—1979 年、1982—1989 年持续多年开展水沙调控运行时，龙羊峡、刘家峡库容规模增幅最大。

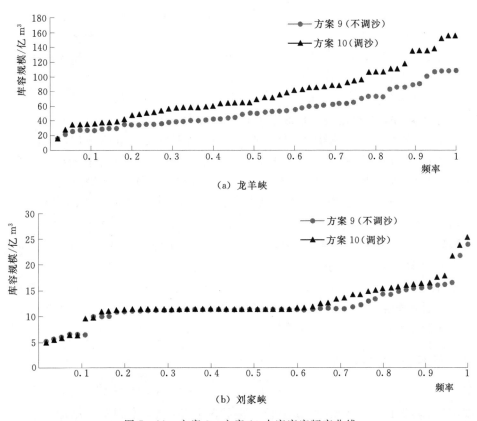

（a）龙羊峡

（b）刘家峡

图 7-11　方案 9、方案 10 水库库容频率曲线

（2）2030 远景水平年无调水的方案 9 与方案 10 比较。方案 9 不考虑调沙时，龙羊峡、刘家峡的合理库容值分别为 89.50 亿 m³，15.70 亿 m³；方案 10 考虑调沙时，龙羊峡、刘家峡的合理库容值分别为 135.40 亿 m³，16.50 亿 m³。可见，方案 10 比方案 9 梯级水库合理库容增大了 46.70 亿 m³，依然符合已得到的梯级水库水沙调控需要更大调节库容这一规律。

（3）2030 远景水平年无调水方案 9 与 2020 远景水平年无调水方案 3 及 2010 现状水平年方案 1 相比较，梯级水库合理库容大小关系为：方案 3（113.50 亿 m³）＞方案 9（105.20 亿 m³）＞方案 1（93.20 亿 m³）。可概括为 2020 远景水平年、2030 远景水平年无调水时的梯级水库合理库容均大于 2010 现状水平年的相应值；2030 远景水平年无调水时的梯级水库合理库容较 2020 水平年无调水时减小。主要原因是：根据《黄河流域综合规划（2012—2030 年）》，预测兰州断面需水量由现状年 238 亿 m³ 增长到 2020 水平年的 270 亿 m³ 及 2030 水平年的 263 亿 m³，而远景水平年无调水时黄河上游来水不变，导致流域内缺水量增加，则蓄水期梯级水库的蓄水量增大，远景水平年库容规模增加。方案 9 梯级水库合理库容小于 2020 远景水平年方案 3。原因是：在采取强化节水的措施下，预测 2030 水平年流域内节水程度将在以下几个方面较 2020 水平年有所提高。在农业节水上，2030 水平年灌溉水利用系数由 2020 远景水平年的 0.56 提高到 0.61，2030 年流域节水工程灌溉面积将增大到 90% 左右；工业节水中，用水重复利用率由 2020 远景水平年的

72.3%增大到 79.8%；城镇居民生活用水通过节水器具的逐渐普及，可节约水量将由 2020 远景水平年的 1.20 亿 m³ 提高到 1.70 亿 m³。因此，预测 2030 远景水平年兰州断面需水量较 2020 水平年将减少 7.00 亿 m³，梯级水库供水期缺水量相应减少，梯级水库合理库容减小。

（4）考虑调沙时 2030 远景水平年无调水方案 10 与 2020 远景水平年无调水方案 4 及 2010 现状水平年方案 2 相比较，梯级水库合理库容大小关系为：方案 2（168 亿 m³）＞方案 10（151.90 亿 m³）＞方案 4（142 亿 m³）。主要原因是：在远景年均无西线调水的前提下，预测兰州断面需水量由 2010 现状水平年至 2020 远景水平年有所增加，再随着节水的加强至 2030 远景水平年小幅下降。需水量先增加后减少的变化同时引起黄河上游供水量随之变动，这势必导致梯级水库可调水量呈现先减小后增大的变化，具体表现为长系列水沙调控次数由方案 2 的 26 次减少至方案 4 的 19 次，再提高至方案 10 的 21 次。梯级水库水沙调控能力的变化，引起了考虑调沙的梯级水库合理库容由 2010 现状水平年至 2020、2030 远景水平年先减小后增大。

综上所述，2030 远景水平年无调水方案 9 及方案 10 的梯级水库合理库容均小于龙羊峡、刘家峡现有库容，即龙羊峡、刘家峡现有的调节库容能够满足 2030 远景水平年无调水时的水沙调控等水资源综合利用要求。

7.4.2 调水 40 亿 m³

2030 远景水平年调水 40 亿 m³，即方案 11、方案 12 的梯级水库库容规模变化和库容排频如图 7-12 和图 7-13 所示。由图 7-12 和图 7-13 可以得到如下结论：

（1）当水沙调控的控制流量为 2580m³/s、调控时间 30 天时，龙羊峡、刘家峡在 56 年的长系列运行中水沙调控的次数有 19 次，平均 3 年 1 次。调沙年份分别为 1956 年、1961 年、1964 年、1966—1968 年、1972 年、1975—1978 年、1982—1986 年、1989—1990 年、2005 年，实施水沙调控所在年份的库容规模增大，连续多年调沙时库容规模增幅最大。对库容规模极值进行分析，调沙方案龙羊峡、刘家峡的长系列库容规模最大值分别为 140.10 亿 m³、33.70 亿 m³；最小值分别为 25.60 亿 m³、9.00 亿 m³；龙羊峡、刘家峡库容规模变幅分别为 114.50 亿 m³、24.70 亿 m³。方案 11 不考虑调沙时梯级水库的合理库容值为 92.40 亿 m³，方案 12 考虑调沙时梯级水库的合理库容值为 142.50 亿 m³。可见，梯级水库考虑水沙调控将引起水库所需合理库容增大。

（2）2030 远景水平年调水 40 亿 m³ 与 2020 水平年调水 40 亿 m³ 相比较。不考虑调沙的方案 11 与方案 5 对比、考虑调沙的方案 12 与方案 6 对比，均为 2030 远景水平年调水 40 亿 m³ 的梯级水库合理库容小于 2020 远景水平年调水 40 亿 m³ 相应值。主要原因为：来水过程不变且调水量相同的条件下，2030 远景水平年的兰州断面需水量较 2020 远景水平年减少了 7 亿 m³，需水量减少有利于降低供水期缺水量，导致库容规模减小。

（3）不考虑调沙时 2030 远景水平年调水 40 亿 m³ 与无调水相比较。方案 11 梯级水库所需的合理库容较方案 9 减小了 12.80 亿 m³，即在远景 2030 水平年需水量不变的情况下，实施南水北调西线调水减小了黄河上游梯级水库所需的合理库容。主要原因是西线调水 40 亿 m³ 增加了黄河上游的可利用水量，实时地补充了梯级水库供水期的供水量，在

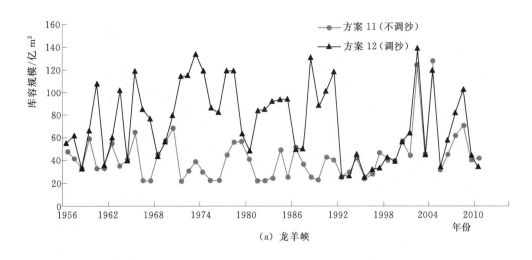

（a）龙羊峡

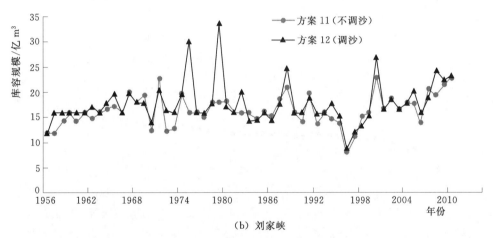

（b）刘家峡

图 7-12　方案 11、方案 12 长系列水库库容规模变化

需水量不变的前提下，减小了供水期缺水量，水库所需兴利库容减小。

（4）考虑调沙时 2030 远景水平年调水 40 亿 m³ 与无调水相比较。方案 12 梯级水库合理库容较方案 10 减小了 9.40 亿 m³，即 2030 远景水平年西线调水 40 亿 m³ 使考虑水沙调控的梯级水库合理库容减小。主要原因：由于 2030 远景水平年兰州断面需水量下降为 263 亿 m³，使 2030 远景水平年调水 40 亿 m³ 较无调水而言，西线调水在更好满足供水要求、降低流域内缺水量的同时，还能增加黄河上游梯级水库的可调水量，提高梯级水库水沙调控的能力，即由无调水时的调控时间 14 天共调沙 21 次提高为调控时间 30 天共调沙 19 次。2030 远景水平年调水 40 亿 m³ 减少了龙羊峡、刘家峡供水期的缺水量，因此梯级水库所需的合理库容略微减小。可见，受惠于西线调水 40 亿 m³，2030 远景水平年方案 12 较无调水方案 10 的龙羊峡、刘家峡梯级水库在提高水沙调控能力的同时，还能略微减小梯级水库所需合理库容。

与龙羊峡、刘家峡现有库容比较，现有的龙羊峡兴利库容为 193.50 亿 m³，刘家峡现有兴利库容为 33.40 亿 m³，均大于长系列水沙调控期间各水库需要的合理库容。因此，

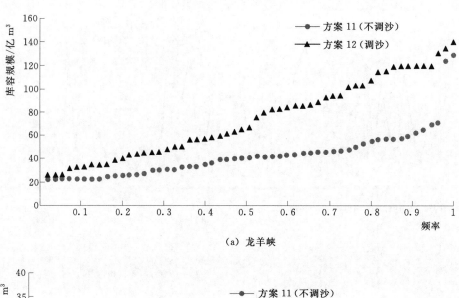

（a）龙羊峡

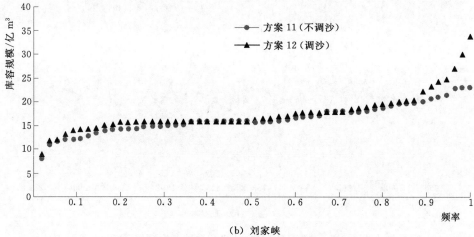

（b）刘家峡

图 7 - 13　方案 11、方案 12 水库库容频率曲线

龙羊峡、刘家峡现有的调节库容能够满足 2030 远景水平年调水 40 亿 m³ 时的水沙调控等水资源综合利用要求。

7.4.3　调水 80 亿 m³

2030 远景水平年调水 80 亿 m³，即方案 13、方案 14 的梯级水库库容规模变化和库容排频如图 7 - 14 和图 7 - 15 所示。库容规模为水库所需兴利库容。

由图 7 - 14 和图 7 - 15 可以得到如下结论：

（1）当水沙调控的控制流量为 2580m³/s、调控时间 30 天时，龙羊峡、刘家峡在 56年的长系列运行中水沙调控的次数有 27 次，平均 2 年 1 次，调沙力度及频率均较为理想。调沙年份分别为 1956—1957 年、1961 年、1963—1964 年、1967—1968 年、1970 年、1972 年、1975—1978 年、1981—1987 年、1989—1990 年、1992 年、1998 年、2005—2006 年、2009 年，实施水沙调控所在年份的库容规模明显增大，且持续多年开展水沙调

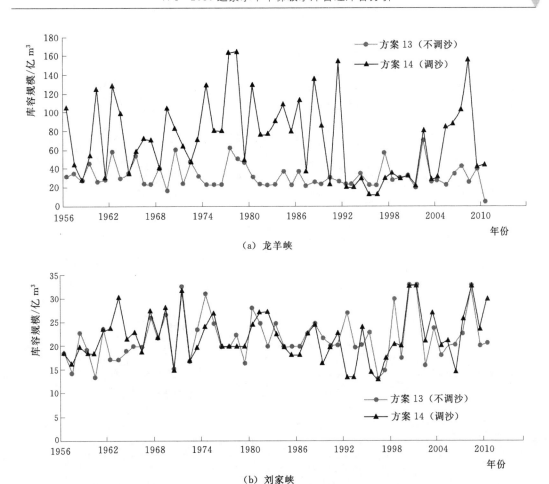

图 7-14　方案 13、方案 14 长系列水库库容规模变化

控运行时，龙羊峡、刘家峡库容规模增幅最大。从水库库容规模变化范围分析，方案 14 考虑调沙时，龙羊峡水库的库容规模最大值为 164.70 亿 m³，最小值为 11.80 亿 m³，变幅为 152.90 亿 m³；刘家峡水库的库容规模最大值为 32.80 亿 m³，最小值为 12.80 亿 m³，变幅为 20 亿 m³。不调沙方案 13 的龙羊峡、刘家峡合理库容分别 53.90 亿 m³，30.10 亿 m³；调沙方案 14 的龙羊峡、刘家峡合理库容分别 129.60 亿 m³，30.10 亿 m³。可见，调沙方案与不调沙方案相比，水沙调控引起梯级水库所需合理库容大幅增加，增加值为 75.70 亿 m³。

（2）2030 远景水平年调水 80 亿 m³ 与 2020 远景水平年调水 80 亿 m³ 的梯级水库合理库容对比：不考虑调沙时，方案 13 梯级水库合理库容较方案 7 略微减小 0.70 亿 m³；考虑调沙时，方案 14 梯级水库合理库容较方案 8 小幅增加 3.50 亿 m³。考虑调沙时方案 14 较方案 8 梯级水库合理库容有所增加的主要原因是：调水量及来水过程相同的条件下，2030 远景水平年兰州断面需水量较 2020 远景水平年减小了 7 亿 m³，则供水量相应减少，使得龙羊峡、刘家峡梯级水库可调水量增加，长系列水沙调控次数由方案 8 的 22 次增加到方案 14 的 27 次。受需水量减少应引起库容规模减小及水沙调控能力提高势必引起库容

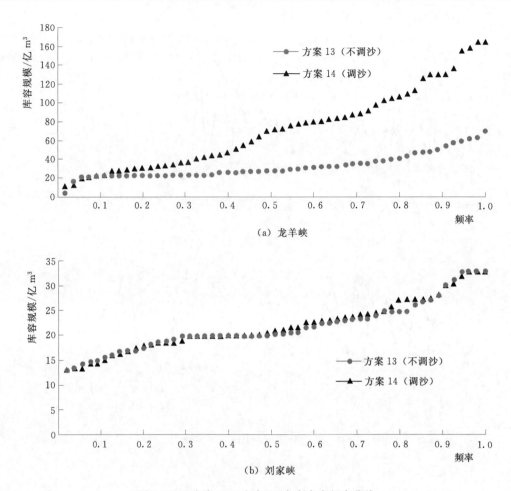

(a) 龙羊峡

(b) 刘家峡

图 7-15　方案 13、方案 14 水库库容频率曲线

规模增大的影响及平衡下，考虑调沙的 2030 远景水平年调水 80 亿 m^3 较 2020 远景水平年调水 80 亿 m^3 的梯级水库合理库容小幅增大。

（3）不考虑调沙的 2030 远景水平年调水 80 亿 m^3 与调水 40 亿 m^3 及无调水对比。不同调水下的梯级水库合理库容大小关系为：无调水（105.20 亿 m^3）＞调水 40 亿 m^3（92.40 亿 m^3）＞调水 80 亿 m^3（84 亿 m^3），即在不考虑水沙调控的前提下，随着南水北调西线调水量的增加，龙羊峡、刘家峡梯级水库所需的合理库容减小。主要原因是西线调水的量级越大时，黄河上游的水资源可利用量越多，能更高程度地实时满足下游综合用水，使流域内缺水量减小，2030 远景水平年调水 80 亿 m^3 的流域内将从无调水时的 19% 减低至 4%，极大地提高了供水能力，缺水量的减小使梯级水库兴利库容随之减小。

（4）考虑调沙时 2030 远景水平年调水 80 亿 m^3 与调水 40 亿 m^3 及无调水对比。不同调水下考虑调沙的梯级水库合理库容大小关系为：调水 80 亿 m^3（159.70 亿 m^3）＞无调水（151.90 亿 m^3）＞调水 40 亿 m^3（142.50 亿 m^3），即考虑水沙调控的 2030 远景水平年调水 80 亿 m^3 与其他调水情景比较，龙羊峡、刘家峡梯级水库所需合理库容最大。主要原因是：调水 80 亿 m^3 极大地增加了黄河上游的水资源量，通过梯级水库联合调度，将多年平均供水量由无调水时的 295.80 亿 m³ 提高至 375.80 亿 m³，多年平均发电量由无调水时的 452.5 亿 kW·h 提高至 574.9 亿 kW·h。在极大程度地提高了梯级水库供水量、发电量的同时，还可增加梯级水库可调水量，使得在调控时间同为 30 天的条件下，长系列水沙调控次数由调水 40 亿 m³ 时的 19 次提高到了 27 次，显著提高了梯级水库长系列水沙调控能力，相应地梯级水库所需调节库容增大。

综上所述，2030 远景水平年调水 80 亿 m³ 方案 13 及方案 14 的梯级水库合理库容均小于龙羊峡、刘家峡现有库容，即龙羊峡、刘家峡现有的调节库容同样能够满足 2030 远景水平年调水 80 亿 m³ 时的水沙调控等水资源综合利用要求。

7.5 本 章 小 结

本章主要介绍了水沙调控的梯级水库群合理库容优选，设置了 2010 现状水平年方案 1～方案 2、2020 远景水平年方案 3～方案 8、2030 远景水平年方案 9～方案 14，涵盖了现状年情景、2020 远景水平年、2030 远景水平年，无西线调水、西线调水 40 亿 m³、西线调水 80 亿 m³，考虑调沙、不考虑水沙调控的 14 个计算方案。通过寻求各方案长系列龙羊峡、刘家峡库容规模变化，及绘制水库库容频率曲线，得到各方案的龙羊峡、刘家峡合理库容。通过对各方案梯级水库合理库容的对比分析，可得到如下结论：

（1）考虑水沙调控方案下的梯级水库合理库容均大于不考虑调沙时梯级水库所需合理库容，说明梯级水库长系列水沙调控需要更大的调节库容。

（2）2020、2030 远景水平年考虑南水北调西线调水工程实施，在不考虑调沙的情况下，随着调水量的加大，龙羊峡、刘家峡合理库容呈现调水 40 亿 m³ 较无调水时所需合理库容减小，调水 80 亿 m³ 较调水 40 亿 m³ 时合理库容进一步减小的规律。究其原因主要是由于随着调水量的加大，黄河上游的可利用水资源量增大，均匀的调水过程实时地补充了时段供水，提高了梯级水库供水、发电等兴利能力，调水量越大，则梯级水库供水期缺水量越小，所需调节库容越小。

（3）在不考虑水沙调控，均无西线调水的情况下，现状年及远景年梯级水库所需合理库容规模主要受兰州断面需水量的变化影响。根据《黄河流域综合规划（2012—2030年）》，预测兰州断面需水量由现状年 238 亿 m³ 增长到 2020 远景水平年的 270 亿 m³，略微降至 2030 远景水平年的 263 亿 m³，无西线调水时需水量增大将导致梯级水库供水期缺水量增大，从而合理库容增大。伴随着远景年需水量的改变，相应地梯级水库合理库容由现状年的 93.20 亿 m³ 增大到 2020 远景水平年的 113.50 亿 m³，2030 远景水平年小幅降至 105.20 亿 m³。

（4）考虑调沙时，随着远景年西线调水量级的增加，黄河上游可利用水资源量增加，可调水量增加，即梯级水库满足下游供水、发电、水沙调控等目标的能力提高，呈现调水量越大调沙能力越高的趋势，梯级水库合理库容规模受需水量及水沙调控的双重影响。

（5）经比较，现状年及远景年共 14 个方案的梯级水库合理库容均小于龙羊峡、刘家峡现有的兴利库容。因此，龙羊峡、刘家峡现有的调节库容能够满足水沙调控等水资源综合利用要求，能够保障水沙调控方案的长系列顺利实施。

第8章　长系列水沙调控
计算结果分析

在论证黄河上游梯级水库群调节库容和可调水量的基础上，根据第2章的理论和模型，本章重点开展长系列水沙调控方案的计算。以1956—2010年龙羊峡水库长系列入库径流资料和各水平年供水需求为准，在兼顾发电的运行模式下，采用自迭代模拟优化算法，求解梯级水库的可调水量最大模型，分别计算调沙和不调沙情况下的运行过程，获得龙羊峡、刘家峡运行指标的长系列运行过程以及综合利用效益。尤其是，在考虑调沙运行时，选择合适的时机是本研究的难点和关键。研究长系列水沙调控成果，旨在分析龙羊峡、刘家峡梯级水库参与水沙调控的多年调节过程，阐明不同来水、需水过程以及调水工程对水沙调控、供水、发电等目标的影响，揭示龙羊峡、刘家峡梯级水库的水沙调控能力，为黄河上游沙漠宽谷河段水沙调控的实施提供决策依据。

如6.3.1所述，长系列水沙调控的方案包括：2010现状水平年的方案1、方案2；2020远景水平年的方案3～方案8以及2030远景水平年的方案9～方案14，共14个调控方案，见表8-1。

表8-1　　　　　　　　　　　　　长系列水沙调控方案集

年份	方案	西线调水			水沙调控	
		不调水	40亿 m³	80亿 m³	不调沙	调沙
2010	方案1	√			√	
	方案2	√				★
2020	方案3	√			√	
	方案4	√				★
	方案5		√		√	
	方案6		√			★★
	方案7			√	√	
	方案8			√		★★
2030	方案9	√			√	
	方案10	√				★
	方案11		√		√	
	方案12		√			★★
	方案13			√	√	
	方案14			√		★★

注　"√"表示所选项目，"★"表示调沙持续14天，"★★"表示调沙持续30天。

根据上述构建的水沙调控方案集，采用自迭代模拟优化算法求解黄河上游梯级水库的可调水量最大模型，模型的计算条件包括初始条件和约束条件。

初始条件包括来水及梯级水库调度初始条件。来水采用 1956 年 11 月至 2010 年 10 月的月时段龙羊峡水库入库径流系列、龙羊峡—刘家峡区间径流系列。梯级水库调度的初始条件为：龙羊峡水库起调水位 2600m，初始库容 247 亿 m³，龙羊峡电站出力系数为 8.5；刘家峡起调水位 1730m，初始库容 37.45 亿 m³，刘家峡电站出力系数为 8.3。

模型的约束条件包括梯级水库运行的边界条件以及现状水平年及远景水平年兰州断面需水要求。梯级水库运行的边界条件如下：

(1) 非汛期水库水位约束：龙羊峡水库的正常蓄水位 2600m，死水位 2530m；刘家峡水库正常蓄水位 1735m，死水位 1696m。

(2) 汛期水库水位约束：龙羊峡水库汛限水位 2594m，刘家峡水库汛限水位 1726m。

(3) 水库下泄流量约束：防凌期 11 月至次年 3 月刘家峡水库最大下泄流量分别为 723m³/s、480m³/s、439m³/s、383m³/s、421m³/s，河道最小生态流量为 300m³/s。

(4) 水电站出力最小约束：龙羊峡保证出力 600MW，刘家峡保证出力 400MW。

(5) 水电站出力最大约束：龙羊峡装机容量 1280MW，刘家峡装机容量 1185MW。

(6) 水电站最大过机流量约束：龙羊峡最大过机流量为 1200m³/s，刘家峡最大过机流量为 1552m³/s。

现状水平年及远景水平年兰州断面需水要求分别采用 "87 分水" 方案及规划年兰州断面综合用水预测资料。现状年兰州断面综合需水依据《国务院办公厅转发国家计委和水电部关于黄河可供水量分配方案报告的通知》(国办发〔1987〕61 号) 和长期水资源配置经验和实际用水，定于在南水北调工程全面实施生效前，为满足兰州断面以下各省的综合用水需求，对兰州断面下泄流量进行控制。

远景水平年兰州断面需水根据《黄河流域综合规划（2012—2030 年)》要求，2020、2030 远景水平年采取强化节水模式进行需水预测。在农业节水上，2020 远景水平年灌溉水利用系数由现状的 0.49 提高到 0.56，2030 远景水平年预计可达到 0.61，流域节水工程灌溉面积占有效灌溉面积的 75% 以上，2030 远景水平年进一步增大到 90% 左右；工业节水通过提高工业用水效率，降低单位产值的用水量使 2020 远景水平年用水重复利用率增大到 72.3%，2030 远景水平年进一步增大到 79.8%；城镇居民生活用水通过 2020 远景水平年预计的 72.7% 的节水器具普及率，可节约用水 1.20 亿 m³，2030 年可节约水量 1.70 亿 m³。在工农业、城镇生活用水强节水模式下，2020 远景水平年预计节约水量 56.90 亿 m³，2030 远景水平年预计节约水量 76.40 亿 m³。在上述的强节水模式下，综合考虑我国经济发展趋势、工农业产业结构调整、黄河流域人口增减趋势、黄河流域水资源承载能力及未来年份南水北调西线调水工程，对 2020 远景水平年、2030 远景水平年西线不同调水量级下的兰州断面综合用水流量进行预测。

依据上述描述，2010 现状水平年、2020 远景水平年、2030 远景水平年各方案的兰州断面综合需水逐月资料见表 8 - 2，以此作为长系列水沙调控计算中兰州断面流量的约束条件。

表 8－2	2010 年、2020 年、2030 年兰州断面综合用水控制流量过程									单位：m³/s		
方案	1	2	3	4	5	6	7	8	9	10	11	12
2010 年	650	600	500	750	1100	900	800	750	800	750	750	700
2020 年无调水	600	600	600	778	1401	1323	1090	1167	767	778	467	650
2020 年调水 40 亿 m³	600	600	600	938	1690	1596	1314	1408	927	938	563	650
2020 年调水 80 亿 m³	600	600	600	1098	1978	1868	1538	1648	1087	1098	659	650
2030 年无调水	600	600	600	754	1356	1281	1055	1130	754	754	452	650
2030 年调水 40 亿 m³	600	600	600	914	1645	1554	1279	1371	914	914	548	650
2030 年调水 80 亿 m³	600	600	600	1074	1933	1826	1503	1611	1074	1074	644	650

8.1　2010 现状水平年计算结果及分析

2010 现状水平年，即方案 1、方案 2，在满足"87 分水方案"的兰州断面控制流量以及各水电站保证出力的情况下，得到的 1956—2010 年龙羊峡、刘家峡梯级水库不调沙、调沙的长系列运行过程。本节重点分析龙羊峡、刘家峡运行指标以及综合利用效益指标的长系列过程。

8.1.1　水库运行指标分析

8.1.1.1　出库流量

图 8－1 为龙羊峡入库、出库流量的长系列变化过程。龙羊峡多年月平均入库流量为 627m³/s，最大值为 3550m³/s，月平均流量大于 2000m³/s 的次数为 13 次。方案 1 在不考虑水沙调控目标时，多年平均出库流量为 632m³/s，最大值为 2987m³/s，月平均流量大于 2000m³/s 的次数为 5 次。方案 2 在考虑水沙调控目标时，多年平均出库流量为 632m³/s，最大值为 1855m³/s，月平均流量大于 2000m³/s 的次数为 0 次。在相同的入库

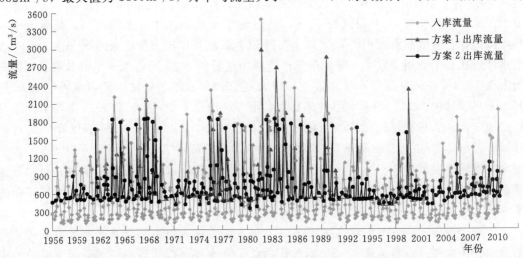

图 8－1　2010 现状水平年龙羊峡入库、出库流量的长系列变化过程

流量过程下，各方案的多年平均出库流量相差不大，但方案 2 较方案 1 的大流量出库过程明显减少。相对于方案 1 径流变化幅度大，方案 2 的出库流量则呈现出明显的分段特征：在水沙调控年份的 4 月均出现平均流量的最大值，出库流量在 1550～1900m³/s 的次数为 26 次；其他未调沙年份的月平均流量大多在 400～1000m³/s 之间。主要原因是：水沙调控期间龙羊峡加大出库流量，加之龙羊峡—刘家峡区间流量，以满足水沙阈值要求的最小流量，调沙年份龙羊峡 4 月的出库流量呈现出明显的高平稳序列，其他月份龙羊峡、刘家峡仅满足兰州断面控制水量，出库流量明显较小；不调沙年份龙羊峡出库流量呈现出明显低平稳过程，其年内变化幅度较小。

各方案下龙羊峡出库流量与区间流量之和为刘家峡水库的入库流量。刘家峡入库、出库流量过程如图 8-2 所示。不考虑水沙调控目标时，刘家峡水库配合龙羊峡梯级水库联合调度，以满足兰州断面供水的控制流量，入库、出库流量的变化幅度基本一致，仅在个别月份略有差异，如图 8-2（a）所示。说明龙羊峡水库承担供水的主要任务，刘家峡对

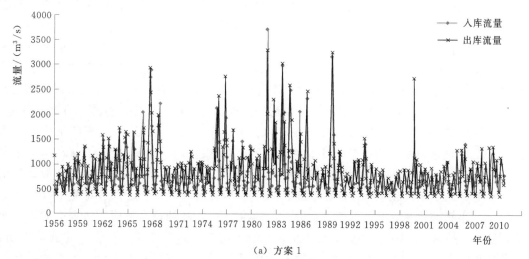

（a）方案 1

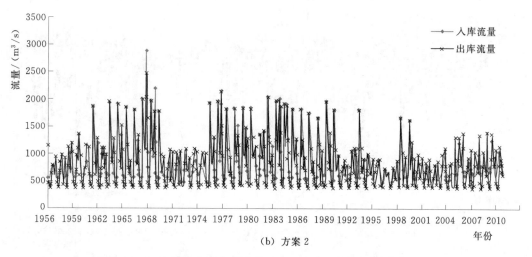

（b）方案 2

图 8-2　2010 现状水平年刘家峡入库、出库流量的长系列变化过程

龙羊峡出库流量和区间流量过程进行调节后，满足兰州断面的供水要求。考虑水沙调控目标后，刘家峡出库流量与龙羊峡具有高度的一致性，均存在明显的分段特征，即调沙年份 4 月的出库流量达到最大值，出库流量大于 $1800\mathrm{m}^3/\mathrm{s}$ 的次数为 26 次；其他未调沙年份的月平均流量大多在 $1500\mathrm{m}^3/\mathrm{s}$ 以下，且年内变化过程与兰州断面供水序列基本一致，如图 8-2（b）所示。

　　分析可知，水沙调控运行显著改变了龙羊峡的出库流量规律。方案 2 调沙月份要求的大流量过程使龙羊峡出库流量达到极大值，其他月份的出库流量更趋于供水过程，较方案 1 变幅较大的出库流量过程，水沙调控使龙羊峡出库流量趋于两阶段内的平稳化。

8.1.1.2　水库水位

　　图 8-3 为 2010 现状水平年龙羊峡水库水位的长系列变化过程。方案 1 的起、末水位分别是 2600.00m、2580.90m，56 年的长系列过程中水库蓄满 26 次，放空 0 次，最低水位 2556.20m，多年平均水位为 2588.70m，且水位变化的长系列过程呈现明显的下降趋势和分段特性。龙羊峡在 1956—2000 年保持较高水位运行，水位变幅平稳。2001—2010 年，水位明显下降，最低降至 2556.20m，最高水位 2587.60m，低于多年平均水位。主要原因是：2001 年以后，黄河上游天然来水剧减，且出现特枯年份和连续枯水年，龙羊峡加大出库流量以保证供水目标，导致水位剧减。与方案 1 相比，方案 2 的水位变化呈现显著的差异性。考虑水沙调控运行方案 2 龙羊峡水位的年际变幅更为剧烈。方案 2 的起、末水位与方案 1 相同，56 年的长系列过程中水库蓄满 7 次，放空 1 次，多年平均水位为 2581.40m，但水位变化的长系列过程总体上呈现平稳趋势。与方案 1 龙羊峡水位多年保持高水位相比，水沙调控运行方案 2 中的水位变幅大、频率高。特别在调沙或连续调沙年份，水位均比方案 1 相应年份的低，如图 8-3 所示。在方案 2 未进行水沙调控的 1956—1961 年，水位变化与方案 1 一致。1961—1999 年，受水沙调控运行影响各方案的水位变化差异大。2000—2010 年，方案 2 与方案 1 的水位变化过程于趋于一致。主要原因是：受来水剧减影响，2000 年后方案 2 未进行水沙调控运行，在相同的水位、来水和供水等条件下，2000 年以后方案 2 的水位变化过程与方案 1 保持一致。

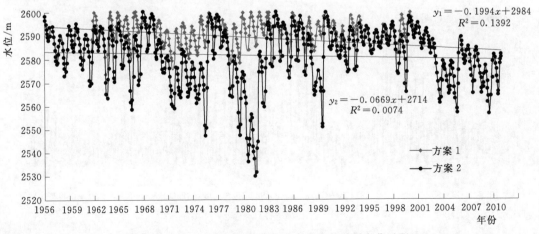

图 8-3　2010 现状水平年龙羊峡水位的长系列变化过程

与龙羊峡水库水位的长系列变化规律不同，调沙与不调沙方案下刘家峡水库水位变化的差异不大，如图8-4所示。各方案对应的刘家峡起、末水位相同，但方案1中刘家峡水位变幅较小，56年的长系列过程中水库蓄满14次，放空0次，最低水位1714.00m，多年平均水位为1727.80m。方案2中刘家峡水位变幅以1722~1735m为主，56年的长系列过程中水库蓄满36次，放空0次，多年平均水位为1728.40m。1956—1961年、1962—1999年与2000—2010年各阶段的水位变化规律与龙羊峡基本相同，特别是2000—2010年，刘家峡水位变化幅度和变化频率增大，水库的蓄丰补枯能力明显加强，以满足下游的综合用水要求。

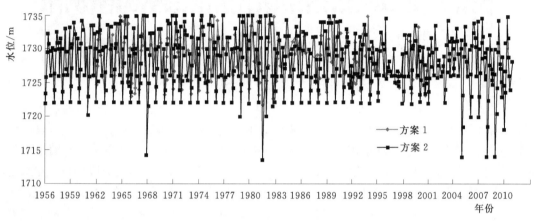

图8-4   2010现状水平年刘家峡水库长系列水位变化过程

将方案1、方案2各水库水位过程进行对比分析，分析水沙调控运行对长系列水位变化的影响，可得出如下结论：

（1）方案1与方案2中龙羊峡、刘家峡2010年的末水位相同，即水沙调控运行改变了龙羊峡、刘家峡水库水位的变化过程，但未对梯级水库蓄水量产生影响。

（2）方案2较方案1的库空率、库满率均大于方案1，且变化幅度和变化频率均大于方案1，说明水沙调控运行提高了龙羊峡、刘家峡水库的利用效率，最大化地发挥了梯级水库的调节潜力，实现了多目标调控。

8.1.2   调控目标分析

黄河上游龙羊峡、刘家峡梯级水库的调度目标，应从梯级水库满足兰州断面供水目标、梯级水库发电目标及水沙调控目标三方面进行分析。其中，2010现状水平年兰州断面的供水量如图8-5所示，2010现状水平年梯级发电量如图8-6所示。

8.1.2.1   供水

图8-5为2010现状水平年兰州断面实际需水量与供水量长系列变化过程。2010现状水平年兰州断面月平均需水量为19.96亿m³，最大值为37.56亿m³，最小值为10.51亿m³，年需水总量为238亿m³。在不考虑水沙调控目标时，方案1兰州断面月平均实际供水量为24.60亿m³，最大值为102.78亿m³，最小值为10.87亿m³，多年平均供水量为295.30亿m³。在考虑水沙调控目标时，方案2兰州断面月平均实际供水量为24.59亿m³，最大值为

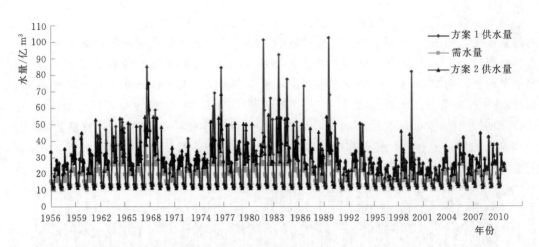

图 8-5 2010 现状水平年兰州断面实际供水量与需水量

75.41 亿 m³，最小值为 10.87 亿 m³，多年平均供水量为 295.10 亿 m³。在相同的需水过程下，方案 2 的多年平均供水量较方案 1 仅减小了 0.20 亿 m³，但方案 2 较方案 1 供水量的最大值减小了 27.37 亿 m³，减小幅度明显。各方案最小供水量相同且均高于兰州断面最小需水量。相对于方案 1 供水量变化幅度大，方案 2 的供水量则呈现出明显的分段特征：在水沙调控年份的 4 月均出现较大的供水量，供水量在 50.21 亿～75.41 亿 m³ 的次数为 26 次；其他未调沙年份的月供水量大多在 40 亿 m³ 以下。主要原因是：受水沙调控期间龙羊峡、刘家峡加大出库流量的影响，调沙年份兰州断面 4 月的供水量均较大，呈现出明显的高平稳序列，其他月份龙羊峡、刘家峡梯级仅满足兰州断面需水量，供水量明显较小。经统计，55年中方案 1、方案 2 兰州断面年供水保证率均为 76.4%，高于设计值 75%。可见，2010 现状水平年考虑或不考虑水沙调控时，龙羊峡、刘家峡梯级水库长系列运行均能满足兰州断面供水需求。此外，水沙调控改变了梯级水库的供水规律：方案 2 调沙月份要求的大流量出库过程使得兰州断面供水量达到极大值，其他月份的出库流量更趋于基本的需水过程，较方案 1 变幅较大的供水过程，水沙调控使兰州断面供水过程趋于两阶段内的平稳化。

8.1.2.2 发电

2010 现状水平年各方案梯级水库发电量的变化过程如图 8-6 所示。黄河上游梯级发电量为龙羊峡、拉西瓦、公伯峡、李家峡、积石峡、刘家峡、盐锅峡、八盘峡、大峡、青铜峡 10 座水电站发电量之和。

图 8-6 为方案 1、方案 2 的黄河上游梯级发电量长系列变化过程。方案 2 长系列变化过程中未受水沙调控影响的 1956—1960 年、1991—1997 年、2000—2010 年梯级发电量与方案 1 不考虑水沙调控的相应值较为接近，调沙年份及水沙调控的后续年份梯级发电量将受到影响。方案 1 在不考虑水沙调控目标时，梯级多年平均发电量为 453.2 亿 kW·h，最大值为 708.8 亿 kW·h，最小值为 309.0 亿 kW·h。方案 2 在考虑水沙调控目标时，梯级多年平均发电量为 450.4 亿 kW·h，最大值为 649.4 亿 kW·h，最小值为 309.0 亿 kW·h。方案 2 较方案 1 的梯级水库多年平均发电量减小 2.8 亿 kW·h，方案 2 较方案 1 的最大值减小 59.4 亿 kW·h，最小值相同。可见，考虑水沙调控目标将影响黄河上游梯

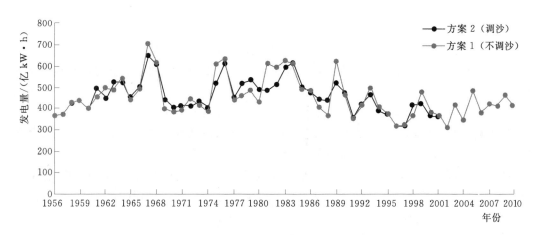

图 8-6　2010 现状水平年梯级发电量变化过程

级水库的梯级发电量,使多年平均发电量有所减小。主要原因是:水沙调控期间龙羊峡水库加大出库流量,刘家峡水库配合水沙调控运行加大流量下泄调沙水量,水沙调控所需的流量远大于梯级水库的最大过机流量,使得梯级水库在水沙调控期间产生弃水,多年平均发电量有所损失。此外,相比方案 1 梯级发电量的变化过程变幅较大,方案 2 考虑调沙时梯级发电量的变化范围减小,发电量变化过程较为平稳。主要原因是:水沙调控增加了长系列梯级水库的弃水量,从而梯级发电量峰值减小,变化范围减小。经统计,方案 1、方案 2 的梯级发电保证率均为 92.7%,发电保证率均高于设计要求。可见,2010 现状水平年考虑水沙调控目标,梯级水库仍能满足发电要求。

8.1.2.3　水沙调控

根据 1956—2010 年黄河上游长系列径流过程,在满足 2010 现状水平年综合用水要求的条件下,梯级水库实施长系列水沙调控,控制流量为 2580m³/s,持续时间为 14 天。方案 2 长系列 55 年中可进行水沙调控的最大年数为 26 年,分别为 1961 年、1963—1969年、1975—1980 年、1982—1990 年、1993 年、1998—1999 年的 4 月,平均 2 年 1 次,水沙调控频率较为理想。调沙时段龙羊峡、刘家峡梯级水库出库流量大幅增加,说明 2010现状水平年的需水条件下,黄河上游具有一定的调沙潜力,能够达到平均 2 年进行 1 次适中力度的水沙调控,有助于缓解沙漠宽谷河段泥沙淤积、冲刷河道。

通过对 2010 现状水平年黄河上游梯级水库长系列水沙调控的水库运行指标及水电站调控目标满足情况的分析,有效对比了考虑水沙调控与不考虑水沙调控梯级水库自身的运行规律的改变,以及对各调控目标的影响。2010 现状水平年各方案计算结果见表 8-3。

表 8-3　　　　　　　　　　　　2010 现状水平年各方案计算结果

方案	持续天数 /天	调沙年数 /年	梯级多年平均 发电量 /（亿 kW·h）	梯级发电量 年保证率 /%	兰州断面多年 平均供水量 /亿 m³	年供水 保证率 /%
方案 1	无	0	453.2	92.7	295.30	76.4
方案 2	14	26	450.4	92.7	295.10	76.4

由表 8-3 对比分析可知：

（1）水沙调控运行显著改变了龙羊峡的出库流量规律，4 月水沙调控要求的大流量过程使龙羊峡水库出库流量达到极大值，改变了 4 月供水期仅满足供水、发电需求的梯级水库出库流量规律。

（2）水沙调控运行改变了龙羊峡、刘家峡水库水位的变化过程，但未对梯级水库蓄水量产生影响，且水沙调控运行提高了龙羊峡、刘家峡水库的利用效率，最大化地发挥了梯级水库的调节潜力，实现了多目标调控目标。

（3）水沙调控运行对梯级水库多年平均发电量及供水量有略微的影响，但均能达到设计要求，且调沙次数较为理想，能够达到缓解沙漠宽谷河段泥沙淤积的目的。

因此，2010 现状水平年条件下黄河上游梯级水库具备水沙调控的可行性及实施条件，能够满足多目标利用要求，特别是水沙调控要求。

8.2　2020 远景水平年计算结果及分析

2020 远景水平年各方案是以 2020 年远景条件下的供需平衡为前提，在不考虑调水、调水 40 亿 m^3、调水 80 亿 m^3 情况下，采用 1956—2010 年长系列径流资料，求解多目标联合调度模型，计算得到调沙与不调沙情况下梯级水库长系列运行过程。通过对梯级水库长系列出库流量变化过程、水位变化过程的分析，揭示 2020 远景水平年不同方案下梯级水库运行的规律；并通过对水电站调控目标的分析，以明确梯级水库各方案长系列运行满足供水、发电、水沙调控多目标要求的能力。

8.2.1　无调水方案 3～方案 4 分析

8.2.1.1　水库运行指标分析

1. 出库流量

2020 远景水平年无调水情况下龙羊峡入库、出库流量的长系列变化过程如图 8-7 所示。龙羊峡水库入库径流过程及区间径流过程与 2010 现状水平年一致。

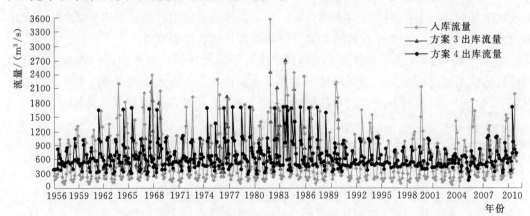

图 8-7　2020 远景年无调水情况下龙羊峡入库、出库流量的长系列变化过程

方案 3 的多年平均出库流量为 631m³/s，最大值为 2718m³/s，月平均流量大于 2000m³/s 的次数为 5 次，且均发生在 6—8 月，1990 年后再无大流量过程。方案 4 多年平均出库流量为 635m³/s，最大值为 1730m³/s，较方案 3 显著减少，且月平均流量大于 2000m³/s 的次数为 0 次。在相同的入库流量过程下，各方案的多年平均出库流量相差不大，但方案 4 较方案 3 的大流量出库过程明显减小。相对于方案 3 径流变化幅度大，方案 4 的出库流量则呈现出明显的分层特征：在水沙调控年份的 4 月均出现平均流量的最大值，出库流量在 1600～1800m³/s 的次数为 19 次；其他未调沙年份的月平均流量大多在 300～1000m³/s，与 2010 年方案 1、方案 2 的规律和主要原因一致。

与 2010 现状水平年相比，2020 远景水平年无调水各方案的出库流量最大值由方案 1 的 2987m³/s 降到方案 3 的 2718m³/s，由方案 2 的 1855m³/s 降到方案 4 的 1730m³/s，极大值发生显著减小。多年平均出库流量方案 3 与方案 1 相当，方案 4 较方案 2 略有增加，但仍未缓解全流域的水资源供需矛盾，黄河流域内多年平均缺水量由 2010 现状水平年的 66.10 亿 m³ 增加到 75.30 亿 m³。主要原因是：随着黄河流域社会经济水平的发展，兰州断面需水量将由现状年的 238 亿 m³ 增加至 270 亿 m³，流域内多年平均缺水量由 2010 现状水平年的 66.10 亿 m³ 增加到 75.30 亿 m³，亟需跨流域调水，以缓解未来水资源的供需矛盾。此外，方案 4 出库流量在 1600～1800m³/s 的次数仅为 19 次，与方案 2 相比，在月平均出库流量的极大值和出现频次上均大幅下降。可见，随着 2020 远景水平年需水量的大幅增加，龙羊峡、刘家峡联合调度满足兰州断面的供水量，但流域内缺水量的增加，导致黄河全流域水资源供需矛盾加剧，对黄河上游沙漠宽谷河段的水沙调控产生了巨大的负面影响。

2020 远景水平年无调水刘家峡水库的入库、出库流量过程如图 8-8 所示。不考虑水沙调控目标时，刘家峡水库配合龙羊峡水库联合调度，以满足兰州断面供水的控制流量，入库、出库流量的变化幅度基本一致，仅在个别月份略有差异，如图 8-8（a）所示。龙羊峡水库承担供水的主要任务，刘家峡对龙羊峡出库流量和区间流量过程进行调节后，满足兰州断面的供水要求。考虑水沙调控目标后，刘家峡出库流量与龙羊峡具有高度的一致性，均存在明显的分段特征：调沙年份 4 月的出库流量达到最大值，出库流量大于 1600m³/s 的次数为 19 次；其他未调沙年份的月平均流量大多在 1000m³/s 以下，且年内变化过程与兰州断面供水序列基本一致，如图 8-8（b）所示。

由方案 3、方案 4 的对比分析可知：方案 4 调沙月份要求的大流量过程使得龙羊峡出库流量达到最大值，其他月份的出库流量更趋于供水过程，较方案 3 变幅较大的出库流量过程，水沙调控运行显著改变了龙羊峡的出库流量规律，使龙羊峡出库流量趋于两阶段内的平稳化，与 2010 现状水平年规律一致。

由 2010 现状水平年、2020 远景水平年不考虑调水方案的对比分析可知：随着黄河流域社会经济水平的发展，龙羊峡、刘家峡联合调度能够满足 2020 远景水平年兰州断面的需水量，但黄河流域内多年平均缺水量增加到 75.30 亿 m³，导致黄河全流域水资源供需矛盾加剧，缺水量增加，对黄河上游沙漠宽谷河段的水沙调控产生了巨大的负面影响，亟需跨流域调水，以缓解未来水资源的供需矛盾。

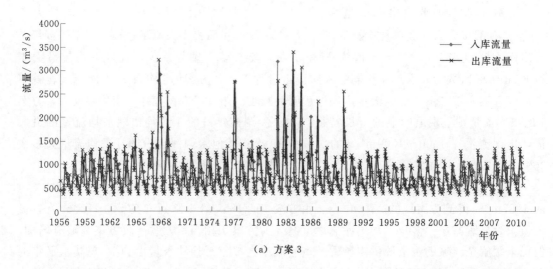

(a) 方案 3

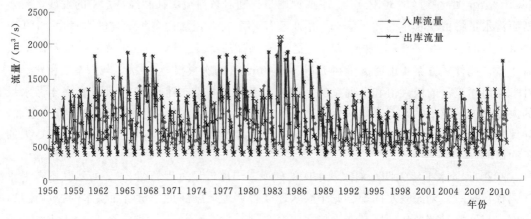

(b) 方案 4

图 8-8 2020 远景水平年无调水刘家峡水库长系列入库、出库流量过程

2. 水库水位

2020 远景水平年无调水方案 3 龙羊峡水库水位的长系列变化过程，反映了 2020 远景水平年供需条件下多年调节水库的运行过程，如图 8-9 所示。方案 3 的起、末水位分别是 2600m、2551.60m，56 年的长系列过程中水库蓄满 12 次，放空 4 次，最低水位 2530m，多年平均水位为 2578m。方案 3 龙羊峡水位变化的长系列过程呈现明显分段特性：1956—2000 年水位在 2550～2600m 之间变动，2001—2010 年内水位在 2530～2578m 之间变动，绝大多数时段水库水位低于多年平均水位。主要原因是：2020 远景水平年随着黄河流域经济社会的发展，兰州断面需水量由现状年的 238 亿 m^3 增加至 270 亿 m^3，加之 2001 年后黄河上游天然来水剧减，出现特枯年份和连续枯水年，龙羊峡需加大出库流量以保证供水目标，水位下降速度加快，导致水位剧减，与 2010 年方案 1、方案 2 的规律一致。方案 4 的起、末水位分别是 2600m、2544m，末水位较方案 3 降低了 7.6m，56 年的长系列过程中水库蓄满 4 次，均发生在 1956—1990 年，放空 10 次多年平均水位

为 2570.30m，较方案 3 降低了 7.7m。

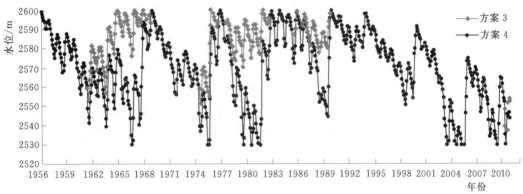

图 8-9　2020 远景水平年无调水龙羊峡水库长系列水位变化过程

　　将方案 3 与方案 4 对比分析可知，方案 4 中龙羊峡水库的蓄满、放空次数与方案 3 截然相反，且多年平均水位较方案 3 大幅降低。可见，水沙调控运行造成龙羊峡水库库满率降低，库空率增加，水库多年平均水位大幅降低。

　　与 2010 现状水平年龙羊峡水位变化过程相比，水库末水位由方案 1、方案 2 的 2580.90m 降至方案 3、方案 4 的 2551.60m、2544.00m；蓄满次数由方案 1 的 26 次降至方案 3 的 12 次，由方案 2 的 7 次降至方案 4 的 4 次；放空次数由方案 1 的 0 次增至方案 3 的 4 次，由方案 2 的 1 次增至方案 4 的 10 次。可见，随着 2020 远景水平年需水量的大幅增加，龙羊峡水库充分发挥多年水库的调节能力，蓄丰补枯，以满足供水要求，其库空率、库满率均大幅增加，水库利用效率大幅提高，但黄河流域内缺水量较 2010 现状水平年大幅增加，加剧了水资源供需矛盾，直接威胁黄河上游沙漠宽谷河段的水沙调控，亟需跨流域调水，以缓解未来水资源的供需矛盾。

　　如图 8-10 所示，2020 远景水平年调沙与不调沙方案刘家峡水库水位变化的差异不大。方案 3、方案 4 对应的刘家峡水库起始水位相同，方案 4 的末水位略有下降。对比分析可知，方案 3 中刘家峡水位变幅较小，56 年的长系列过程中水库蓄满 46 次，放空 0

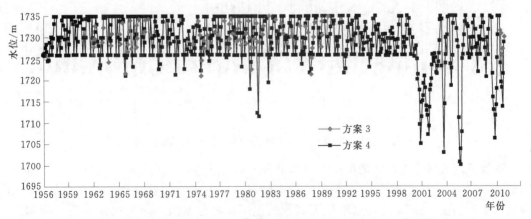

图 8-10　2020 远景水平年无调水刘家峡水库长系列水位变化过程

次，最低水位 1700.30m，多年平均水位为 1729m。方案 4 中刘家峡水位 56 年的长系列过程中水库蓄满 47 次，放空 0 次，最低水位 1700.30m，多年平均水位为 1729.10m。2000—2010 年，刘家峡水位变化幅度和变化频率增大，水库的蓄丰补枯能力明显加强，以满足下游的综合用水要求。

与 2010 现状水平年相比，2020 远景水平年刘家峡水库的变化趋势虽与之一致，但多年平均水位由方案 1 的 1727.80m 增加到方案 3 的 1729m，由方案 2 的 1728.40m 增加到方案 4 的 1729.10m，蓄满次数由方案 1 的 14 次增至方案 3 的 46 次，由方案 2 的 36 次增至方案 4 的 47 次。可见，水资源供需矛盾的加剧，使得刘家峡水库的多年平均水位抬高，库满率增加，水库利用效率提高，但水沙调控运行对多年平均水位和库满率的影响不大。

8.2.1.2　水电站调控指标分析

1. 供水

2020 远景水平年无调水情况下兰州断面需水量与实际供水量长系列变化过程如图 8-11 所示。2020 远景水平年兰州断面年需水总量为 270 亿 m^3。方案 3 兰州断面月平均实际供水量为 24.60 亿 m^3，最大值为 101.80 亿 m^3，最小值为 10.87 亿 m^3，多年平均供水量为 295 亿 m^3。方案 4 兰州断面月平均实际供水量为 24.70 亿 m^3，最大值为 67.80 亿 m^3，最小值为 10.90 亿 m^3，多年平均供水量为 296 亿 m^3。在相同的需水过程下，方案 4 的多年平均供水量与方案 3 接近，且兰州断面年供水保证率为 76.4%，均高于设计值 75%，方案 3、方案 4 的多年平均供水量高于兰州断面需水量。可见，2020 远景水平年考虑或不考虑水沙调控时，龙羊峡、刘家峡梯级水库长系列运行均能满足届时兰州断面的供水需求。

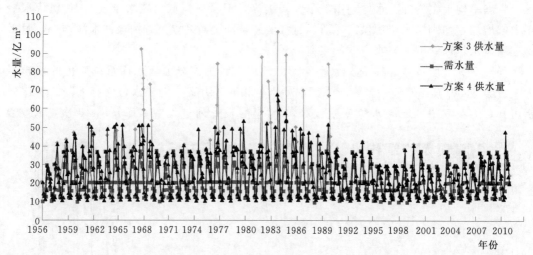

图 8-11　2020 远景水平年无调水兰州断面供水过程

随着黄河流域总需水量的增加，兰州断面需水量由 2010 现状水平年的 238 亿 m^3 增加到 270 亿 m^3，且 2020 远景水平年无调水情况下各方案均能够满足供水要求。与 2010 现状水平年相比，2020 远景水平年无调水情况下，各方案的多年平均供水量与之相当。主要原因是：2010 现状水平年龙羊峡、刘家峡水库的弃水多，所占兰州断面供水量比例大，2020远景水平年无调水情况下龙羊峡、刘家峡水库的弃水较少。

2. 发电

图8-12为方案3、方案4的黄河上游梯级发电量的长系列变化过程。经统计，方案3、方案4的梯级发电保证率为91%，均高于设计保证率90%的设计要求。可见，2020远景水平年无调水时考虑水沙调控目标，黄河上游梯级水库将牺牲部分发电效益，但仍能达到发电设计要求。图中，方案3的梯级多年平均发电量为460.4亿kW·h，最大值为713.8亿kW·h，最小值为356.0亿kW·h。方案4在考虑水沙调控目标时，梯级多年平均发电量为451.7亿kW·h，最大值为621.6亿kW·h，最小值为348.7亿kW·h。受可调水量影响，方案4中1956—1960年、1990—2009年不具备开展水沙调控的条件，各年梯级发电量与方案3相同。方案4较方案3的梯级水库多年平均发电量减小8.7亿kW·h。可见，水沙调控运行减小了梯级发电量，水沙调控目标与发电目标呈现相互竞争、相互矛盾的关系。主要原因是：水沙调控引起了龙羊峡水库大流量出库，梯级水库在水沙调控期间产生弃水，多年平均发电量减小。

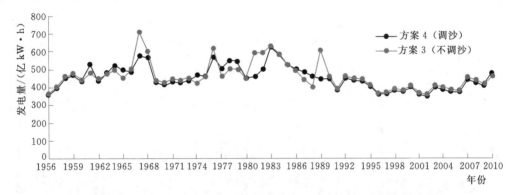

图8-12 2020远景水平年无调水梯级水库发电量变化过程

与2010现状水平年各方案相比，方案3较方案1、方案4较方案2的梯级多年平均发电量均明显增加，说明随着黄河流域总需水量的增加，梯级水库出库流量增加，梯级发电量增加。水沙调控运行方案中发电量减小值由2010现状水平年的2.8亿kW·h增加到2020远景水平年8.7亿kW·h，说明在2020远景水平年未调水条件下，需水量的增加，加剧了水沙调控与发电之间的矛盾。

3. 水沙调控

以1956—2010年黄河上游长系列径流资料为基础，在满足2020远景水平年综合用水要求的条件下，实施长系列水沙调控的流量为2580m³/s，持续时间为14天。由水沙调控的计算结果可以看出，方案4中可进行水沙调控19次，平均3年1次，分别为1961年、1964—1965年、1967—1968年、1974—1979年、1982—1988年和2009—2010年。与2010现状水平年方案2相比，方案4的水沙调控次数减少了7次。主要原因是：随着2020远景水平年黄河流域兰州断面需水量大幅增加，供水量相应增加，在无西线调水的情况下梯级水库优先满足黄河上游的供水、发电要求，可调水量减小，导致水沙调控次数减少。可见，未来供水量增加，加剧了水沙调控与供水之间的矛盾。

8.2.2　调水 40 亿 m³ 方案 5～方案 6 分析

假定南水北调西线调水 40 亿 m³ 是均匀的调水过程，除每年的 12 月因供水管道检修而不调水外，其余月份均匀调水，则龙羊峡的入库径流过程产生相应变化。本节将从从水库运行指标和调控目标等方面，分析不考虑水沙调沙运行的方案 5 和考虑水沙调控运行方案 6 的计算结果。

8.2.2.1　水库运行指标分析

1. 出库流量

2020 远景水平年调水 40 亿 m³ 情况下，方案 5、方案 6 的龙羊峡入库、出库流量长系列变化过程如图 8 - 13 所示。不考虑水沙调控目标，方案 5 的多年平均出库流量为 762m³/s，最大值为 3215m³/s，月平均流量大于 2000m³/s 的次数为 9 次。考虑水沙调控目标，方案 6 的多年平均出库流量为 763m³/s，最大值为 3205m³/s，月平均流量大于 2000m³/s 的次数为 17 次。相比之下，方案 5 与方案 6 的多年平均出库流量相差不大，但方案 6 的大流量出库过程较方案 5 明显增加，且出库流量过程极大值均发生在调沙年份的 4 月，出库流量满足水沙调控的次数为 16 次，即长系列调沙 16 次。

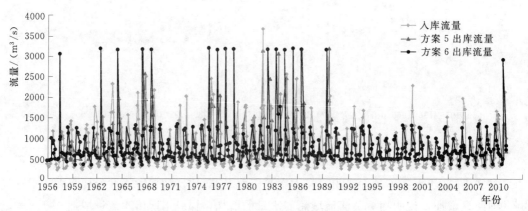

图 8 - 13　2020 远景水平年调水 40 亿 m³ 龙羊峡水库长系列入库、出库流量过程

与无调水方案相比，龙羊峡水库月平均流量大于 2000m³/s 的次数，由方案 3 的 5 次增加到方案 5 的 9 次，由方案 4 的 0 次增加到方案 6 的 17 次。特别地，方案 4 中水沙调控月份的流量超过 1600m³/s，持续 14 天的次数为 19 次，方案 6 中水沙调控月份的流量超过 3000m³/s、持续 30 天的次数为 16 次。由此可见，南水北调西线调水 40 亿 m³，在兼顾出力的运行方式下，梯级水库出库流量的峰值和频次均显著增加，水沙调控的流量大幅增加，持续时间由 14 天增加到 30 天，水沙调控的力度和强度均显著加强。

2020 远景水平年调水 40 亿 m³ 方案 5、方案 6 的刘家峡入库、出库流量过程如图 8 - 14 所示。不考虑水沙调控目标，方案 5 中刘家峡水库的入库、出库流量的变化幅度基本一致，仅在个别月份略有差异，如图 8 - 14（a）所示。与龙羊峡出库流量过程相比，二者具有高度的一致性。方案 5 中刘家峡水库出库流量与方案 3 的变化过程基本一致，但各月出库流量均有明显的增加。考虑水沙调控目标，方案 6 的出库流量较方案 4 相比，水沙调控的年份变化不大，但水沙调控月份的流量显著增加，由方案4出库流量的1600～2200m³/s、持续14天，增加到方案6的3100～3400m³/s、持续30天。由此可见，南水北调西线40亿m³调水量，极大地增加了龙羊峡、刘家峡梯级的可调水量，显著增强了水沙调控的力度和强度。

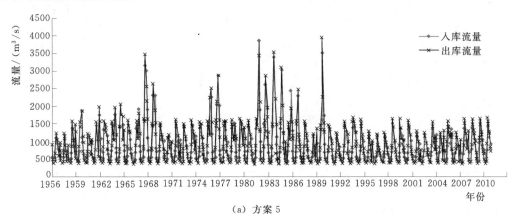

（a）方案5

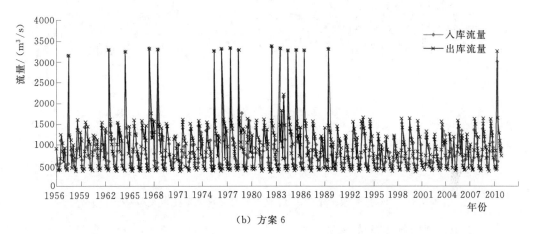

（b）方案6

图8-14　2020远景水平年调水40亿m³刘家峡水库长系列入库、出库流量过程

2. 水位

2020远景水平年调水40亿m³方案5、方案6龙羊峡水库水位长系列变化过程如图8-15。

不考虑水沙调控时，方案5的末水位为2556m，较方案3无调水时的末水位高出4.4m。多年平均水位为2586.60m，较方案3无调水时的多年平均水位高出8.6m。考虑水沙调控时，方案6的末水位为2546.80m，较方案4无调水时的末水位高出2.8m。多年平均水位为2572.80m，较方案4的多年平均水位2570.30m高出2.5m。可见：调水40亿m³，龙羊峡末水位和多年平均水位升高，水库保持较高水位运行。

与不调水各方案相比，水库的蓄满次数由方案3的12次增加到方案5的17次，由方案4的4次增加到方案6的12次；放空次数由方案3的4次降低到方案5的1次，由方案4的10次降低到方案6的6次。

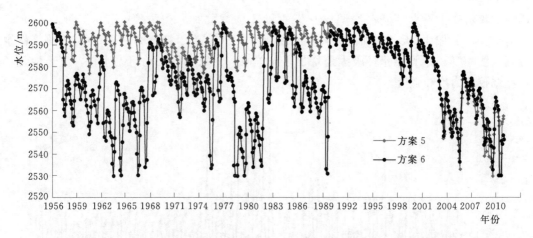

图 8-15　2020 远景水平年调水 40 亿 m³ 龙羊峡水库长系列水位变化过程

2020 远景水平年调水 40 亿 m³ 方案 5、方案 6 刘家峡水库水位变化过程如图 8-16 所示。

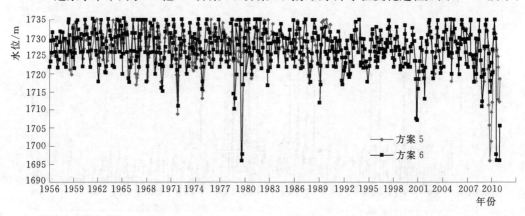

图 8-16　2020 远景水平年调水 40 亿 m³ 刘家峡水库长系列水位变化过程

　　方案 5 中，刘家峡水库蓄满 21 次，放空 0 次，最低水位 1696m，多年平均水位为 1726.80m。方案 6 中，刘家峡水库蓄满 32 次，放空 0 次，最低水位 1696m，多年平均水位为 1729.10m。可见，水沙调控运行增加了水库的蓄满率，水库调蓄能力得到充分发挥。与无调水方案相比，调水方案的多年平均水位较低，且库满率较无调水方案均有大幅度的下降，主要原因是：调水方案增加了水沙调控力度、强度，致使水沙调控的流量、水量大幅增加，导致刘家峡的多年平均水位较低。

　　由此可见，调水 40 亿 m³，龙羊峡水库的库满率增加、库空率减少，水库保持较高水位运行；刘家峡水库的库满率减少，水库的多年平均水位降低，与龙羊峡水位变化相反；水沙调控运行提高了龙羊峡、刘家峡水库的利用效率，最大化地发挥了梯级水库的调节潜力，与 2010 现状水平年的结论一致。

8.2.2.2　水电站调控目标分析

1. 供水

图 8-17 为 2020 远景水平年调水 40 亿 m³ 情景下，兰州断面需水量与实际供水量长

系列变化过程。不考虑水沙调控目标，方案 5 中兰州断面月平均实际供水量为 28 亿 m³，多年平均供水量为 336.40 亿 m³。考虑水沙调控目标，方案 6 中兰州断面月平均实际供水量为 28.1 亿 m³，多年平均供水量为 337 亿 m³。在相同的需水及来水过程下，方案 6 的多年平均供水量与方案 5 接近，且方案 5、方案 6 兰州断面年供水保证率均为 76.4%，高于设计值 75%。因此，2020 远景水平年调水 40 亿 m³ 考虑或不考虑水沙调控时，龙羊峡、刘家峡梯级水库长系列运行均能满足下游的供水需求。

与 2020 远景水平年无调水方案相比，无论考虑水沙调控与否，兰州断面的多年平均供水量由方案 3、方案 4 的 296 亿 m³ 均增加到方案 5、方案 6 的 337 亿 m³，增加供水量 41 亿 m³，较兰州断面 2020 远景水平年需水量 270 亿 m³，增加供水量 67 亿 m³，不仅满足了兰州断面的供水要求，亦增加了兰州下游的供水量，减少了黄河全流域的缺水量，极大地缓解了 2020 远景水平年的水资源供需矛盾。此外，由上述分析可以看出，调水 40 亿 m³ 情景下，水沙调控运行并未影响黄河全流域的供水目标。

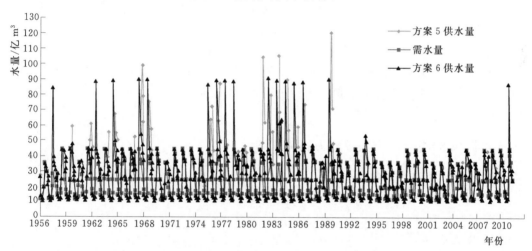

图 8-17 2020 远景水平年调水 40 亿 m³ 兰州断面供水过程

2. 发电

图 8-18 为 2020 远景水平年调水 40 亿 m³ 情景下，方案 5、方案 6 的黄河上游梯级发电量长系列变化过程。不考虑水沙调控目标，方案 5 的梯级多年平均发电量为 522.8 亿 kW·h。考虑水沙调控目标，方案 6 的梯级多年平均发电量为 516.1 亿 kW·h，较方案 5 减少发电量 6.7 亿 kW·h。主要原因是：水沙调控期间的大流量出库过程产生弃水，造成水量损失，多年平均发电量减小。

与无调水情景比较，方案 5、方案 6 的梯级发电量均大于方案 3、方案 4，即无论是否考虑水沙调控，西线调水的调水 40 亿 m³ 提高了黄河上游的梯级发电量。方案 5 不考虑水沙调控目标时，梯级发电保证率为 94.5%；方案 6 考虑水沙调控目标时，梯级发电保证率也为 94.5%，均高于无调水情景下的发电保证率 91%。可见，2020 远景水平年调水 40 亿 m³ 提高了黄河上游梯级发电量和发电保证率。

3. 水沙调控

由方案 6 的计算结果可知，在满足 2020 远景水平年综合用水要求下，长系列 55 年中

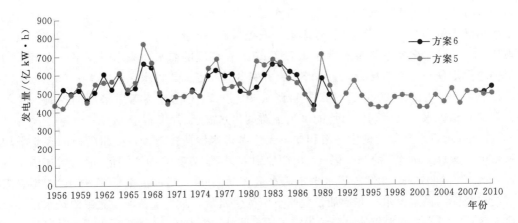

图 8-18　2020 远景水平年调水 40 亿 m³ 梯级水库发电量变化过程

进行水沙调控的 16 次，平均 3.4 年 1 次，且水沙调控持续的时间延长至 30 天。与 2010 现状水平年和无调水情景下的水沙调沙方案相比，方案 2 水沙调控持续 14 天的次数为 26 次，方案 4 水沙调控持续 14 天的次数为 19 次，方案 6 水沙调控持续 30 天的次数为 16 次，方案 6 的水沙调控能力得到显著提高。主要原因是：2020 远景水平年调水 40 亿 m³，不仅满足了供水要求，且增加了黄河上游的可利用水资源量，使得梯级水库可调水量增大，提高了梯级水库水沙调控的能力。

8.2.3　调水 80 亿 m³ 方案 7～方案 8 分析

8.2.3.1　水库运行指标分析

方案 7、方案 8 分别为 2020 远景水平年调水 80 亿 m³ 情况下不考虑水沙调控及考虑水沙调控方案。

1. 出库流量

图 8-19 为 2020 远景水平年调水 80 亿 m³ 情况下调沙与不调沙方案的龙羊峡入库、出库流量长系列变化过程。

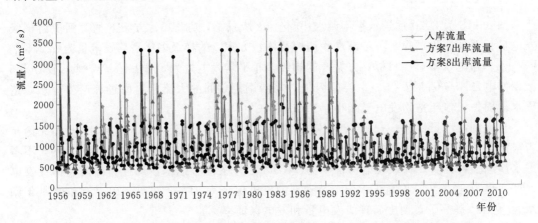

图 8-19　2020 远景水平年调水 80 亿 m³ 龙羊峡水库长系列入库、出库流量过程

方案 7 的多年平均出库流量为 881m³/s，月平均流量大于 2500m³/s 的次数为 7 次。方案 8 的多年平均出库流量为 889m³/s，月平均流量大于 2500m³/s 的次数为 22 次。可见，与不调沙方案相比，调沙方案大流量出库过程的次数明显增加，且月最大出库流量出现的时段均为水沙调控时段。此外，水沙调控有效地将丰水年汛期将产生的弃水提前到 4 月进行水沙调控，如此既有利于冲淤减沙，又有利于防洪减灾，更好地发挥了梯级水库兴利除害的作用。

由于 2020 远景水平年的供需水量未发生变化，调水 80 亿 m³ 与调水 40 亿 m³ 各方案的龙羊峡出库流量过程趋势基本一致，但各月流量均有显著的增加，特别是月最大出库流量增加明显。随着 2020 远景水平年调水增加到 80 亿 m³，与调水 40 亿 m³、无调水情景下的龙羊峡水库出库流量相比，多年平均出库流量呈现递增的规律，由方案 3 的 631m³/s，增加到方案 5 的 762m³/s，再增加到方案 7 的 881m³/s，由方案 4 的 635m³/s，增加到方案 6 的 763m³/s，再增加到方案 8 的 889m³/s。可见，随着西线调水的实施及调水量级的增加，黄河上游的可调水量增加，龙羊峡水库的出库流量增加，以减少黄河全流域的缺水量，更能提高梯级水库满足供水、发电、水沙调控等多目标调控的能力。

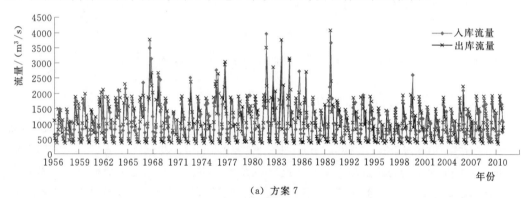

（a）方案 7

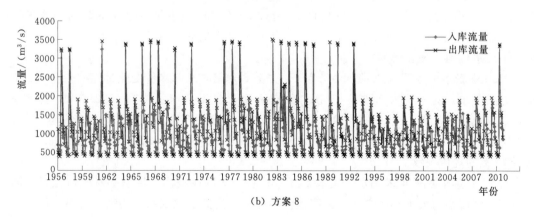

（b）方案 8

图 8-20　2020 远景水平年调水 80 亿 m³ 刘家峡水库长系列入库、出库流量过程

2020 远景水平年调水 80 亿 m³ 调沙与不调沙方案刘家峡入库、出库流量过程如图 8-20 所示。与调水 40 亿 m³ 的各方案对比，调水 80 亿 m³ 的各方案刘家峡出库过程变化趋势与之一致，但各月的出库流量均有显著增加。

2. 水库水位

2020 远景水平年调水 80 亿 m³ 各方案龙羊峡水位的长系列变化过程如图 8-21 所示。方案 7 的起、末水位分别是 2600m、2595.60m，多年平均水位为 2594.50m，水库蓄满30 次，放空 0 次，水库处于较高水位运行状态，龙羊峡水库多年平均的蓄水量与补水量基本平衡，调水 80 亿 m³ 满足了黄河全流域的供水需求。方案 8 的起、末水位分别是2600m、2549.50m，多年平均水位为 2567.30m，水库蓄满 8 次，放空 7 次，水位较方案7 的末水位下降 46.1m。可见，长系列的水沙调控运行减小了梯级水库的蓄水量，水库库满率减少，库空率增加，致使水库处于较低水位运行。

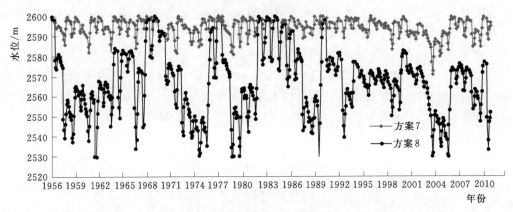

图 8-21　2020 远景水平年调水 80 亿 m³ 龙羊峡水库长系列水位变化过程

与方案 3、方案 5 相比较，方案 7 的水位变幅不大，多年平均水位 2594.50m，均高于方案 3、方案 5 的 2578m、2586.60m；末水位 2595.60m，均远高于方案 3、方案 5 的2551.60m、2556m。与方案 4、方案 6 相比较，方案 8 的水位变化趋势基本与之一致，多年平均水位 2567.30m，均高于方案 4、方案 6 的 2570.30m、2572.80m；末水位2595.60m，均远高于方案 4、方案 6 的 2544m、2546.80m。可见，随着 2020 远景水平年调水增加到 80 亿 m³，与调水 40 亿 m³、无调水情景下的龙羊峡水库水位相比，末水位、多年平均水位均呈现递增的规律。

2020 远景水平年调水 80 亿 m³ 方案 7、方案 8 刘家峡水库水位变化过程如图 8-22 所示。方案 7 中，刘家峡水库蓄满 19 次，放空 0 次，多年平均水位为 1722.60m。方案 8中，刘家峡水库蓄满 27 次，放空 0 次，多年平均水位为 1724.5m。可见，水沙调控运行增加了水库的库满率，水库调蓄能力得到充分发挥，与 2020 远景水平年未调水、调水 40 亿m³ 各方案的规律一致。

与 2020 远景水平年未调水、调水 40 亿 m³ 各方案的库空率、库满率对比，方案 8 的库空率、库满率均大于其他方案，说明水沙调控运行提高了龙刘水库的利用效率，最大化地发挥了梯级水库的调节潜力，实现了多目标调控目标。

8.2.3.2　水电站调控指标分析

1. 供水目标

图 8-23 为 2020 远景水平年调水 80 亿 m³ 情景下，兰州断面需水量与实际供水量长

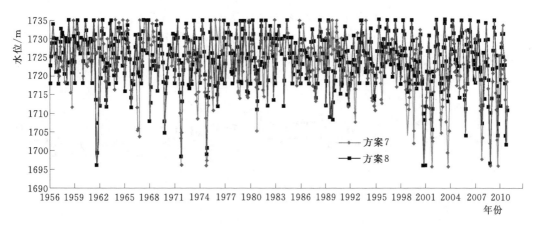

图 8-22　2020 远景水平年刘家峡水库长系列水位变化过程

系列变化过程。方案 7 的多年平均供水量为 373.90 亿 m³，方案 8 的多年平均供水量为 376.50 亿 m³。在相同的需水及来水过程下，方案 8 的多年平均供水量与方案 7 接近，且方案 7、方案 8 兰州断面年供水保证率均为 76.4%，高于设计值 75%。因此，2020 远景水平年调水 80 亿 m³ 考虑或不考虑水沙调控时，龙羊峡、刘家峡梯级水库长系列运行均能满足下游的供水需求。

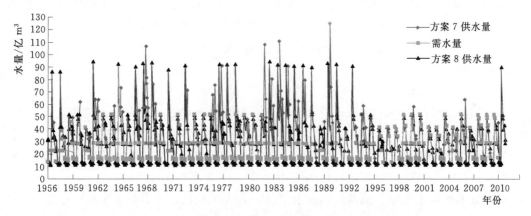

图 8-23　2020 远景水平年调水 80 亿 m³ 兰州断面供水过程

与 2020 远景水平年无调水、调水 40 亿 m³ 方案相比，无论考虑水沙调控与否，兰州断面的多年平均供水量由无调水的 296 亿 m³、调水 40 亿 m³ 的 337 亿 m³，分别增加到方案 7、方案 8 的 373.90 亿 m³、376.50 亿 m³，供水量大幅度增加，较兰州断面 2020 远景水平年需水量 270 亿 m³，增加供水量 103.90 亿 m³、106.50 亿 m³，在满足了兰州断面供水要求的前提下，大大增加了兰州下游的供水量，减少了黄河全流域的缺水量，极大地缓解了 2020 远景水平年的水资源供需矛盾。此外，由上述分析可以看出，调水 80 亿 m³ 情景下，水沙调控运行并未影响黄河全流域的供水目标，反而增加了兰州断面的供水量。

2. 发电目标

图 8-24 为 2020 远景水平年调水 80 亿 m³ 情景下，方案 7、方案 8 的黄河上游梯级

发电量长系列变化过程。方案 7 的梯级多年平均发电量为 583.7 亿 kW·h，方案 8 的梯级多年平均发电量为 576.1 亿 kW·h，较方案 7 减少发电量 7.6 亿 kW·h。主要原因是：水沙调控期间的大流量出库过程产生弃水，造成水量损失，多年平均发电量减小。

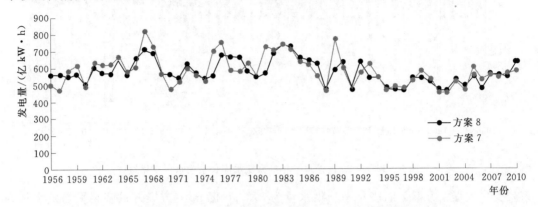

图 8-24　2020 远景水平年调水 80 亿 m³ 梯级水库发电量变化过程

与 2020 远景水平年无调水、调水 40 亿 m³ 方案相比，调水 80 亿 m³ 的梯级水库发电量呈递增趋势，即方案 7、方案 8 的梯级发电量大于方案 3、方案 4、方案 5、方案 6，即无论是否考虑水沙调控，西线调水的调水 80 亿 m³ 均提高了黄河上游的梯级发电量。方案 7、方案 8 的梯级发电保证率均为 96.3%，均高于无调水、调水 40 亿 m³ 各方案的级发电保证率。可见，2020 远景水平年调水 80 亿 m³ 大幅提高了黄河上游梯级发电量和发电保证率。

3. 水沙调控目标

在满足 2020 远景水平年综合用水要求下，梯级水库实施长系列水沙调控运行。方案 8 的水沙调控次数为 22 次，平均 2.5 年 1 次，且水沙调控持续的时间延长至 30 天。调沙年份分别为 1956—1957 年、1961 年、1964 年、1966—1968 年、1970 年、1972 年、1976—1978 年、1982—1987 年、1989—1990 年、1992 年、2010 年。

与 2010 现状水平年、无调水、调水 40 亿 m³ 方案相比，方案 2 水沙调控持续 14 天的次数为 26 次，方案 4 水沙调控持续 14 天的次数为 19 次，方案 6 水沙调控持续 30 天的次数为 16 次，方案 8 水沙调控持续 30 天的次数为 22 次，调水 80 亿 m³ 的水沙调控能力得到显著提高。

综上所述，对比分析 2020 远景水平年无调水、调水 40 亿 m³、调水 80 亿 m³ 各方案的计算结果见表 8-4，可以得到以下结论：

(1) 各方案调沙方案较不调沙方案相比，梯级发电量减少，兰州断面供水量增大，即水沙调控目标对于发电量目标产生负面影响，对于供水目标产生正面影响。

(2) 南水北调西线调水量的增加，提高了梯级水库的水沙调沙能力和水库利用效率。

(3) 南水北调西线调水有利于提高黄河上游梯级发电量和兰州断面供水量，且随着调水量级的加大，梯级发电量、发电保证率、兰州断面供水量显著增加。

表 8-4	2020 远景年不同调水情景各方案计算结果					
情景	方案	持续天数/天	调沙年数/年	梯级多年平均年发电量/(亿 kW·h)	梯级年发电保证率/%	兰州断面多年平均供水量/亿 m³	年供水保证率/%
无调水	方案 3	0	0	460.4	91.0	294.90	76.4
	方案 4	14	19	451.7	91.0	296.10	76.4
调水 40 亿 m³	方案 5	0	0	522.8	94.5	336.40	76.4
	方案 6	30	16	516.1	94.5	337.00	76.4
调水 80 亿 m³	方案 7	0	0	583.7	96.3	373.90	76.4
	方案 8	30	22	576.1	96.3	376.50	76.4

8.3 2030 远景水平年计算结果及分析

2030 远景水平年方案 9～方案 14 以 2030 年远景条件下的供需平衡为前提，在不考虑调水、调水 40 亿 m³、80 亿 m³ 情况下，采用 1956—2010 年长系列径流资料，求解多目标联合调度模型，计算得到调沙与不调沙情况下梯级水库长系列运行过程。通过对梯级水库长系列出库流量变化过程、水位变化过程的分析，揭示 2030 远景水平年不同方案下梯级水库运行的规律；并通过对水电站调控目标的分析，明确梯级水库各方案长系列运行满足供水、发电、水沙调控多目标要求的能力。

与 2020 远景水平年不同，由于采取了强化节水的措施，2030 远景水平年兰州断面的需水量由 2020 远景水平年的 270 亿 m³ 减少至 263 亿 m³，水资源供需矛盾略有缓解。因此，各方案下水库运行指标和调控指标的变化规律与 2020 远景水平年对应方案基本一致。

8.3.1 不考虑调水方案 9～方案 10 分析

8.3.1.1 水库运行指标分析

方案 9、方案 10 分别为 2030 远景水平年无西线调水情况下不考虑水沙调控及考虑水沙调控的方案。

1. 出库流量

图 8-25 为 2030 远景水平年无调水情况下方案 9 与方案 10 的龙羊峡入库、出库流量的长系列变化过程。由图 8-25 可知，水沙调控运行显著改变了龙羊峡的出库流量规律，与方案 9 变幅较大的出库流量过程不同，水沙调控运行使方案 10 的龙羊峡出库流量过程趋于两阶段内的平稳化，与 2010 现状水平年、2020 远景水平年的变化规律一致。

与 2010 现状水平年、2020 远景水平年无调水方案相比，2030 远景水平年无调水情况下各方案的多年平均出库流量略有增加，但仍未缓解全流域的水资源供需矛盾。主要原因是：随着黄河流域社会经济水平的发展，兰州断面需水量将由 2010 现状水平年的 238 亿 m³ 增加至 2020 远景水平年 270 亿 m³ 后，至 2030 远景水平年，在采取强化节水的措施下，兰州断面需水量较 2020 远景水平年将减少 7 亿 m³，降低到 263 亿 m³。因此，2030 远景

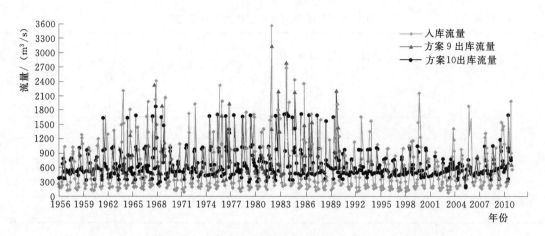

图 8-25　2030 远景水平年无调水龙羊峡水库长系列入库、出库流量过程

水平年龙羊峡入库、出库流量的变化过程与 2020 远景水平年规律一致。即使 2030 远景水平年需水量略有减少增加，但流域内缺水率居高不下，导致黄河全流域水资源供需矛盾加剧，亟需跨流域调水以缓解水资源的供需矛盾。

　　刘家峡入库、出库流量过程如图 8-26 所示。与 2020 远景水平年不考虑调水的方案 3、方案 4 的变化规律一致，即不考虑水沙调控目标时，刘家峡水库配合龙羊峡梯级水库联合调度，龙羊峡水库承担供水的主要任务，刘家峡对龙羊峡出库流量和区间流量过程进行调节，以满足兰州断面的供水要求。考虑水沙调控目标后，刘家峡出库流量与龙羊峡具有高度的一致性。

　　由 2010 现状水平年、2020 远景水平年不调水、2030 远景水平年不调水各方案的对比分析可知：随着黄河流域社会经济水平的发展，龙羊峡、刘家峡联合调度能够满足 2030 远景水平年兰州断面的需水量和保证率的下限值，但黄河流域内多年平均缺水量将由 2020 远景水平年的 75.30 亿 m³，增加到 2030 远景水平年 104.20 亿 m³，流域内缺水率由 2020 远景水平年的 14.5%，增加到 2030 远景水平年 19%，导致黄河全流域水资源供需矛盾加剧，缺水量增加，对黄河上游沙漠宽谷河段的水沙调控产生了巨大的负面影响。亟须跨流域调水，以缓解未来水资源的供需矛盾。

　　2. 水库水位

　　2030 远景水平年无调水各方案龙羊峡水库水位的长系列变化过程，反映了 2020 远景水平年供需条件下多年调节水库的运行过程，如图 8-27 所示。方案 9 的起、末水位分别是 2600m、2560.70m，56 年的长系列过程中水库蓄满 13 次，放空 4 次，多年平均水位为 2580.60m。方案 9 龙羊峡水位变化的长系列过程呈现明显分段特性：1956—2000 年水位在 2560～2600m 之间变动，2001—2010 年内水位在 2530～2575m 之间变动，绝大多数时段水库水位低于多年平均水位。主要原因是：2030 远景水平年随着黄河流域经济社会的发展，兰州断面需水量由 2010 现状水平年的 238 亿 m³ 增加至 263 亿 m³，加之 2001 年后黄河上游天然来水剧减，出现特枯年份和连续枯水年，龙羊峡需加大出库流量以保证供水目标，水位下降速度加快，导致水位剧减，与 2010 现状水平年、2020 远景水平年各方案的规律一致。方案 10 的起、末水位分别是 2600m、2544m，末水位较方案 9 降低了

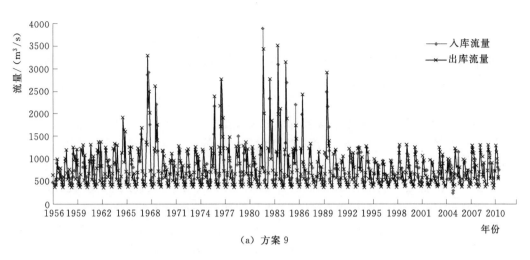

(a) 方案 9

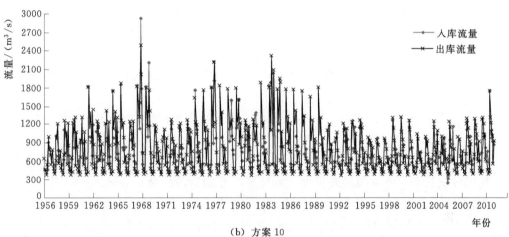

(b) 方案 10

图 8-26 2030 远景水平年无调水刘家峡水库长系列入库、出库流量过程

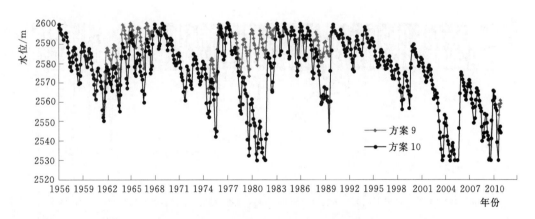

图 8-27 2030 远景水平年无调水龙羊峡水库长系列水位变化过程

24.7m，56年的长系列过程中水库蓄满7次，均发生在1956—1990年，放空7次，多年平均水位为2574.60m。将方案9、方案10对比分析可知：水沙调控运行造成龙羊峡水库库满率降低，库空率增加，水库多年平均水位大幅降低，与2010现状水平年、2020远景水平年龙羊峡水库的长系列变化规律一致。

与2010现状水平年、2020远景水平年无调水各水沙调控方案的龙羊峡水位相比，2030远景水平年无调水的多年平均水位由方案2的2581.40m降至方案4的2570.30m，之后又升至方案10的2574.60m；蓄满次数由方案2的7次降至方案4的4次又升至方案10的7次；各方案的多年平均水位和蓄满次数均经历了先降后升的变化过程。放空次数由方案2的1次增至方案4的10次，之后又降至方案10的7次，放空次数均经历了先升后降的变化过程。可见，随着2030远景水平年需水量的大幅增加，各方案龙羊峡水库的多年平均水位降低，库满率降低，库空率增加；随着2030远景水平年兰州断面需水量较2020远景水平年的减少，各对应方案龙羊峡水库的多年平均水位抬高，库满率增加，库空率减少，呈现出截然相反的变化规律。总体来说，随着远景年兰州断面需水量的增加，龙羊峡水库充分发挥多年水库的调节能力，蓄丰补枯，水库利用效率大幅提高，以满足供水要求。但是，黄河流域内缺水量较2010现状水平年大幅增加，加剧了水资源供需矛盾，直接威胁黄河上游沙漠宽谷河段的水沙调控，亟需跨流域调水，以缓解未来水资源的供需矛盾。

2030远景水平年无调水时刘家峡水库水位变化过程如图8-28所示。由图8-28可知，2030远景水平年调沙与不调沙方案刘家峡水库水位变化的差异不大。方案9、方案10对应的刘家峡水库起、末水位相同，多年平均水位相同，且方案9与方案10刘家峡水库水位的变化过程具有一致的同步性，且呈现明显的阶段特征：1956—2000年，方案9、方案10刘家峡水库水位在1736~1735m之间波动；2000—2010年，方案9、方案10刘家峡水库水位在1705~1735m之间波动，水位变化幅度和变化频率增大，水库的蓄丰补枯能力明显加强，与2020远景水平年无调水时方案3与方案4对比分析得到的结论和规律一致。

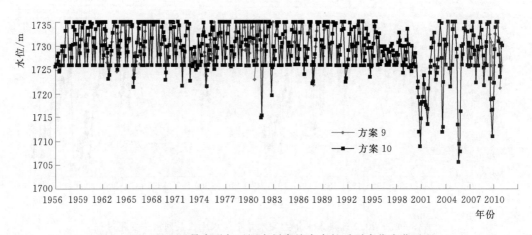

图8-28　2030远景水平年无调水刘家峡水库长系列水位变化过程

与 2010 现状水平年、2020 远景水平年无调水各方案相比，2030 远景水平年无调水各方案刘家峡水库水位的变化趋势与之一致，特别是与 2020 远景水平年呈现出高度的一致性。随着兰州断面需水量的增加，刘家峡水库的多年平均水位持续增加，水库几乎年年蓄满，长期保持高水位运行状态。可见，水资源供需矛盾的加剧，使得刘家峡水库最大限度地利用其年调节库容，水库水位变幅和频率增加，水库的利用效率提高，以满足各方案各目标的调控要求。但水沙调控运行对刘家峡水库多年平均水位和库满率的影响不大。

8.3.1.2　水电站调控指标分析

1. 供水目标

图 8-29 为 2030 远景水平年无调水情况下，方案 9 与方案 10 兰州断面需水量与实际供水量的长系列变化过程。2030 远景水平年兰州断面年需水总量为 263 亿 m^3，方案 9 的多年平均供水量为 295 亿 m^3，方案 10 的多年平均供水量为 296 亿 m^3。在相同的需水过程下，方案 10 的多年平均供水量与方案 9 接近，且两方案的多年平均供水量均高于兰州断面需水量。方案 9、方案 10 兰州断面年供水保证率均为 76.4%，高于设计值 75%。可见，2030 远景水平年考虑或不考虑水沙调控时，龙羊峡、刘家峡梯级水库长系列运行能满足兰州断面的供水需求，且水沙调控运行下的方案增加了兰州断面的供水量。

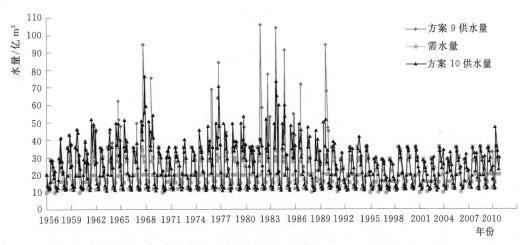

图 8-29　2030 远景水平年无调水兰州断面供水过程

随着黄河流域总需水量的增加，兰州断面需水量由 2010 现状水平年的 238 亿 m^3 增加到 2020 远景水平年的 270 亿 m^3，至 2030 远景水平年的 263 亿 m^3。但是，与 2010 现状水平年、2020 远景水平年无调水各方案相比，方案 9、方案 10 的多年平均供水量与之相当，主要原因是：2010 现状水平年龙羊峡、刘家峡水库的弃水多，所占兰州断面供水量比例大，2020、2030 远景水平年无调水情况下龙羊峡、刘家峡水库的弃水较少。

2. 发电目标

图 8-30 为方案 9、方案 10 的黄河上游梯级发电量长系列变化过程。方案 9、方案 10 的梯级多年平均发电量分别为 450.5 亿 kW·h、452.5 亿 kW·h，梯级发电保证率为 91%，均高于 90% 的设计保证率要求。可见，2030 远景水平年无调水时各方案均能够满

足黄河上游梯级水库的发电要求。

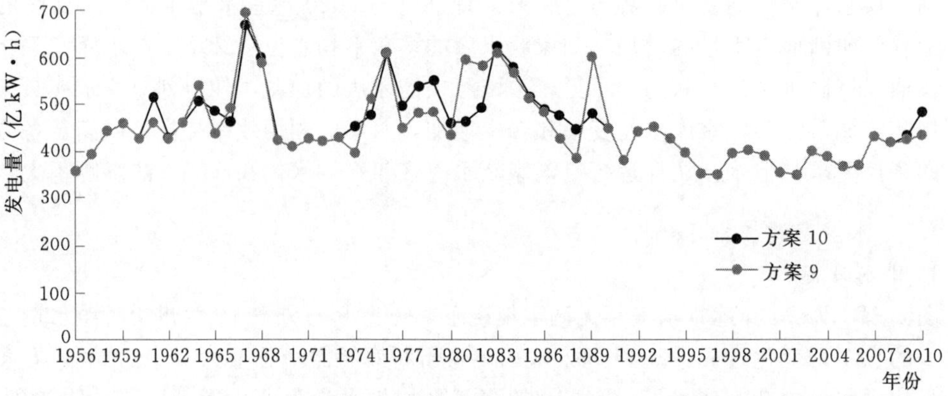

图 8-30　2030 远景水平年无调水梯级水库发电量变化过程

与 2010 现状水平年各方案相比，方案 9 较方案 1、方案 10 较方案 2 的梯级多年平均发电量均明显增加，说明随着黄河流域总需水量的增加，梯级水库出库流量增加，梯级发电量增加。与 2020 远景水平年各方案相比，方案 9、方案 10 的梯级多年平均发电量与之相当。在 2030 远景水平年未调水条件下，需水量的增加，加剧了水沙调控与发电之间的矛盾。

3. 水沙调控目标

以 1956—2010 年黄河上游长系列径流资料为基础，在满足 2020 远景水平年综合用水要求的条件下，实施长系列水沙调控的流量为 $2580\text{m}^3/\text{s}$，持续时间为 14 天。由水沙调控的计算结果可以看出：方案 10 长系列 55 年中可进行水沙调控的最大次数为 21 次，平均 2.6 年 1 次，调沙年份与 2020 远景水平年无调水方案相同。

与 2010 现状水平年调沙方案 2 相比，2030 远景水平年无调水方案 10 的调控次数较减少了 5 次，调控频率由 2 年 1 次延长至 2.6 年 1 次。主要原因是：黄河流域兰州断面需水量将由 2010 现状水平年的 238 亿 m^3 增大至 2030 远景水平年的 263 亿 m^3。由此看出：黄河流域兰州断面需水量的增加，减少了水沙调控的次数，降低了梯级水库水沙调控的能力。

与 2020 远景水平年无调水时调沙方案 4 相比，方案 10 的调控次数较方案 4 增加了 2 次，水沙调控的力度显著增强。主要原因是：黄河流域兰州断面需水量将由 2020 远景水平年的 270 亿 m^3 减小至 2030 远景水平年的 263 亿 m^3，供水量的减少增加了梯级水库群的可调水量，水沙调控力度增强。

8.3.2　调水 40 亿 m^3 方案 11～方案 12 分析

2030 远景水平年调水 40 亿 m^3 的调水过程与 2020 远景水平年一致。本节将从水库运行指标和调控目标等方面，分析不考虑水沙调沙运行的方案 11 和考虑水沙调控运行方案 12 的计算结果。

8.3.2.1　水库运行指标分析

1. 出库流量

2030 远景水平年调水 40 亿 m^3 情况下，方案 11、方案 12 的龙羊峡入库、出库流量长系列变化过程如图 8-31 所示。不考虑水沙调控目标，方案 11 龙羊峡多年平均出库流量为 756m³/s，最大值为 3215m³/s，月平均流量大于 2000m³/s 的次数为 8 次。考虑水沙调控目标，方案 12 的多年平均出库流量为 761m³/s，最大值为 3186m³/s，月平均流量大于 2000m³/s 的次数为 19 次。相比之下，方案 11 与方案 12 的多年平均出库流量相差不大，但方案 12 的大流量出库过程较方案 11 明显增加，且出库流量过程极大值均发生在调沙年份的 4 月，与 2020 远景水平年调水 40 亿 m³ 得到的规律一致。

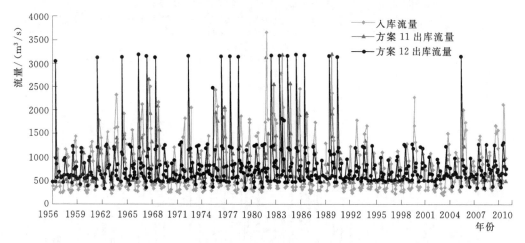

图 8-31 2030 远景水平年调水 40 亿 m³ 龙羊峡水库长系列入库、出库流量过程

与 2030 远景水平年无调水方案相比，龙羊峡水库月平均流量大于 2000m³/s 的次数，由方案 9 的 6 次增加到方案 11 的 8 次，由方案 10 的 0 次增加到方案 12 的 19 次。由此可见，南水北调西线调水 40 亿 m³，在兼顾出力的运行方式下，梯级水库出库流量的峰值和频次均显著增加，水沙调控的流量大幅增加，水沙调控的力度和强度均显著加强。

2030 远景水平年调水 40 亿 m³ 调沙与不调沙方案刘家峡入库、出库流量过程如图 8-32 所示。不考虑水沙调控目标，方案 11 刘家峡水库配合龙羊峡梯级水库联合调度，刘家峡水库的入库、出库流量的变化幅度基本一致，仅在个别月份略有差异，如图 8-32（a）所示。与龙羊峡出库流量过程相比，二者具有高度的一致性，与其他情景的不调沙方案的规律一致。考虑水沙调控目标后，方案 12 刘家峡出库流量与龙羊峡出库流量变化规律一致，龙羊峡水库出库流量极大时，刘家峡出库流量也增大，且出库流量 19 次在 3000m³/s 以上。由方案 11、方案 12 的对比分析可知：方案 12 调沙月份要求的大流量过程使得龙羊峡出库流量达到最大值，其他月份的出库流量更趋于供水过程，较方案 11 变幅较大的出库流量过程，水沙调控运行显著改变了龙羊峡的出库流量规律，使龙羊峡、刘家峡的出库流量趋于两阶段内的平稳化，与 2010 现状水平年、2020 远景水平年调水 40 亿 m³ 的规律一致。

与 2020 远景水平年调水 40 亿 m³ 方案 6 相比，龙羊峡出库流量大于 3000m³/s 的次数由 16 次增加到 18 次，刘家峡出库流量大于 3000m³/s 的次数由 16 次增加到 19 次，水沙调控的次数显著增加。主要原因是：方案 12 与方案 6 均调水 40 亿 m³，但兰州断面需水量较 2020 水平年减少 7 亿 m³，梯级水库可调水量增加，水沙调控能力增强。与方

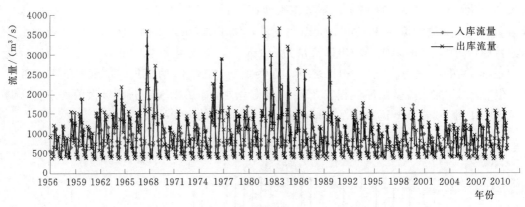

（a）方案 11

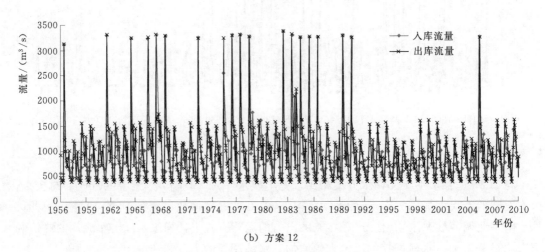

（b）方案 12

图 8-32　2030 远景水平年调水 40 亿 m³ 刘家峡水库长系列入库、出库流量过程

10、方案 4 对比分析的规律一致。

2. 水库水位

2030 远景水平年调水 40 亿 m³ 方案 11、方案 12 龙羊峡水库水位长系列变化过程如图 8-33 所示。将方案 11 与方案 12 对比分析可知：水沙调控运行造成龙羊峡蓄满次数降低，放空次数增加，水库平均水位大幅降低，但总体上提高了龙羊峡水库的利用效率，最大化地发挥了梯级水库的调节潜力。

将 2030 远景水平年调水 40 亿 m³ 的方案与无调水方案对比分析。不考虑调沙时，方案 9 无西线调水，龙羊峡水位变化幅度较大，且于 2003 年 4 月、2003 年 5 月及 2005 年 4 月等时段水库水位降至死水位。调水 40 亿 m³ 后，方案 11 来水大幅增加，龙羊峡保持较高水位运行，且末水位达到 2593.80m，较方案 9 增加 33.8m。由此可见，西线调水 40 亿 m³ 后，龙羊峡在满足下游综合供水的前提下，水库保持高水位运行且蓄水。考虑调沙时，由于 2000 年以后上游天然径流的减小，龙羊峡仅能满足供水、发电需求，方案 11 的龙羊峡水位 5 次降至死水位，未进行水沙调控运行。调水 40 亿 m³ 后，增加了方案 12 的可调水量，龙羊峡水位在 2000 年以后仅 2 次降至死水位，最终水位 2561.80m，高出方案 10 达

20m 以上，且于 2005 年水沙调控运行一次。由此可见，西线调水 40 亿 m³ 后，龙羊峡水库在连续枯水年水位抬高，末水位增加，水沙调控能力增强。

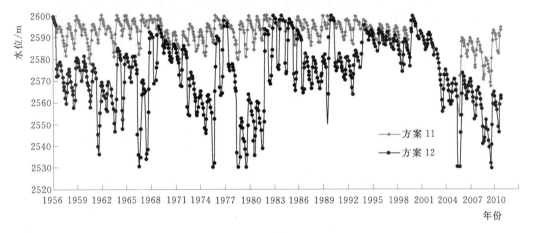

图 8-33　2030 远景水平年调水 40 亿 m³ 龙羊峡水库长系列水位变化过程

将 2030 远景水平年调水 40 亿 m³ 与 2020 远景水平年调水 40 亿 m³ 各方案对比分析。考虑调沙时，方案 12 与方案 6 的龙羊峡水库水位变化趋势基本保持一致，但方案 12 较方案 6 的放空次数减少 1 次，水库多年平均水位和末水位增加。不考虑调沙时，方案 11 与方案 5 的龙羊峡水库水位变化趋势在 2005 年以前基本保持一致，2005 年之后发生明显变化，即方案 11 的龙羊峡水位抬高，方案 5 的龙羊峡水位大幅降低。在 2005—2010 年，方案 11 的龙羊峡各月水位均高于方案 5。方案 11 的末水位为 2593.8m，较方案 5 的末水位 2556m 高达 37.8m，且调水 40 亿 m³ 后，2030 远景水平年各方案龙羊峡水库多年平均水位均高于 2020 远景水平年各方案，水库放空次数减少，水库处于较高水位运行，末水位增加。主要原因是：2030 远景水平年兰州断面需水量较 2020 远景水平年减少 7 亿 m³，供水量的减少引起梯级水库可调水量增加。考虑调沙时，可调水量转变为水沙调控水量，水位变化趋势虽基本一致，但水库放空次数减小，水库保持高水位运行，末水位增加；不考虑调沙时，可调水量转变为水库的蓄水量，水库蓄满次数大幅增加，放空次数减小，水库水位抬升的幅度更大，末水位已接近正常高水位。

2030 远景水平年调水 40 亿 m³ 刘家峡水库水位变化过程如图 8-34 所示。方案 11 中刘家峡水库蓄满 20 次，放空 0 次，最低水位为 1708.80m，多年平均水位为 1727m。方案 12 中刘家峡水库蓄满 35 次，放空 0 次，最低水位为 1696m，多年平均水位为 1727.30m。可见，水沙调控运行对刘家峡水库的多年平均水位影响不大，但水沙调控运行增加了水库的蓄满率，提高了库容利用效率，水库调蓄能力得到充分发挥。与无调水各方案的结论一致。

与 2020 远景水平年调水 40 亿 m³ 相比，方案 11 较方案 5 蓄满次数减少 1 次，多年平均水位增加 0.2m；方案 12 较方案 6 蓄满次数增加 3 次，多年平均水位降低 1.8m。可见：

（1）不考虑调沙，均调水 40 亿 m³ 后，受 2030 远景水平年需水、供水减少影响，刘家峡水库处于高水位运行，特别在 2000 年以后连续枯水段，水位变幅较方案 5 更为平稳。

（2）考虑调沙，水沙调控运行增加了刘家峡水库的蓄满次数，有利于最大限度地发挥刘家峡水库的调节性能，提高库容利用效率。

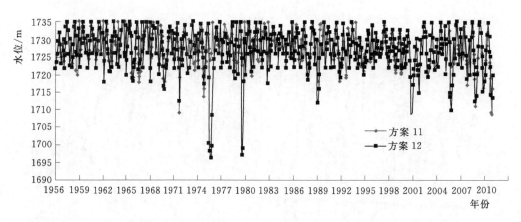

图 8-34　2030 远景水平年调水 40 亿 m³ 刘家峡水库长系列水位变化过程

可以看出，与 2020 远景水平年调水 40 亿 m³ 的调沙方案 6 相比，2030 远景水平年方案 12 抬高了龙羊峡、刘家峡水库多年平均运行水位，提高了龙羊峡、刘家峡水库的库容利用效率，增强了梯级水库的水沙调控能力。

8.3.2.2　水电站调控指标分析

1. 供水目标

图 8-35 为 2030 远景水平年调水 40 亿 m³ 情景下，兰州断面需水量与实际供水量长系列变化过程。不考虑水沙调控目标，方案 11 兰州断面月平均实际供水量为 27.90 亿 m³，多年平均供水量为 334.40 亿 m³。考虑水沙调控目标，方案 12 兰州断面月平均实际供水量为 28 亿 m³，多年平均供水量为 336.10 亿 m³。且方案 11、方案 12 兰州断面年供水保证率均为 76.4%，高于设计值 75%。因此，2030 远景水平年调水 40 亿 m³ 考虑或不考虑水沙调控时，龙羊峡、刘家峡梯级水库长系列运行均能满足下游的供水需求。

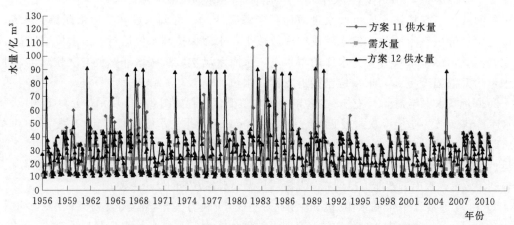

图 8-35　2030 远景水平年调水 40 亿 m³ 兰州断面供水过程

与 2030 远景水平年无调水方案相比，无论考虑水沙调控与否，兰州断面的多年平均供水量由方案 9、方案 10 的 296 亿 m³ 均增加到方案 11、方案 12 的 334 亿 m³，增加供水量 38 亿 m³，较兰州断面 2030 远景水平年需水量 270 亿 m³，增加供水量 64 亿 m³，不仅满足了兰州断面的供水要求，亦增加了兰州下游的供水量，减少了黄河全流域的缺水量，极大地缓解了 2030 远景水平年的水资源供需矛盾，且水沙调控运行并未影响黄河全流域的供水目标。

与 2020 远景水平年调水 40 亿 m^3 相比，兰州断面的多年平均供水量由方案 5、方案 6 的 336 亿 m^3、337 亿 m^3 减少至 2030 远景水平年方案 11、方案 12 的 334 亿 m^3、336 亿 m^3。主要原因是：兰州断面需水量由 2020 远景水平年的 270 亿 m^3 减小至 2030 远景水平年的 263 亿 m^3，减少 7 亿 m^3，造成 2030 远景水平年各方案的兰州断面的多年平均供水量略有减少，但均满足兰州断面的供水要求。

2. 发电目标

图 8-36 为 2030 远景水平年调水 40 亿 m^3 情景下，方案 11、方案 12 的黄河上游梯级水电站发电量的长系列变化过程。方案 11、方案 12 的梯级多年平均发电量分别为 521.3 亿 $kW \cdot h$、459.9 亿 $kW \cdot h$，梯级发电保证率分别为 96.4%、95.0%。方案 12 的多年平均发电量较方案 11 减小了 61.4 亿 $kW \cdot h$，主要原因是：水沙调控期间的大流量出库过程产生弃水，造成水量损失，多年平均发电量减小。但方案 11、方案 12 的梯级发电保证率均高于设计保证率 90% 的设计要求，说明 2030 水平年调水 40 亿 m^3 情景各方案均能满足梯级水库发电需求。

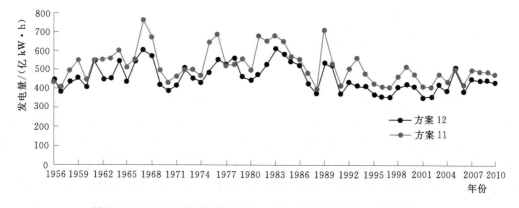

图 8-36 2030 远景水平年调水 40 亿 m^3 梯级水库发电量变化过程

与 2030 远景水平年无调水方案相比，调水 40 亿 m^3 的各方案的梯级发电量均大于无调水各方案值。即无论考虑水沙调控与否，2030 远景水平年调水 40 亿 m^3 提高了黄河上游梯级发电量和发电保证率。

与 2020 远景水平年调水 40 亿 m^3 相比，2030 远景水平年调水 40 亿 m^3 中，方案 11、方案 12 的梯级多年平均发电量分别为 521.3 亿 $kW \cdot h$、459.9 亿 $kW \cdot h$，均小于方案 5、方案 6 的 522.8 亿 $kW \cdot h$、516.1 亿 $kW \cdot h$。由此可见，均调水 40 亿 m^3，2030 远景水平年各方案的梯级多年平均发电量较 2020 远景水平年明显减小，其原因与 2030 远景水平年兰州断面需水量减少 7 亿 m^3 有关。

3. 水沙调控目标

在满足 2030 远景水平年调水 40 亿 m^3 的综合用水要求下，梯级水库进行长系列水沙调控运行，调沙流量为 2580 m^3/s，持续时间为 30 天。由方案 12 的计算结果可知，长系列 55 年中进行水沙调控 19 次，平均 3 年 1 次。调沙年份分别为 1956 年、1961 年、1964

年、1966—1968 年、1972 年、1975—1978 年、1982—1986 年、1989—1990 年、2005 年。2030 远景水平年调水 40 亿 m³ 情景加大了水沙调沙的力度，表明黄河上游梯级水库群具有较好的水沙调控能力。

与 2030 远景水平年无调水方案相比，方案 12 的水沙调控次数较方案 10 减少 2 次，频率由 2.6 年 1 次延长至 3.0 年 1 次，调沙年份与 2020 远景水平年无调水方案大致相同。造成水沙调控次数减少的原因是：水沙调控的持续时间由方案 10 的 14 天延长至方案 12 的 30 天。总体来说，2030 远景水平年调水 40 亿 m³ 在满足下游综合利用目标的前提下，提高了梯级水库的水沙调控能力。

与 2020 远景水平年调水 40 亿 m³ 的方案相比，方案 12 的水沙调控次数较方案 10 增加 3 次，频率由方案 10 的 3.4 年 1 次缩短至 3.0 年 1 次，方案 12 水沙调控能力得到显著提高。主要原因是：2030 远景水平年兰州断面需水量较 2020 远景水平年减少 7 亿 m³，供水量的减少使得梯级水库可调水量增加，可调水量转变为水沙调控水量，提高了方案 12 的水沙调控能力。

8.3.3　调水 80 亿 m³ 方案 13～方案 14 分析

8.3.3.1　水库运行指标分析

方案 13、方案 14 分别为 2030 远景水平年调水 80 亿 m³ 情况下不考虑水沙调控及考虑水沙调控方案。

1. 出库流量

2030 远景水平年调水 80 亿 m³ 情况下调沙与不调沙方案的龙羊峡入库、出库流量长系列变化过程如图 8-37 所示。方案 13 多年平均出库流量为 881m³/s，月平均流量大于 3000m³/s 的次数为 4 次，均出现在偏丰水年及特丰水年的汛期。方案 14 的多年平均出库流量为 887m³/s，月平均流量大于 3000m³/s 的次数为 27 次，且均为水沙调控时段。可见，调沙方案大流量出库过程的次数明显增加，且水沙调控有效地将丰水年汛期产生的弃水提前到 4 月进行水沙调控，如此既有利于冲淤减沙，又有利于防洪减灾，更好地发挥了梯级水库兴利除害的作用。

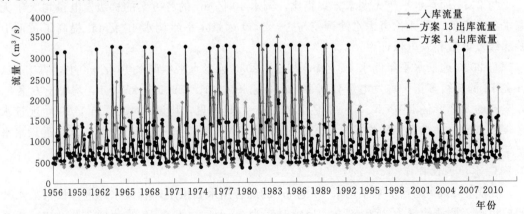

图 8-37　2030 远景水平年调水 80 亿 m³ 龙羊峡水库长系列入库、出库流量过程

由于 2030 远景水平年的供需水量未发生变化，调水 80 亿 m³ 与调水 40 亿 m³ 各方案的龙羊峡出库流量过程趋势基本一致，但龙羊峡多年平均出库流量随着调水的实施和调水量的增加呈现递增的规律。具体表现为：不考虑调沙时，多年平均出库流量由方案 9 的 630m³/s 增加到方案 11 的 756m³/s，再增加到方案 13 的 881m³/s；考虑调沙时，多年平均出库流量由方案 10 的 634m³/s 增加到方案 12 的 761m³/s，再增加到方案 14 的 887m³/s，与 2020 远景水平年得到的规律一致。可见，随着调水的实施及调水量级的增加，黄河上游的可调水量增加，龙羊峡水库的出库流量增加，以补充黄河全流域的缺水量，更能提高梯级水库满足供水、发电、水沙调控等多目标调控的能力。

与 2020 远景水平年调水 80 亿 m³ 的方案 8 相比，2030 远景水平年方案 14 的多年平均出库流量与之相差不大，但月平均流量大于 3000m³/s 的次数较方案 8 增加了 6 次，即在相同的调水量条件下，2030 远景水平年的水沙调控能力更强。主要原因是：2030 远景水平年兰州断面需水量较 2020 远景水平年减少 7 亿 m³，在调水量均为 80 亿 m³ 的条件下，供水量的减少使梯级水库可调水量持续增加，可调水量转变为水沙调控水量，提高了 2030 远景水平年方案 14 的水沙调控能力。

2030 远景水平年调水 80 亿 m³ 调沙与不调沙方案刘家峡入库、出库流量过程如图 8-38

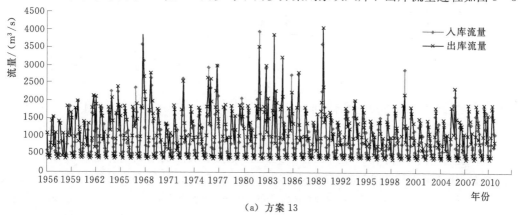

（a）方案 13

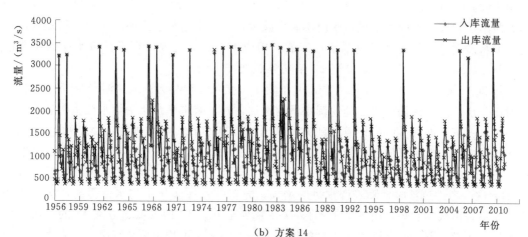

（b）方案 14

图 8-38　2030 远景水平年调水 80 亿 m³ 刘家峡水库长系列入库、出库流量过程

所示。与 2030 远景水平年无调水、调水 40 亿 m³ 的各方案对比，调水 80 亿 m³ 的各方案刘家峡出库过程变化趋势与之一致，但各月的出库流量均有显著的增加。具体表现在：不考虑调沙时，刘家峡水库的多年平均出库流量由方案 9 的 798m³/s，增加到方案 11 的 924m³/s，再增加到方案 13 的 1049m³/s，且出库流量大于 3000m³/s 的次数由方案 9 的 4 次，增加到方案 11、方案 13 的 5 次；考虑调沙时，多年平均出库流量由方案 10 的 802m³/s，增加到方案 12 的 929m³/s，再增加到方案 14 的 1056m³/s，且出库流量大于 3000m³/s 的次数由方案 10 的 0 次，增加到方案 12 的 19 次，再增加到方案 14 的 27 次。可见，调水量级的增加使得刘家峡水库的多年平均出库流量和大出库流量次数增加，梯级水库的水沙调控能力增强。

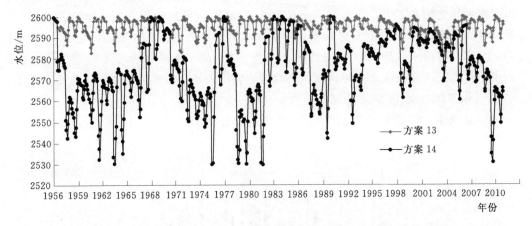

图 8-39　2030 远景水平年调水 80 亿 m³ 龙羊峡水库长系列水位变化过程

2. 水库水位

2030 远景水平年调水 80 亿 m³ 各方案龙羊峡水库水位长系列变化过程如图 8-39 所示。方案 13 的末水位为 2596m，多年平均水位为 2596m，处于高水位运行状态，水库蓄满 22 次，放空 0 次。方案 14 的末水位为 2564.10m，多年平均水位为 2574.60m，远低于方案 13 的末水位和多年平均水位，水库蓄满 7 次，放空 5 次。可见，长系列的水沙调控运行减小了梯级水库的蓄水量，水库库满率减少，库空率增加，致使水库处于较低水位运行。但水沙调控运行提高了龙羊峡水库的利用效率，最大化地发挥了梯级水库的调节潜力，与 2020 远景水平年调水 80 亿 m³ 各方案的规律一致。

将 2030 远景水平年调水 80 亿 m³ 龙羊峡水位变化过程与无调水、调水 40 亿 m³ 各方案对比分析。不考虑调沙时，随着调水量的增加，龙羊峡水库多年平均水位呈明显的上升趋势，由方案 9 的 2580.60m 增加到方案 11 的 2590.90m，再增加到方案 13 的 2596m；水库蓄满次数均呈明显的上升趋势，由方案 9 的 10 次，增加到方案 11 的 20 次，再增加到方案 13 的 22 次；水库放空次数均呈明显减少，由方案 9 的 4 次增加到方案 11、方案 13 的 5 次。考虑调沙时，随着调水量的增加，龙羊峡水库多年平均水位抬高，水库放空次数均呈现出减少趋势，由方案 10 的 7 次，减少至方案 12 的 6 次、方案 14 的 5 次。由此可见，不考虑调沙时，随着调水量的增加，龙羊峡多年平均水位持续抬高，末水位更接近正常高水位蓄满率提高，库容率减少；考虑调沙时，随着调水量的增加，龙羊峡水库的库空率减少，库水位抬高，水沙调控能力持续增强。

与 2020 远景水平年调水 80 亿 m^3 的方案 8 相比，2030 远景水平年调水 80 亿 m^3 方案 14 的末水位较方案 8 提高了 14.6m，多年平均水位抬高了 7.3m。可以看出：均调水 80 亿 m^3，但 2030 远景水平年龙羊峡水库月平均流量大于 3000m^3/s 的次数较方案 8 增加了 6 次，水库保持更高水位运行，且水沙调控能力大幅提高，主要与 2020 远景水平年兰州断面需水量减少 7 亿 m^3 有关。

2030 远景水平年调水 80 亿 m^3 刘家峡水库水位变化过程如图 8-40 所示。方案 13 中，刘家峡水库蓄满 20 次，放空 0 次，多年平均水位 1723.20m。方案 14 中，刘家峡水库蓄满 21 次，放空 0 次，多年平均水位 1723.70m。可见，水沙调控运行增加了水库的库满率，水库调蓄能力得到充分发挥，与 2020 远景水平年、2030 远景水平年各方案的规律一致。

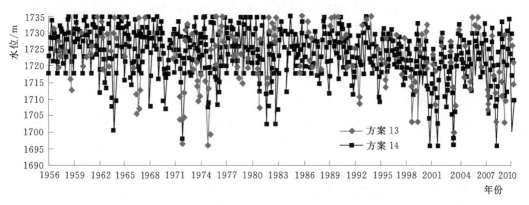

图 8-40　2030 远景水平年调水 80 亿 m^3 刘家峡水库长系列水位变化过程

与 2030 远景水平年调水 40 亿 m^3 各方案相比，2030 远景水平年调水 80 亿 m^3 各方案的水位变幅更大。可以看出，调水量的增加，提高了刘家峡水库的库容利用效率，最大化地发挥了梯级水库的调节潜力，增强了梯级水库的水沙调控能力。

与 2020 远景水平年调水 80 亿 m^3 各方案对比，方案 13 的多年平均水位较方案 7 抬高了 0.6m，蓄满次数增加 1 次；方案 14 的多年平均水位较方案 8 降低了 0.8m，蓄满次数减少 6 次。可以看出，不考虑调沙时，调水量的增加使刘家峡水库处于更高水位运行，库满率增加，提高了库容利用效率；考虑调沙时，调水量的增加导致库满率减少，但龙羊峡、刘家峡梯级水库的水沙调控能力大幅提高。

8.3.3.2　水电站调控指标分析

1. 供水目标

图 8-41 为 2030 远景水平年调水 80 亿 m^3 情景下，方案 13、方案 14 的兰州断面需水量与实际供水量长系列变化过程。方案 13 兰州断面月平均实际供水量为 31.10 亿 m^3，最大值为 124.30 亿 m^3，最小值为 10.90 亿 m^3，多年平均供水量为 373.80 亿 m^3。方案 14 兰州断面月平均实际供水量为 31.30 亿 m^3，最大值为 94 亿 m^3，最小值为 10.90 亿 m^3，多年平均供水量为 375.80 亿 m^3。方案 13、方案 14 兰州断面年供水保证率均为

76.4％，高于设计值 75％。可以看出，2030 远景水平年调水 80 亿 m³ 考虑或不考虑水沙调控时，兰州断面多年平均供水量相差不大，说明龙羊峡、刘家峡梯级水库长系列运行能够满足下游的供水需求。

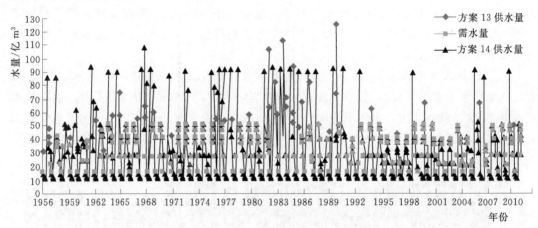

图 8-41　2030 远景水平年调水 80 亿 m³ 兰州断面供水过程

　　2030 远景水平年调水 80 亿 m³ 情景下方案 13、方案 14 与调水 40 亿 m³ 情景下方案 11、方案 12 及无调水情景下方案 9、方案 10 的供水量进行对比，调沙与不调沙时的兰州断面多年平均供水量大小关系为：调水 80 亿 m³ 情景＞调水 40 亿 m³ 情景＞无调水情景，即随着调水量的增加，兰州下游的供水量显著增加，黄河全流域的缺水量大幅减少，极大地缓解了 2030 远景水平年的水资源供需矛盾，与 2020 远景水平年调水 80 亿 m³ 供水目标分析的规律一致。

　　与 2020 远景水平年调水 80 亿 m³ 情景下各方案相比，方案 13 兰州断面多年平均供水量较方案 7 减少了 0.10 亿 m³，方案 14 兰州断面多年平均供水量较方案 8 减少了 0.70 亿 m³。主要原因是：兰州断面需水量由 2020 远景水平年的 270 亿 m³ 减小至 2030 远景水平年的 263 亿 m³，减少 7 亿 m³，造成 2030 远景水平年各方案的兰州断面的多年平均供水量略有减少，但均满足兰州断面的供水要求，与 2030 远景水平年调水 40 亿 m³ 各方案的结论和规律一致，且随着需水的减少、调水量维持 80 亿 m³ 不变，黄河全流域水资源的供需矛盾得到进一步缓解。

　　2. 发电目标

　　图 8-42 为 2030 远景水平年调水 80 亿 m³ 情景下，方案 13 与方案 14 的黄河上游梯级发电量长系列变化过程。方案 13、方案 14 的梯级多年平均发电量分别为 583.9 亿 kW·h、574.9 亿 kW·h，梯级发电保证率均为 96.3％，均高于设计保证率 90％ 的设计要求。可见看出，2030 远景水平年调水 80 亿 m³ 各方案均能满足梯级水库的发电需求，且水沙调控期间的大流量出库过程产生弃水，造成水量损失，多年平均发电量减小，进一步论证了发电目标与水沙调控目标之间的对立关系。

　　将 2030 远景水平年调水 80 亿 m³ 的梯级水库发电量与调水 40 亿 m³ 及无调水各方案对比分析可知：随着西线调水的实施及调水量级的加大，梯级水库发电量呈递增趋势，与

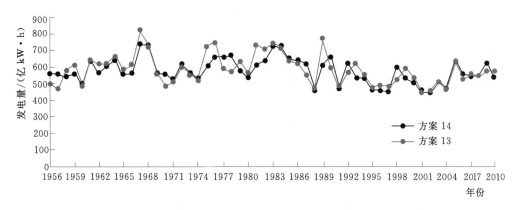

图 8-42　2030 远景水平年调水 80 亿 m^3 梯级水库发电量变化过程

2020 远景水平年调水 80 亿 m^3 情景时发电目标所得到的结论与规律一致。因此，2030 远景水平年调水 80 亿 m^3 提高了黄河上游梯级发电量，且随着调水量级的加大，梯级发电量持续增加。

　　与 2020 远景水平年调水 80 亿 m^3 各方案比较，2030 远景水平年调水 80 亿 m^3 方案 13 梯级水库发电量较方案 7 减少了 0.2 亿 kW·h，方案 14 较方案 8 减少了 1.2 亿 kW·h，梯级水库发电量呈递减趋势。主要原因与 2030 远景水平年较 2020 远景水平年兰州断面需水量减少 7 亿 m^3 有关。可见，供水量的减少，引起梯级发电量的减少，供水与发电目标呈正相关关系。

　　3. 水沙调控目标

　　在满足 2030 远景水平年综合用水要求下，梯级水库实施长系列水沙调控，控制流量为 2580m^3/s，持续时间为 30 天。由方案 14 可知，长系列 55 年中可进行水沙调控的最大次数为 27 次，水沙调控频率平均 2 年 1 次，调沙能力较为理想。调沙年份分别为 1956—1957 年、1961 年、1963—1964 年、1967—1968 年、1970 年、1972 年、1975—1978 年、1981—1987 年、1989—1990 年、1992 年、1998 年、2005—2006 年、2009—2010 年。

　　与 2030 远景水平年调水 40 亿 m^3、无调水各方案相比，2030 远景水平年调水 80 亿 m^3 方案 14 的水沙调控次数较方案 12 增加了 8 次，较方案 6 持续时间为 14 天的水沙调控次数增加了 6 次；水沙调控频率由方案 6 的 2.6 年 1 次延长至方案 12 的 3.0 年 1 次，最终缩短至方案 14 的 2 年 1 次。可见，随着西线调水的实施及调水量级的加大，黄河上游梯级水库长系列水沙调控的力度和频率持续增强，调控能力持续递增，与 2020 远景水平年各方案水沙调控目标的结论与规律一致。

　　与 2020 远景水平年调水 80 亿 m^3 的方案 8 相比，在相同的控制流量和持续时间前提下，方案 14 的水沙调控次数较方案 8 增加 5 次，频率由方案 8 的 2.5 年 1 次缩短至 2.0 年 1 次，方案 14 水沙调控能力得到显著提高。主要原因是：2030 远景水平年兰州断面需水量较 2020 远景水平年减少 7 亿 m^3，供水量的减少使得梯级水库可调水量增加，可调水量转变为水沙调控水量，提高了方案 14 的水沙调控能力。

　　综上所述，对比分析 2030 远景水平年无调水、调水 40 亿 m^3、调水 80 亿 m^3 各方案的计算结果，见表 8-5，可以得到以下结论：

表 8 - 5　　　　　　　　　　**2030 远景水平年不同调水方案计算结果统计表**

情景	方案	持续天数 /天	调沙年数 /年	梯级多年平均年发电量 /(亿 kW·h)	梯级年发电保证率 /%	兰州断面多年平均供水量 /亿 m³	年供水保证率 /%
无调水	方案 9	0	0	450.5	91.0	294.50	76.4
	方案 10	14	21	452.5	91.0	295.80	76.4
调水 40 亿 m³	方案 11	0	0	521.3	96.4	334.40	76.4
	方案 12	30	19	459.9	95.0	336.10	76.4
调水 80 亿 m³	方案 13	0	0	583.9	96.3	373.80	76.4
	方案 14	30	27	574.9	96.3	375.80	76.4

（1）各方案中调沙方案较不调沙方案相比，梯级发电量减少，兰州断面供水量增大，即水沙调控目标对于发电量目标产生负面影响，对于供水目标产生正面影响；发电与供水目标呈正相关关系。

（2）调水量的增加提高了梯级水库的水沙调沙能力和水库的利用效率。

（3）南水北调西线调水有利于提高黄河上游梯级发电量和兰州断面供水量，且随着调水量级的加大，梯级发电量、发电保证率、兰州断面供水量显著增加。

（4）与 2020 远景水平年各对应方案相比，2030 远景水平年各方案的梯级水库水沙调控能力持续增强，梯级发电量减少，保证率提高，兰州断面的多年平均供水量减少，水库多年平均水位抬高。可见，随着需水量减少 7 亿 m³，兰州断面的供水减少，发电量减少，但梯级水库的蓄能增加，使龙羊峡、刘家峡梯级水库的可调水量增加，水沙调控的能力增强。

8.4　本　章　小　结

本章主要研究龙刘梯级水库长系列的水沙调控成果，依据设置的 2010 现状水平年、2020 远景水平年及 2030 远景水平年不同情景下的 14 个调度方案，采用 1956—2010 年月径流资料，在兼顾发电的运行模式下，求解龙羊峡、刘家峡梯级水库多目标联合调度模型，获得各方案的长系列计算结果。通过对龙羊峡、刘家峡水库运行指标以及综合利用效益指标长系列过程的分析，得到了如下结论：

（1）各方案均满足不同水平年的供水目标、梯级水库的发电目标、防洪防凌目标和水沙调控目标，且均达到了要求的设计保证率，论证了多目标联合调度模型及其算法的准确性、可靠性和先进性。

（2）水沙调控运行显著改变了龙羊峡的出库流量和水位变化规律：调沙年份的出库流量呈明显的高平稳序列，不调沙年份的出库流量呈现出明显低平稳序列，龙羊峡出库流量趋于两阶段内的高、低平稳过程；水沙调控运行造成梯级水库水位变幅增大、频率加快，库满率降低，库空率增加，多年平均水位下降。最重要的是，水沙调控运行提高了水库库容的利用效率，最大化地发挥了梯级水库的调节潜力。

（3）水沙调控的大流量过程产生弃水，降低了梯级水库的多年平均发电量，发电目标与水沙调控目标呈对立矛盾关系；水沙调控方案的供水量增大，供水目标与水沙调控目标呈正向统一关系；供水目标与发电目标呈正相关关系。

（4）随着2020远景水平年和2030远景水平年兰州断面需水量的增加，在无调水的条件下，兰州断面供水量增加，但黄河流域的缺水率亦大幅增加，梯级发电量增加，水沙调控能力减弱，加剧了水沙调控与发电之间的矛盾，亟需跨流域调水，以缓解未来水资源的供需矛盾。

（5）随着2020远景水平年和2030远景水平年调水量的增加，流域内缺水率大幅降低，大大缓解了黄河全流域的水资源供需矛盾，大幅提高了梯级发电量和断面供水量及其保证率，显著增加了黄河上游的可调水量。当可调水量转化为梯级蓄能时，梯级水库处于高水位运行，水电站耗水率大幅减少，发电、供水效益大幅提高；当可调水量转化为水沙调控的控制水量时，提高了梯级水库水沙调控的力度和频率，极大地增强了水沙调控能力。

第9章 典型年水沙调控
计算结果分析

受黄河流域水资源需求、上游来水、跨流域调水以及水库运行水位的综合影响，第8章在2010现状水平年、2020远景水平年及2030远景水平年中分别考虑不调水、调水40亿 m^3、调水80亿 m^3 的情景下，分析了长系列梯级水库的水沙调控的能力。为了进一步细化、量化水沙调控的成果，特别是年内的断面输沙量、区间冲淤量，本章根据不考虑调水的典型年方案集，在以水定电的梯级水库群运行方式下，采用改进的粒子群算法，求解多目标梯级水库水沙联合优化调度模型，得到各方案典型年的水沙调控结果，包括不同年份（2010现状年、2020远景年与未考虑调水的2030远景年）、不同调控主体（龙羊峡、刘家峡和龙羊峡、刘家峡、黑山峡）以及不同调控手段（调、固-拦-调-放-挖）的水沙调控结果。旨在量化以年为调度周期的梯级水库群水沙调控效果，揭示各调控目标之间的转化规律，分析不同调控主体、不同调控手段对水沙调控结果的影响，为黄河上游沙漠宽谷河段水沙调控的实施提供决策依据。

9.1 不同年份水沙调控计算结果分析

9.1.1 2010现状年

2010年作为现状年，在来水、来沙、可调冲水量以及各水库电站初始条件已知的条件下，各水沙调控方案的描述较远景年更符合实际运行情况。将2010年各水库电站的实际运行情况及各相关断面流量、沙量的实测值作为初始方案，以便与其他调控方案进行对比分析。2010年各水沙调控方案中龙羊峡起始水位为2591.40m，可供冲沙的水量为97亿 m^3。其他初始条件和约束条件见2.3.5节。2010年水沙调控方案的计算成果见表9-1。

表9-1　　　　　　　　　2010年水沙调控方案的计算结果

方案	龙羊峡弃水流量/(m³/s)	刘家峡弃水流量/(m³/s)	龙羊峡和刘家峡损失电量/(亿 kW·h)	龙羊峡补水量/亿 m³	龙羊峡年末水位/m	兰州断面供水量/亿 m³	梯级发电量/(亿 kW·h)	头道拐输沙量/亿 t	区间冲淤量/亿 t
初始方案	0	0	0	−31.20	25102.40	311.76	129.48	0.1240	0.0531
方案1	0	816	5.11	−68.80	2570.90	347.74	142.83	0.4954	−0.2454
方案2	75	1146	6.81	−74.70	2568.30	355.17	143.25	0.6110	−0.3851

注　龙羊峡蓄补水量为正表示水库蓄水，反之表示水库补水；区间冲淤量为正表示淤积，负表示冲刷。

为了分析 2010 年水沙调控成果，探讨不同来沙情况下各方案在发电、防洪防凌、供水、输沙冲沙等目标之间的关系，以初始方案为参照，分别对各优化方案的发电量、水库水位、兰州断面控制流量、各断面冲淤效果进行系统分析。

9.1.1.1 发电

图 9-1 给出了 2010 年各方案龙羊峡、刘家峡梯级水电站的发电量累计过程。可以看出，初始方案的龙羊峡、刘家峡梯级发电量累计过程位于图 9-1 的最下端，梯级总发电量为 129.48 亿 kW·h，对应的龙羊峡水库年终消落水位为 2582.40m。随着龙羊峡、刘家峡梯级水库参与水沙调控运行，龙羊峡水库在调度期内加大流量运行，以满足下游断面的输沙冲沙流量要求。自 2010 年 4 月起，梯级发电量累计值明显超过初始值，此后，优化调度方案的梯级发电量累计曲线一直在初始方案以上，到 2010 年 12 月底，方案 1、方案 2 的梯级发电量分别达到了 142.83 亿 kW·h 和 143.25 亿 kW·h，对应龙羊峡水库的年终消落水位分别为 2570.90m 和 2568.30m。通过对方案进行对比分析，方案 2 较方案 1 在年终消落水位相差 2.6m 的情况下，仅比方案 1 多发电 0.42 亿 kW·h。主要原因是：方案 2 中龙羊峡、刘家峡水库均产生弃水，多余下泄的流量未能转化成增发的电量，导致梯级发电量未随调控流量增加而增加，使得方案 1、方案 2 的梯级发电量累计值所差无几，但均高于初始方案值。将方案 1 的梯级发电量在方案 2 同一水位 2568.30m 下进行折算，方案 1 的梯级发电量为 146.86 亿 kW·h，方案 2 的梯级发电量较同等条件下方案 1 弃水损失电量增加 3.61 亿 kW·h。由此可知，随着水沙调控控制流量的增加，梯级发电量虽有增加，但龙羊峡水库的蓄能电量减小，弃水损失电量增加，造成发电效益的巨大损失，不利于梯级水电站的经济运行。

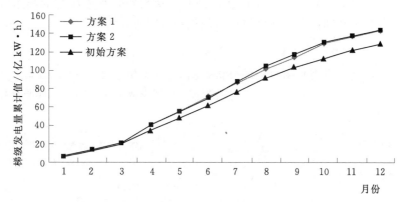

图 9-1　2010 年各方案梯级发电量累积变化过程

9.1.1.2 防洪

图 9-2 给出了 2010 年各方案刘家峡水库的水位变化过程。可以看出，各优化方案中刘家峡水库汛期来临前将水位控制在 1726m 以下，预留了足够的防洪库容，保证汛期的防洪安全。方案 1 汛前水位为 1725.80m，较初始方案进入汛期后的水位高，但在 1726m 以下，能够完全保证刘家峡水库的防洪安全。方案 2 中，由于水沙调控期间刘家峡水库补充了大量冲沙水量，水位回升速度慢，进入汛前水位为 1722.4m，与初始方案值相当，

远低于汛前低于 1726m 的要求，更有利于刘家峡水库的防洪调度。由上述分析可知，各优化方案能够保证汛期刘家峡水库的防洪安全，且增加水沙调控的控制流量，更有利于保证刘家峡水库汛期的防洪安全。

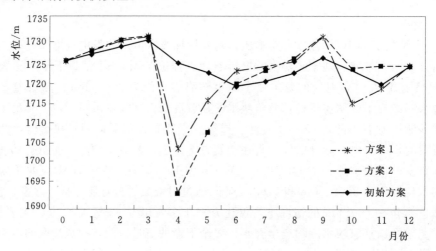

图 9-2　2010 年各方案刘家峡水库水位变化过程

　　此外，由于方案 1 中水沙调控期间的控泄流量较小，龙羊峡水库满发时的下泄流量与刘家峡水库补冲一部分流量后就能够满足水沙调控的流量要求，无需龙羊峡水库弃水，且刘家峡水库在调度期内补水后未将水库放空，水位仅降至 1705.40m。可见，当水沙调控流量减小时，通过刘家峡水库的水量补给，可以避免龙羊峡水库弃水。从刘家峡水库运用效率方面，刘家峡水库在年内经历了两次蓄满和一次放空，水库库容的利用效率大大提高，对于水资源利用率和发电企业经济效益的提高具有重要意义。

9.1.1.3　防凌和水资源供需平衡

　　对于防凌和水资源供需平衡目标的分析，图 9-3 给出了 2010 年各方案兰州断面的流量过程。可以看出，进入 2009—2010 年凌汛期后，刘家峡水库在 1—3 月严格按照防凌预

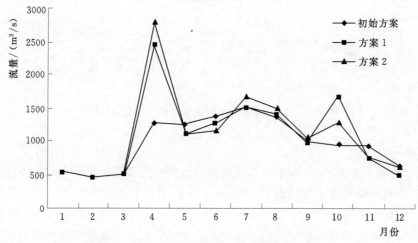

图 9-3　2010 年各方案兰州断面流量变化过程

案进行控泄，各优化方案兰州断面 1—3 月的流量过程均与初始方案一致，完全满足了防凌预案对于兰州断面控泄流量的要求，确保了 1—3 月黄河上游的防凌安全。进入 2010—2011 年凌汛期后，兰州断面 11—12 月的控制流量均小于初始方案值，即通过严格控制刘家峡水库的出库流量，兰州断面的流量均在要求的安全流量以下，且 11 月初刘家峡水库水位降至 1728m 以下，预留足够的防凌库容，以保证 2010—2011 年度的防凌安全。由上述分析可知，各优化方案完全能够保证 2009—2010 年、2010—2011 年度黄河上游凌汛期的防凌安全，确保水沙调控运行能够在防凌安全的前提下进行。

图 9-3 中，1—3 月及 11—12 月兰州断面的综合用水流量要以防凌预案为准，其他月份严格按照表 8.2 中的流量进行控制。可以看出，方案 1、方案 2 中兰州断面的年总供水量分别为 347.74 亿 m^3 和 355.17 亿 m^3，较 2010 年实际供水总量 311.76 亿 m^3 分别多出 36.0 亿 m^3 和 43.4 亿 m^3，方案 1 兰州断面的供水量较方案 2 减少 7.43 亿 m^3；从 4—10 月各时段供水量来看，各月供水流量均在 1100 m^3/s 以上，均超过了兰州断面各月综合用水要求的流量。因此，无论从总量上还是从各月供水量上，水沙调控的优化方案均能满足兰州断面的水量要求，满足了黄河上游向下游供水的水量要求，维持了黄河全流域水资源供需平衡，且随着水沙调控控制流量的增加，更有利于满足黄河全流域的供水需求。

9.1.1.4 水沙调控

图 9-4 和图 9-5 分别给出了 2010 年各方案区间河段输沙量、冲淤量的变化过程。可以看出，初始方案由于未考虑水沙调控，兰州断面以下各控制断面的流量较小，黄河上游沙漠宽谷河段有冲有淤，总体上微淤，区间河段的淤积量为 0.0531 亿 t，主要淤积发生在青铜峡—石嘴山区间河段。考虑水沙调控后，随着各断面流量和含沙量的增加，方案 1 中各断面的输沙量也明显增加，输沙量过程线高出初始方案很多，且头道拐断面的输沙量达到各断面最大。

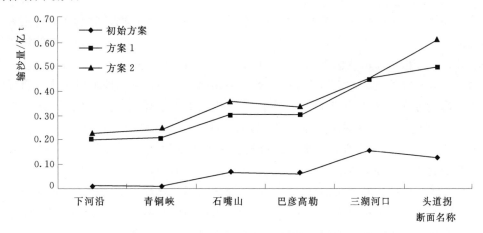

图 9-4 2010 年各方案各断面输沙量变化过程

初始方案中锯齿状的区间冲淤量变化过程转变为沿程缓慢下降的过程，由冲淤量有正有负变为自青铜峡断面后的全线冲刷，说明河段整体由淤积转变为冲刷，且在淤积较为严重的巴彦高勒—三湖河口—头道拐区间河段冲刷量达到最大，各区间分别为 0.0903 亿 t、0.1046 亿 t，区间总冲刷量达到了 0.2454 亿 t，说明进行水沙调控后，改善了研究区域微淤的淤积形态，进而转变为明显的冲刷，显示出水沙调控方案较好的冲刷效果。在方案 2 中，各控制断面的输沙过程线位于方案 1 之上，说明输沙量较方案 1 有明显增加。随着水沙调控的控制流量由方案 1 头道拐断面的 2240m³/s 增加到方案 2 三湖河口断面的 2580m³/s，大流量冲刷引起的各断面的含沙量增大，由 3～7kg/m³ 提高到 3～15kg/m³ 区间，引起来沙量的增加。由于"大水冲大沙"的水沙规律，方案 2 各断面的输沙量大多大于方案 1，除下河沿—青铜峡区间微淤外，青铜峡—头道拐各区间断面的冲刷量均远超过了各断面的来沙量，形成研究区域总体冲刷的态势。因此，随着水沙调控控制流量的增加，各断面含沙量增加，方案 2 的冲刷效果较方案 1 更为显著。

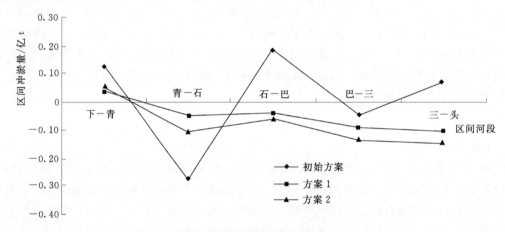

图 9-5　2010 年各方案各区间冲淤量变化过程

9.1.1.5　敏感性分析

选取梯级发电量、刘家峡汛前水位、兰州断面年供水量、区间冲淤量作为评定各调控目标的依据，对水沙调控各方案的敏感性进行分析。在其他变量、初始条件及约束条件不变的基础上，分析增加水沙调控的控制流量对各调控目标的影响。选取四维坐标系代表各调控目标，以梯级发电量、汛前水位、兰州断面供水量、各区间河段冲淤量为各目标的量化参数，箭头方向代表有利于该目标方向，箭头反方向代表不利于该目标方向，绘制 2010 年各水沙调控方案各调控目标变化过程，如图 9-6 所示。

由图 9-6 可知，一方面，随着水沙调控控制流量的增加，黄河上游龙羊峡、刘家峡梯级水库的弃水量增加，损失电量达到 6.81 亿 kW·h，直接发电效益损失 1.68 亿元；另一方面，水沙调控控制流量的增加，使得刘家峡水库的补给水量增加，水库在汛前的水位更低，更有利于刘家峡水库的防洪目标；兰州断面的供水量增加 7.42 亿 m³，在保证供水要求的基础上，更有利于黄河流域的水资源供需平衡目标；黄河上游沙漠宽谷河段各区间的冲刷总量由 0.26 亿 t 提高到 0.36 亿 t，水沙调控效果显著增强。因此，在 2010 年各水沙调控方案中，进一步加大水沙调控的控制流量，必然造成梯级水电站发电效益的损失，但以较小的电量损失，换取较大的输沙冲沙效果，不仅有利于维持黄河上游沙漠宽谷

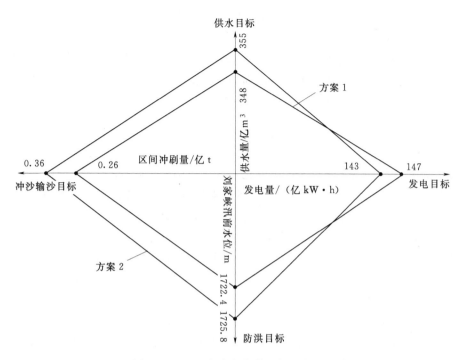

图 9-6　2010 年各方案各目标变化过程

河段河道冲淤的相对平衡，且更有利于供水、防洪、输沙冲沙目标的实现，是多目标求解问题的全局均衡解。

9.1.2　2020 远景年

2020 年作为远景年，不同的来水、供水、来沙、水库电站初始条件等决定了龙羊峡水库可供调沙水量的不同。根据 6.2 节的研究成果，在 2020 年为偏丰或丰水年时对黄河上游沙漠宽谷河段进行水沙调控，各方案的调控成果见表 9-2。

表 9-2　2020 年各方案计算结果

方案	龙羊峡弃水流量 /(m³/s)	刘家峡弃水流量 /(m³/s)	龙刘损失电量 /(亿 kW·h)	龙羊峡蓄补水量 /亿 m³	龙羊峡年末水位 /m	兰州断面供水量 /亿 m³	梯级发电量 /(亿 kW·h)	头道拐输沙量 /亿 t	区间冲淤量 /亿 t
方案 4	35	1195	7.47	41.90	2599.80	373.89	146.78	0.6036	−0.4678
方案 5	35	1195	7.46	41.90	2592.50	373.89	144.90	0.6036	−0.4678
方案 6	194	1253	9.16	−29.10	2579.70	360.77	140.28	0.6011	−0.4107
方案 7	194	1253	9.07	−29.10	2571.00	360.77	137.01	0.6011	−0.4107
方案 8	0	953	5.81	−23.40	2572.90	355.04	141.23	0.4984	−0.2993

按照水沙调控的控制流量，将 2020 年水沙调控方案可分为两部分：一部分是研究区域含沙量大于 7kg/m³、控制流量为 2580m³/s 的方案，如方案 4～方案 7；另一部分是研究区域含沙量小于 7kg/m³、控制流量为 2240m³/s 的方案，如方案 8。由于方案 4 与方案

5、方案 6 与方案 7 仅仅是龙羊峡水库起调水位的不同，龙羊峡水库来水、龙羊峡—兰州站区间来水引水、下河沿—头道拐区间河段的来水及引水、来沙引沙、水沙调控的控制流量等均未发生变动，使得龙羊峡、刘家峡水库的下泄流量以及黄河上游沙漠宽谷河段各控制断面的流量过程未发生变化，各控制段面的来沙情况也未发生变化。因此，研究区域的冲刷输沙效果是相同的。对于方案 8 与方案 7 而言，其对比分析规律与方案 1、方案 2类似。

9.1.2.1　发电

由于刘家峡水库的始末水位未发生变化，各方案梯级发电量的变化主要由龙羊峡水电站的运行情况决定。由表 9-2 可以看出，各方案中龙羊峡水库的补水量依次减少，龙羊峡水库的发电流量减小，龙羊峡水电站发电量减少，造成梯级发电量呈减少趋势。方案 4与方案 5、方案 6 与方案 7 中，梯级发电量的变化主要是龙羊峡水库运行水位的高低引起的。方案 4、方案 6 分别较方案 5、方案 7 的运行水位高，同一流量的发电量大，因此在同样的流量过程条件下，方案 4、方案 6 的梯级发电量均比方案 5、方案 7 分别增加 1.88亿 kW·h、3.27 亿 kW·h。方案 4 与方案 6 相比，即丰水年较偏丰水年相比，由于来水大，方案 4 龙羊峡水电站满发月份大于方案 6，加之方案 6 中龙羊峡、刘家峡水库的弃水量增加，发电量减小，梯级发电量相差 6.50 亿 kW·h。若将方案 4、方案 6 龙羊峡年末水位持平比较，方案 4 较方案 6 梯级发电量增加幅度更大，这主要归功于较大来水对梯级发电量增加的积极作用。对于方案 7 与方案 8，与 2010 年方案 2 与方案 1 的比较分析一致。水沙调控控制流量的减少，龙羊峡、刘家峡弃水量减少，加之龙羊峡水位升高，使方案 8 中梯级发电量较方案 7 增加 4.22 亿 kW·h，且龙羊峡水库年末水位较方案 7 抬高了1.9m。由此可以看出，龙羊峡、刘家峡梯级水库发电量的增加与水库来水、水库高水位运行以及弃水减少是分不开的，特别是来水，不仅可以保证梯级发电量的增加，而且还能够使得龙羊峡水库蓄水。

9.1.2.2　防洪、防凌

对于防洪目标的分析，图 9-7 给出了 2020 年各方案刘家峡水库的水位过程。可以看出，在汛前，刘家峡水库 7 月初水位均降至 1726m 以下，8 月水位一直在防洪限制水位

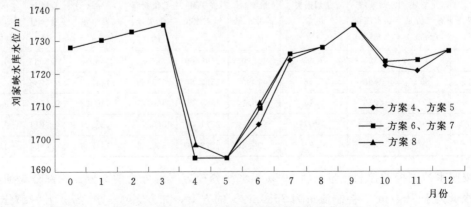

图 9-7　2020 年各方案刘家峡水库水位变化过程

1728m 以下，预留足够的防洪库容，以保证 2020 年的防洪安全。刘家峡水库水位在汛期利用预留的防洪库容蓄水运行，到汛末将水库水位蓄至较高水位运行。10 月初，刘家峡水库蓄至高水位，在流凌前，刘家峡水库 11 月的水位降至 1724m 以下，预留了足够的防凌库容进入防凌期，保证了各方案的防凌安全。在 2020 年年初，刘家峡水库水位为了保证开河期的小流量下泄，水位逐步抬高，蓄水量增加，在防凌安全不受到威胁的前提下，为水沙调控提供了充足的水量。因此，由 2020 年刘家峡水库水位变化过程可知，各方案能够保证汛期和凌期的防洪防凌安全，且刘家峡汛前水位主要由 6 月、7 月龙羊峡来水、泄水及兰州断面供水流量决定。

9.1.2.3 供水

为了深入分析防凌目标和供水目标，图 9-8 给出了 2020 年各方案兰州断面的流量过程。2020 年的水沙调控方案中，防凌期兰州断面的控制流量根据防凌预案中刘家峡水库的控泄流量推求得到，在封河期取各年最大值，保证宁蒙河段以大流量封河，开河期取各年最小值，保证断面的防凌安全。为了保证 2020 年沿黄各省（自治区）、二级区的工农业生态需求，2020 年兰州断面的供水量需达到 326 亿 m³，通过修正"87 分水方案"可得到 2020 年各月的供水流量。将 2020 年兰州断面要求的控制流量过程绘入各调控方案计算的兰州断面控制流量过程图中，以分析各方案防凌和供水情况。

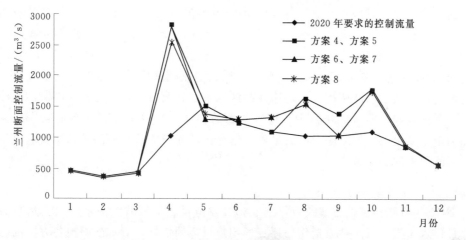

图 9-8　2020 年各方案兰州断面流量变化过程

由图 9-8 可以看出，从防凌期兰州断面流量控制而言，各方案兰州断面的流量严格按照要求的流量控制，能够保证凌汛期的防凌安全。从供水目标而言，各方案兰州断面的年供水总量分别为 374 亿 m³、361 亿 m³、355 亿 m³，达到了 326 亿 m³ 的供水总量要求。但部分方案的月供水控制流量未能达到要求供水流量。方案 6～方案 8 兰州断面 5 月的供水流量达不到 2020 年要求的控制流量 1508m³/s，其他月份流量均在要求的控制流量线以上；方案 4、方案 5 兰州断面的供水流量达到了要求值，能满足兰州断面 2020 年的供水要求。产生供水破坏月份的原因是：受 4 月水沙调控的影响，龙羊峡水库的补水量不足以满足输沙冲沙流量，刘家峡水库将库区水量放空以补充不足的输沙冲沙流量，到达 5 月后，刘家峡水库无水可补，而为了避免产生弃水，龙羊峡以满发流量 1200m³/s 进行下泄，加上龙羊峡—刘家峡区间和刘家峡—兰州站区间流量，方案 6～方案 8 中兰州断面的流量分别为 $1300\text{m}^3/\text{s}$、$1300\text{m}^3/\text{s}$ 和 $1382\text{m}^3/\text{s}$，不能够达到 $1508\text{m}^3/\text{s}$ 的供水要求，进而造成 5 月产生供水破坏。方案 4、方案 5 中兰州断面 5 月的供水流量之所以达到了要求流量，是因为丰水年区间来水较大，在龙羊峡满发的条件下，龙羊峡—刘家峡区间和刘家峡—兰州站区间来水补充流量 $308\text{m}^3/\text{s}$，使得兰州断面流量恰好达到了要求的流量，满足了供水需求。

因此，2020 年偏丰水年的情况下，当水沙调控控泄流量为 $2580\text{m}^3/\text{s}$ 时，受水沙调控和区间来水较少的影响，兰州断面 5 月的控制流量未能满足供水要求，产生供水破坏月份。直接原因是：刘家峡水库因水沙调控放空后无水可补，龙羊峡水电站在保证不弃水的情况下满发流量仅 $1200\text{m}^3/\text{s}$，加上区间流量少，达不到 5 月兰州断面的供水流量，故而产生破坏。在防凌期，兰州各断面流量能够满足要求的控泄流量，各方案的防凌安全能够得到保证。

9.1.2.4 水沙调控

对于各方案的水沙调控目标而言，由表 9-2 可以看出，在龙羊峡、刘家峡水库出库流量一定的条件下，各断面输沙量及各区间河段冲淤量主要取决于各河段区间入流和区间引水的变化量。变化量为正区间入流大于区间引水，各断面的水沙调控流量增加；反之，各断面的水沙调控流量减少。在丰水年，由于下河沿—头道拐河段区间入流大于区间引水，除龙羊峡、刘家峡补充的水沙调控流量外，区间来水使部分断面的流量增加，方案 4、方案 5 头道拐断面的输沙量以及下河沿—头道拐区间河段的冲刷量较方案 6、方案 7 分别增加 0.0025 亿 t 和 0.0571 亿 t，在龙羊峡、刘家峡水库相同的出库流量过程下，调度期内区间来水大的水沙调控方案的输沙冲沙效果得到改善。随着方案 8 中输沙冲沙流量的减少，含沙量和来沙量同步减少，使各断面的输沙量减少，区间冲淤量同步减少。由此，在确定了龙羊峡、刘家峡出库流量后，研究区域河段的输沙冲沙效果主要取决于区间来水、区间引水的变化量。

9.1.2.5 各方案敏感性分析

与 2010 年各水沙调控方案一致，选取梯级发电量、刘家峡汛前水位、兰州断面年供水量及月供水流量、区间冲淤量作为评定各调控目标的依据，对水沙调控各方案的敏感性进行分析，绘制 2020 年各水沙调控方案各调控目标及其变化过程，如图 9-9 所示。

与 2010 年不同，在供水目标的衡量参数中，除了兰州断面供水总量外，加入了各月流量（以 5 月为例）的控制值对供水过程量进行评比。当兰州断面供水总量满足 2020 年要求值后，对各月兰州断面流量进行分析，若不能满足各月供水控制流量，该方案为供水破坏方案。因此，2020 年各方案中以梯级发电量、刘家峡汛前水位、兰州断面供水总量及月流量、各区间河段冲淤量为各目标的量化参数，将 2020 年各水沙调控方案各调控目标绘入图中，不同方案相同调控目标的计算结果绘在同一点上，坐标轴上方数字表示水沙调控方案。

可以看出，在偏丰水年的方案 6～方案 8 中，兰州断面各月的供水流量未能达到目标值，造成供水目标破坏。可见，随着未来 2020 年黄河流域供水量的增加，水沙调控调度可能威胁供水安全，供水与水沙调控目标存在潜在矛盾，要保证供水目标，要么梯级水库群弃水流量增

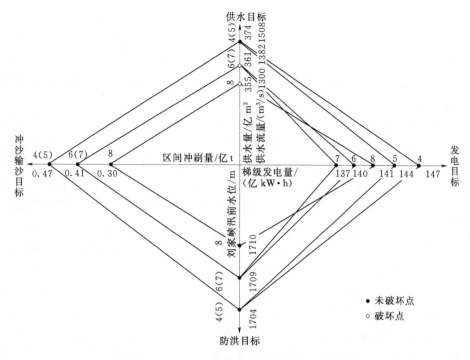

图 9-9   2020 年各方案各目标变化过程

加，要么区间冲刷流量减小，发电或水沙调控目标势必受到负面影响。兰州断面供水总量越大，刘家峡水库汛前水位越低，越能保障汛期的防洪安全。此外，随着水沙调控控制流量的增大，发电弃水量增大，不利于偏丰水年的发电目标，与 2010 年得到的结论一致。

在 2020 年丰水年调控计算结果中，随着来水的增加，龙羊峡水库可调水量与可调冲沙水量增加，在丰水年情况下水沙调控方案均实现了各调控目标。特别地，由于区间来水增加，恰好达到了兰州断面各月要求的供水流量，方案 4、方案 5 均满足了黄河干流供水要求，且其他调控目标均优于偏丰水年的调控结果。

9.1.3   2030 远景年

2030 年水沙调控方案集的计算与 2020 年类似，在 2030 年为偏丰水年、龙羊峡水库起调水位为 2580m、水沙调控的控制流量分别为 2580m³/s、2240m³/s 的条件下，对黄河上游梯级水库群水沙联合调度模型进行求解。唯一不同的是兰州断面的供水量由 326 亿 m³ 减少到 323 亿 m³，其供水过程也发生了变化。各优化调度方案的调控成果见表 9-3。

表 9-3   2030 年水沙调控方案计算结果

方案	龙羊峡弃水流量/(m³/s)	刘家峡弃水流量/(m³/s)	龙羊峡、刘家峡损失电量/(亿 kW·h)	龙羊峡蓄补水量/亿 m³	龙羊峡年末水位/m	兰州断面供水量/亿 m³	梯级发电量/(亿 kW·h)	头道拐输沙量/亿 t	区间冲淤量/亿 t
方案 10	388	1253	10.62	-34.20	2569.20	366.90	135.83	0.6011	-0.4107
方案 11	112	953	6.62	-26.30	2571.90	358.97	137.01	0.4984	-0.2993

2030 年各水沙调控方案是在偏丰来水的情况下，不同水沙调控流量的计算结果，与 2010 年方案 1 与方案 2、2020 年方案 7 与方案 8 类似。与 2020 年相比，不同之处在于兰州断面供水总量，且 2030 年各水沙调控方案均满足了各月兰州断面的供水流量；与 2010 年相比，来水、供水、龙羊峡水库起调水位发生了变化。由表 9-3 可以看出，方案 10、方案 11 的水沙调控效果分别与方案 7、方案 8 一致，主要原因是：在龙羊峡来水、区间来水、输沙冲沙流量相同的情况下，下河沿—头道拐区间河段的来沙、区间流量是相同的，因此，各断面的输沙量、区间冲淤量未发生变化。

与其他各年水沙调控成果分析方法类似，对 2030 年各调控方案的发电、防洪防凌、输沙冲沙等目标进行深入分析。在保证防洪、防凌安全的基础上，2030 年各方案的梯级发电量分别为 135.83 亿 kW·h 和 137.01 亿 kW·h，龙羊峡、刘家峡水库的弃水流量有所增加，损失电量分别达到了 10.62 亿 kW·h 和 6.62 亿 kW·h，直接发电损失达 2.41 亿元、1.50 亿元。弃水流量由水沙调控期间补充输沙冲沙流量和供水初期补充兰州断面供水流量两部分组成，其中由于供水产生的弃水流量仅由龙羊峡水库承担，分别是 194m³/s、112m³/s；补充冲沙水量的弃水由龙羊峡、刘家峡共同承担。兰州断面的供水量达到了偏丰水年最大，分别为 366.90 亿 m³、358.97 亿 m³，满足了供水总量和各月供水流量要求。输沙冲沙效果显著，各方案的区间冲刷量分别为 0.4107 亿 t 和 0.2352 亿 t，研究区域河段得到了很好的冲刷，各调控目标均在不同程度上得以实现。

9.1.3.1 2030 年与 2020 年对比分析

通过对 2020 年兰州断面供水破坏原因的分析，采用增加供水期龙羊峡水库下泄流量和减小水沙调控期控制流量的方法，在 2030 年水沙调控方案的计算中，避免了供水流量破坏月份的产生。

首先，在方案 10 中，通过增加供水期龙羊峡水库的下泄流量，满足了兰州断面各月的供水流量。此时，龙羊峡水库不仅在水沙调控期产生弃水，在供水期也产生了弃水。与方案 7 相比，龙羊峡弃水流量增加 194m³/s，刘家峡弃水流量不变。受供水期龙羊峡水库增大流量向下游供水的影响，龙羊峡水库年补水量达到了 34.20 亿 m³，较方案 7 增加 5.10 亿 m³，年末水位下降 1.8m，梯级发电量减少 1.18 亿 kW·h，龙羊峡、刘家峡损失电量增加 1.55 亿 kW·h。但龙羊峡水库供水期补水使兰州断面供水量提高了 6.13 亿 m³，更重要的是 5 月兰州断面的供水量达到了要求的 1494m³/s，各月要求流量均未破坏。

其次，在方案 11 中，通过减小水沙调控期控制流量和增加供水期龙羊峡水库的下泄流量两种手段，满足了兰州断面各月的供水流量。与方案 10 相比，方案 11 降低了水沙调控的控制流量，由 2580m³/s 降至 2240m³/s，此时刘家峡水库水位由水沙调控初期的 1735m 降至 1698.30m，并未完全放空，水库预留了 2.26 亿 m³ 的水量以补充供水初期的流量。通过分析，除刘家峡水库利用剩余水量补充兰州断面供水水量的 2.26 亿 m³ 外，还需 2.94 亿 m³ 以满足兰州断面 5 月的供水水量。因此，龙羊峡水库在 5 月满发的情况下增加出库流量 112m³/s 下泄，产生弃水流量，以满足兰州断面供水初期的各月流量。

图 9-10 给出了 2030 年各水沙调控方案兰州断面的流量过程。由图 9-10 可以看出，

2030年各水沙调控方案中兰州断面流量均达到了兰州断面2030年要求的控制流量，在凌期严格按照防凌预案要求的流量过流，以保证各方案的防凌安全；在水沙调控期兰州断面流量达到了最大值，以满足下游河段的水沙调控要求；进入汛期后供水流量大于要求流量，汛末刘家峡水库为了将水位蓄至高水位，仅以供水流量的下限值下泄，汛期结束前刘家峡水库以满发下泄流量，兰州断面流量仅次于水沙调控期的控制流量，以满足高水头集中发电的发电目标；进入流凌期后，刘家峡水库严格按照防凌预案下泄，兰州断面过水流量减小，此时供水目标让步于防凌目标，以保证宁蒙河段的防凌安全。

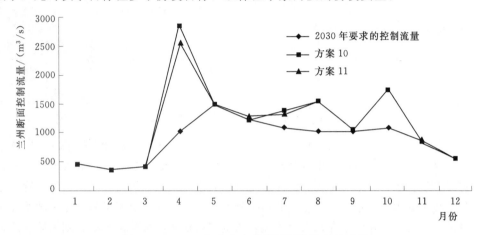

图 9-10　2030年各方案兰州断面流量变化过程

9.1.3.2　2030年与2010年对比分析

2030年水沙调控方案中，方案10、方案11的对比分析规律与2010年方案2、方案1类似，这里不以赘述。与2010现状水平年水沙调控方案的计算结果相比，2030年各方案在龙羊峡水库来水、起调水位、兰州断面供水流量、各站区间来水等初始和约束条件上有所不同，但随着控制流量的增加，对水沙调控各目标的影响规律是相同的。

与方案2相比，方案10中龙羊峡水库来水较多，在龙羊峡水库满足控制流量的基础上，还承担起供水期水量的补给，使兰州断面供水量由方案1的347.74亿 m^3 提高到2030年的358.97亿 m^3，增加供水总量11.23亿 m^3。此外，为了达到兰州断面各月供水流量要求，龙羊峡水库在供水初期以超出最大过机流量的流量下泄，较方案2多产生弃水194m^3/s，使兰州断面5月的供水流量由方案2的1100m^3/s提高到方案13的1494m^3/s。供水流量的增加对于刘家峡水库供水期的弃水没有影响。影响龙羊峡、刘家峡弃水流量的另一因素是水沙调控期间的区间入流与区间引水的流量变化量。为了保证黄河上游沙漠宽谷河段水沙调控效果，三湖河口断面最小流量不得小于2580m^3/s。由于2010年、2030年龙羊峡—刘家峡区间、刘家峡—兰州站区间以及下河沿—头道拐区间支流汇入和区间引水不同，由三湖河口断面反推到上游各断面及龙羊峡、刘家峡水库下泄流量不同，如图9-11所示。

可以看出，水沙调控期间，方案2中各区间流量大，区间引水少，刘家峡水库控泄流量为2698m^3/s。方案10中，虽然龙羊峡来水较2010年多，但2030年偏丰水年情况下下河沿—头道拐区间来水少，区间引水量大，使刘家峡水库的控泄流量达到了2805m^3/s，以便满

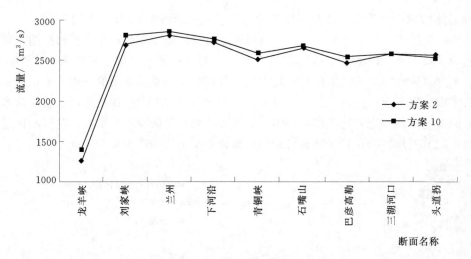

图 9-11 不同方案各控制断面流量变化过程

足区间引水和水沙调控需要。刘家峡水库下泄流量的不同，决定了水沙调控期间刘家峡水库不同的弃水流量。由于满足区间引水和水沙调控需要的刘家峡下泄流量远远大于其最大过机流量，势必产生弃水，弃水流量为控泄流量与刘家峡水库最大过机流量之差。当刘家峡水库补水流量与龙羊峡满发流量补水流量之和达不到刘家峡水库的控泄流量时，龙羊峡水库下泄流量超过最大过机流量，产生弃水，弃水流量为刘家峡控泄流量与龙羊峡、刘家峡水库最大过机流量之差。因此，方案 10 中龙羊峡、刘家峡水库的弃水流量均大于方案 2。

图 9-11 中，由于方案 10 下河沿—头道拐区间河段各断面控制流量大于方案 2，水沙调控期间含沙量增加，各断面输沙量增加，使区间冲刷量增加。由表 9-3 与表 9-1 比较可知，相同水沙调控控制流量下，受黄河上游沙漠宽谷河段区间来水、区间引水影响，丰水年各控制断面的流量略大于现状水平下水沙调控的控制流量，各区间冲刷量由方案 2 的 0.3851 亿 t 增加到 0.4107 亿 t，水沙调控效果显著提高。对于头道拐断面输沙量而言，方案 2 的输沙冲沙流量为 2570m³/s，较大于方案 10 的 2540m³/s，头道拐断面输沙量有所减小，但其他断面的输沙量均有不同程度的增加。总体而言，2030 年水沙调控方案的水沙调控效果优于 2010 年，但产生了较大损失电量。

随着水沙调控控制流量的减小，龙羊峡、刘家峡水库弃水流量减小，损失电量减少，龙羊峡水库年末水位增加，梯级水电站蓄能增加，兰州断面供水总量减少，各控制断面水沙调控的控制流量减少，区间冲刷量下降，水沙调控效果大打折扣。以方案 11 与方案 1 为例。2030 年兰州断面供水流量增加，龙羊峡加大流量补水产生弃水。由于输沙冲沙流量减小，刘家峡水库向兰州断面的补水增加，降低了龙羊峡水库的弃水流量及损失发电量。但由于龙羊峡起调水位低，发电耗水率高，加上弃水流量增加，使龙羊峡、刘家峡梯级发电量较方案 1 减少了 5.82 亿 kW·h。在来水较丰情况下，龙羊峡水库补水量减少 42.5 亿 m³，且年末水位较方案 1 抬高 1.0m，梯级蓄能增加。在水沙调控效率上，方案 11 明显优于方案 1，和方案 10 与方案 2 的对比分析规律一致。

9.1.3.3 各敏感性分析

与 2010 年各水沙调控方案不同，2030 年选取梯级发电量、梯级蓄能、损失电量、龙羊峡和刘家峡弃水流量作为评定各方案发电目标的指标参数，选取兰州断面年供水量及月供水流量作为评定各方案供水目标的指标参数，从发电、供水、防洪防凌、水沙调控等调控目标出发，对水沙调控各方案的敏感性进行分析，绘制 2030 水沙调控方案各调控目标及其变化过程，如图 9-12 所示。

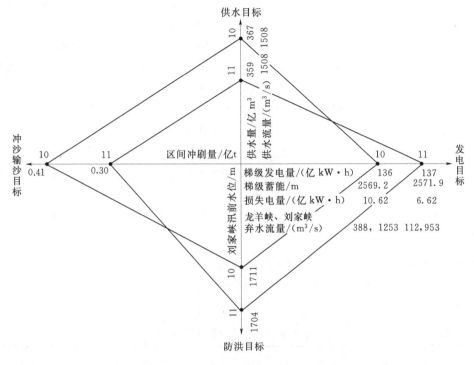

图 9-12 2030 年各方案各目标变化过程

可以看出，为了满足兰州断面各月供水流量要求，一方面可以增加供水期龙羊峡水库的下泄流量，但会引起发电目标中龙刘弃水流量增加，导致损失电量增加，梯级蓄能减少，梯级水电站群发电量减少，且刘家峡汛前水位增高，不利于防洪目标；另一方面可以减小水沙调控的控制流量，引起水沙调控目标中区间冲刷量的减小，但有利于防洪目标和发电目标。当水沙调控的控制流量增加时，有利于水沙调控和供水目标，特别是供水总量；不利于刘家峡水库防洪以及梯级水电站的发电目标。此外，2030 年水沙调控方案中，随着控制流量的增加，水沙调控和供水目标突出，发电和防洪目标弱化。可见，要充分满足供水目标，必然要牺牲发电或水沙调控目标。

9.2 不同调控主体的水沙调控计算结果分析

9.2.1 龙羊峡、刘家峡调控计算结果分析

上节所计算的水沙调控方案中，方案 1～方案 2、方案 4～方案 8、方案 10～方案 11均为调控主体是龙羊峡、刘家峡时的调控计算结果。鉴于篇幅所限，本节不再枚举，重点

就黑山峡水库参与黄河上游沙漠宽谷河段水沙调控后的调控成果予以介绍和分析。

9.2.2　龙羊峡、刘家峡、黑山峡调控计算结果分析

考虑正在规划的黑山峡水利工程建设投产后，参与黄河上游沙漠宽谷河段水沙调控的情况。因此，参与水沙调控的水库在未来远景年中有龙羊峡、刘家峡和黑山峡。将黑山峡水库暂按一级开发模式考虑，参与梯级水库群水沙联合调度计算。

根据 4.1.2 节黑山峡水库投产运行后水沙调控运行方式可知，黑山峡水库投产运行后，对龙羊峡、刘家峡水库的下泄流量进行反调节。对于研究区域水沙调控而言，黑山峡水库参与水沙联合调度，可更为准确地控制下河沿断面以下河段的断面流量，消除刘家峡水库长距离水沙调控中水流时滞效应对水沙调控的影响。由龙羊峡、刘家峡水库水沙调控各方案的计算结果，刘家峡水库控制着兰州断面的下泄流量，进而控制着下游沙漠宽谷河段水沙调控的控制流量。由于控制流量大，刘家峡水库下泄流量大于最大过机流量产生弃水，造成发电量、发电效益的损失。黑山峡参与水沙联合运行后，下游断面流量控制的主体由黑山峡承担。由于黑山峡水电站装机容量大，最大过机流量大，可有效减少龙羊峡—刘家峡区间以及刘家峡以下梯级水电站群水沙调控期间的弃水流量，增加梯级水电站群的发电效益。

9.2.2.1　龙羊峡、刘家峡、黑山峡调控方案计算结果

按照龙羊峡、刘家峡、黑山峡水库水沙调控运行方式，对表 6-7 中黄河上游沙漠宽谷河段水沙调控方案集中的方案 9、方案 12 进行计算，计算结果见表 9-4。

表 9-4　　　　　　　　　黑山峡参与水沙调控的计算结果

方案	龙羊峡、刘家峡弃水流量/(m³/s)	黑山峡弃水流量/(m³/s)	龙羊峡年末水位/m	龙羊峡补水量/亿 m³	黑山峡损失电量/(亿 kW·h)	黑山峡补水量/亿 m³	兰州断面供水量/亿 m³	梯级发电量/(亿 kW·h)	区间冲淤量/亿 t
方案 9	0	894	2575.80	14.56	7.17	14.46	331.80	251.77	−0.4107
方案 12	0	594	2577.80	8.20	4.77	3.86	325.29	246.85	−0.2993

9.2.2.2　调控成果分析

由方案 9、方案 12 的计算结果可知，与方案 7、方案 11 同等条件下龙羊峡、刘家峡水库参与水沙调控相比，黑山峡参与水沙调控后，各区间泥沙冲刷量无增减，水沙调控效果无变化，对黄河上游沙漠宽谷河段的水沙调控目标无影响，对发电、供水、防凌防洪等目标有明显的改变。主要原因是：由黑山峡水库控制的黄河上游沙漠宽谷河段入口下河沿断面的流量未发生变化，加之下河沿—头道拐河段的区间来水、引水与同等条件下的水沙调控方案一致，因此，各断面的调控流量不变，含沙量不变，冲淤效果与对应方案相同。

黑山峡水库参与水沙调控，主要贡献在于减少了整个梯级水库群的弃水流量，不仅避免了龙羊峡、刘家峡水库产生弃水，黑山峡水库弃水流量较原方案中梯级弃水流量大幅减少。方案 7 中龙羊峡、刘家峡水库弃水流量分别为 194m³/s、1253m³/s，方案 9 中龙羊峡、刘家峡水库无弃水流量，且黑山峡水库的弃水流量仅 894m³/s，引起龙羊峡、刘家峡

梯级水电站的损失电量由 29.1 亿 kW·h 减少到 7.17 亿 kW·h。在来水不变的情况下，龙羊峡水库水位由 2571m 增加到 2575.80m，梯级水库群蓄能大幅增加。随着黑山峡水电站投产运行，龙羊峡、刘家峡梯级水电站年发电量较方案 7 增加 5.08 亿 kW·h，不计龙羊峡、刘家峡区间水电站增发电量，直接增加发电效益 1.15 亿元。从发电目标而言，黑山峡水库参与水沙调控运行，解放了刘家峡水库，释放了龙羊峡、刘家峡梯级水库群的发电约束，不计黑山峡水电站自身发电量外，极大地增加了龙羊峡、刘家峡梯级水电站群的发电效益，对实现发电目标、增发电量做出了积极贡献。

从供水目标而言，方案 7 兰州断面年供水总量为 360.77 亿 m³，较方案 9 的 331.80 亿 m³ 多，均满足了 2020 年兰州断面的年供水总量 326 亿 m³ 的要求，但方案 7 在供水初期的 5 月未能满足月供水流量要求，造成方案 7 供水安全破坏。黑山峡水库参与运行后，在满足全年供水总量的前提下，各月供水控制流量达到要求值，保证了兰州断面各月的供水安全。水沙调控期间，刘家峡水库按照满发流量下泄，不足的水沙调控控制流量由黑山峡水库补给。进入供水期前，刘家峡水库水位降至 1728.80m，水库未放空。进入供水期后，刘家峡水库严格按照各月兰州断面要求的供水流量下泄，保证了兰州断面各月的供水安全。因此，就供水目标而言，黑山峡水库避免了兰州断面供水不足的缺陷，保障了黄河全流域的供水安全。

通过龙羊峡、刘家峡、黑山峡梯级水库群联合运行，以往由刘家峡水库承担的防洪防凌任务由黑山峡水库承担，依靠其较大的防洪、防凌库容，黑山峡水库参与水沙调控梯级水库群水沙调控运行，更有利于保障下游的防洪、防凌安全。黑山峡水库位于宁夏中卫市、下河沿水文站上游，已进入黄河宁夏河段，能够更为精确地控制宁蒙河段封河、开河期的流量，有效减少防凌期宁蒙河段封河长度。由各方案计算结果：进入防凌期，刘家峡、黑山峡水库预留了足够的防凌库容，黑山峡水库严格按照防凌预案要求的控泄流量下泄，完全能够保障宁蒙河段的防凌安全。对于防洪目标而言，黑山峡水库的投产运行，增加了黄河上游梯级水库群，特别是上游下段河段的防洪库容，在龙羊峡、刘家峡梯级水库群满足下游防洪安全的基础上，黑山峡水库通过与龙羊峡、刘家峡联合运行，更有利于下游防洪目标的实现，无疑在保障黄河上游防洪安全中扮演着重要的角色。

方案 12 与方案 11 相比，和方案 9 与方案 7 具有同样的规律，且方案 9 与方案 12 纵向比较，和方案 7 与方案 11 均有类似的规律，鉴于篇幅所限，这里不以赘述。

由上述分析，黑山峡水库参与梯级水库群水沙联合调度运行后，水沙调控效果与以往方案并无差别，但黑山峡水电站投产运行后，刘家峡水库的调度方式必将改变。在水沙调控的发电、供水、防洪防凌等调控目标中，方案 9、方案 12 均优于同等条件下的水沙调控方案，从一定程度上说明了黑山峡水库在黄河上游梯级水库群中的贡献和重要地位，但对于黑山峡水库规划、施工及其投产，还应从黄河全流域水资源调配、黑山峡水库合理库容、水库移民、文物保护等多方面综合论证，本节就黑山峡水库梯级方案论证不进行深入探讨。

9.3 不同调控手段组合的水沙调控计算结果分析

由 2.2.1 水沙调控的途径，区别于水库的水沙调控，本节以"固-拦-调-放-挖"作为黄河上游沙漠宽谷河段水沙综合治理手段，设置了方案集，对各调控手段在研究区域河道泥沙治理过程中的贡献进行深入分析。与水库"调"沙不同，受不同河段水土保持固沙拦沙、挖沙等调控力度不同的影响，其他调控手段的水沙治理效果很难量化。因此，不同调控手段的调控成果的定量分析是非常困难的。

对于黄河上游沙漠宽谷河段而言，不同区间河段的水沙关系不同，冲淤变化亦不同。因此，在不同的区间河段，采取的水沙治理手段或途径也有所侧重。由 5.1 水沙规律的研究成果可知，受来沙、河道比降、河道形态等多因素影响，水沙关系最为复杂、河道淤积最为严重的区域位于巴彦高勒—头道拐区间。巴彦高勒—头道拐是黄河上游沙漠宽谷河段的危险河段，在此区间形成的 268km 的"悬河"就是最好的例证。本节将水沙综合治理手段实施的对象确定为研究区域的巴彦高勒—头道拐区间河段，旨在通过各调控措施，改善黄河上游内蒙古河段恶化的水沙关系，维持河道冲淤的相对平衡，缓解悬河带来的河道防洪、防凌安全压力，最终达到量化各水沙调控手段调控效果的目标。

由上述分析，本节以巴彦高勒—头道拐区间河段为研究对象开展水沙综合治理，分别考虑龙羊峡、刘家峡（黑山峡）梯级水库群水沙调控，黑山峡、海勃湾水库拦沙，十大孔兑固沙拦沙，乌兰布和沙漠放淤，区间河段挖沙减淤等方式，对不同河段采取不同的调控手段进行水沙的综合治理。其中，黄河上游梯级水库群的"调"以人造可控洪峰为手段，通过改变河道的来水情况，塑造和谐水沙关系，对进入黄河干流的细颗粒泥沙进行调节、输送。当水库水沙调控能力有限或区间河道淤积严重时，需要多调控手段并用，以在最短时间内改善河道冲淤形态。因此，"固-拦-放-挖"等水沙调控手段可以从根本上减小入黄沙量或者河道泥沙，减少河道泥沙的淤积量，直接达到缓解河道的淤积压力。此外，进入各断面的沙量减小，同样的流量情况下的含沙量降低，梯级水库群"调"的冲刷量增加，更有利于维持河道冲淤的基本平衡，在一定程度上能够实现沙漠宽谷河段河道淤积向河道冲刷的转变。

在水库拦沙过程中，主要的主体为黑山峡和海勃湾水库。通过黑山峡、海勃湾水库拦沙库容的调节，可以使进入黑山峡下游的下河沿断面、海勃湾水库下游的巴彦高勒断面的含沙量减少，进而控制进入断面的泥沙总量，减小的幅度按照"拦"调控方式的力度大致给出。在十大孔兑固沙拦沙过程中，主要减少各支流进入干流的沙量。由于水沙调控期间正值凌汛结束，支流沙量少。因此，十大孔兑固沙拦沙对干流断面的含沙量影响不大。对于乌兰布和沙漠放淤而言，可以直接减少河道中的泥沙，使得各断面含沙量减少，减小的幅度按照"拦"调控方式的力度大致给出。在巴彦高勒—头道拐区间河段进行挖沙减淤过程中，主要针对河道中的粗砂进行处理，可直接减少已经淤积在河道中的泥沙，变相增加河道区间的冲刷量，但对断面含沙量影响不大。挖沙力度受投入人力、物力、经费等影响，可实现人为控制。

由以上分析，"固-拦-放-挖"等调控手段或减少了进入各断面的沙量，或减少了河段中淤积的沙量，或减小了各断面的含沙量，且各调控手段及其组合方式对研究区域水沙影响的侧重点也不同，但各调控手段的调控力度很难定量描述，情况十分复杂。鉴于此，本节将"固-拦-放-挖"等调控手段统一考虑，将"固-拦-放-挖"各调控手段对各断面含沙量以及区间引沙量的影响进行大概折算，以获得定量的水沙调控成果。通过对各方案计算结果的分析，最终获得不同调控手段对水沙调控效果的影响。

9.3.1 调沙方案计算结果分析

水沙调控方案3、方案13为"固-拦-调-放-挖"综合调控手段下的调控方案，见表6-7。其中，方案3为龙羊峡、刘家峡为调控主体条件下，采用"固-拦-调-放-挖"等综合调控手段进行水沙调控，调控力度较小，即考虑固沙、拦沙调控手段的条件下，该方案的水沙调控控制流量为2580m³/s，各断面来沙量在原有基础上减少10%，考虑区间放淤、挖沙调控手段的条件下，区间引沙量在原有基础上增加20%；方案13为龙羊峡、刘家峡、黑山峡为调控主体条件下，采用"固-拦-调-放-挖"等综合调控手段进行水沙调控，调控力度为两颗星，表示该方案下水沙调控控制流量为2580m³/s，各断面含沙量在原有基础上减少20%，区间引沙量增加40%。

由于各方案下黄河上游梯级水库群运行未发生变化，在同一流量过程下，发电、供水、防洪防凌目标如方案2、方案10，均能满足各调控目标的要求。因此，在各控制断面的控制流量不变的情况下，本节就各控制断面及区间河段的水沙调控计算结果进行展示，见表9-5和表9-6，以便对不同调控手段对各断面水沙调控结果的影响进行分析，确定各调控手段对调控结果的贡献程度。

表9-5　　　　　　　　　方案3的计算结果

断面	下河沿	青铜峡	石嘴山	巴彦高勒	三湖河口	头道拐
流量/(m³/s)	2730	2510	2650	2467	2580	2570
含沙量/(kg/m³)	3.187	3.852	3.906	4.428	6.264	7.506
来沙量/亿t	0.2255	0.2506	0.2683	0.2831	0.4189	0.5000
输沙量/亿t	—	0.1898	0.3355	0.2966	0.4254	0.5730
区间变化量/亿t	−0.0028	−0.0028	−0.0265	−0.0050	−0.0132	
区间冲淤量/亿t	0.0329	−0.0877	−0.0548	−0.1473	−0.1673	
总冲淤量/亿t			−0.4242			

表9-6　　　　　　　　　方案13的计算结果

断面	下河沿	青铜峡	石嘴山	巴彦高勒	三湖河口	头道拐
流量/(m³/s)	2730	2510	2650	2467	2580	2570
含沙量/(kg/m³)	2.68	3.50	3.47	3.94	5.57	6.56
来沙量/亿t	0.1927	0.2352	0.2415	0.2595	0.3724	0.4319
输沙量/亿t	—	0.1691	0.3277	0.2712	0.4479	0.5242
区间变化量/亿t	−0.0032	−0.0032	−0.0309	−0.0059	−0.0154	
区间冲淤量/亿t	0.0204	−0.0957	−0.0607	−0.1943	−0.1672	
总冲淤量/亿t			−0.4975			

9.3.2 减沙方案计算结果分析

在"固-拦-调-放-挖"综合调控手段下调控方案的计算结果中，随着水库拦沙、十大孔兑拦沙固沙等水沙调控手段的介入，进入各河段的含沙量减少，引起来沙量减少。方案 3 与方案 2 相比，各断面的含沙量明显减小，进入下河沿—头道拐区间河段的来沙量减少。说明水库拦沙、十大孔兑拦沙固沙等水沙调控手段，能够从根本上减少入黄沙量，间接减少区间河段的淤积量，对维持河道冲淤相对平衡、减缓河道淤积速度，做出了积极贡献。

由各断面输沙率与流量、上游站含沙量的关系可知，当上游站含沙量减少时，断面的输沙率减少，引起各断面的输沙量减少，但来沙量与输沙量的差值增加，即区间冲淤量增加。由表 9-5 与表 9-1 对比分析可以看出，方案 3 较方案 2 各断面的输沙率、输沙量明显减少，但方案 3 在"固-拦-调-放-挖"综合调控手段下，下河沿—头道拐区间河段的冲刷量增加增幅达到了 10.2%。其中，在水沙调控期间由挖沙、放淤减少河道中的泥沙 0.0214 亿 t；由梯级水库群水沙联合调度的冲刷量达到了 0.4242 亿 t，较方案 2 增加冲刷量 0.0391 亿 t。将各调控手段的减沙、调沙效果绘制成图，如图 9-13 所示。

可以看出，在黄河上游沙漠宽谷河段水沙调控中，水库调沙向下游输送泥沙 0.4028 亿 t，效果最好；通过固沙、拦沙减少入黄沙量 0.2043 亿 t，起到了很好的减沙作用。由于水沙调控调度期选在了防凌结束后，区间引沙少，即使在原有基础上增加 20%，对各河段泥沙的区间变化量不大，造成放淤、挖沙效果不明显。由上述分析可知，"调"在黄河上游沙漠宽谷河段水沙调控中承担主要水沙调控任务，其他调控手段可作为辅助手段参与到水沙调控过程中。

与方案 10 相比，考虑"固-拦-调-放-挖"综合调控手段的水沙方案，无论是区间调沙输沙量还是区间减沙量，均优于仅考虑"调"的水沙方案。水沙调控期间，通过挖沙、放淤手段减少淤积泥沙量 0.0298 亿 t；通过水库拦沙、十大孔兑拦沙、固沙等水沙调控手段，减少入黄沙量 0.4357 亿 t；通过水库调沙手段输送泥沙 0.4975 亿 t，较方案 10 增加 0.0868 亿 t，增幅 21%。各调控手段的减沙、调沙效果如图 9-14 所示。

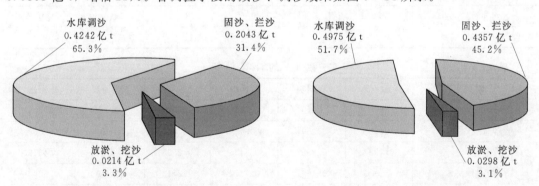

图 9-13　方案 3 各调控手段减沙、冲沙效果　　图 9-14　方案 13 各调控手段减沙、冲沙效果

可以看出，随着黑山峡参与水沙联合调控，下河沿断面含沙量减少的幅度越来越大，加上海勃湾水库对巴彦高勒以下断面含沙量的控制，以及对十大孔兑支流来沙的控制，使各断面含沙量在原有基础上减少 20%。较强的固沙、拦沙调控力度，对减少入黄沙量的贡献也格外明显。方案 13 中，通过固沙、拦沙手段减少的入黄沙量达到了 0.4357 亿 t，是方案 3 的两倍多，且仅比水库调沙输送的沙量少 0.0618 亿 t。

可见，各断面含沙量减少 20％，较含沙量减少 10％的方案 3 入黄沙量将减少 50％。此外，"调"作为水沙调控的主要手段，对河道中的细颗粒泥沙能够起到很大的调节作用，虽然依旧占据着主导地位，但要改善来沙量较大时河道的冲淤形态，必须从根本上减少入黄沙量。否则，随着黄河全流域水资源供需矛盾的加剧，黄河上游有限的水资源难以负担源源不断的冲沙要求。因此，必须坚持以"调"为主体，"固-拦-放-挖"等多种调控手段为辅，才能够保证水沙调控的可持续性。

9.4 本 章 小 结

水沙调控成果是各方案不同调控目标的计算结果，是设置的水沙调控情景在实际运行中的体现，是分析水沙调控指标对各调控目标影响的重要依据。本章对设置的水沙调控方案集进行水沙联合优化调度计算，获得了不同年份、不同调控主体、不同调控手段情景下水沙调控的初步成果，通过对各水沙调控方案进行深入分析，得出了以下结论：

（1）作为不同含沙量、不同调控流量下的调控成果，2010 年水沙调控方案 1、方案 2 是水沙调控各目标的全局均衡解，且随着调控流量的增加，梯级水电站群的损失电量增加，水沙调控目标与发电目标存在明显的对立关系，但以较小的电量损失换取较大的输沙冲沙效果，是可取的、可行的。

（2）随着黄河上游向下游供水量的增加，2020 远景年各水沙调控方案兰州断面的控制流量增加。在丰水年，由于龙羊峡来水和区间来水较丰，恰好能够满足各月的供水要求。然而，受此影响，在保证水沙调控目标的前提下，偏丰水年的水沙调控方案虽能满足兰州断面的总供水量，但在梯级水库群水沙联合的运行方式下，部分月份兰州断面的流量达不到供水要求，造成供水安全破坏。水沙调控目标与发电和供水目标相对立。在 2020 远景年中，采取增加供水期龙羊峡水库下泄流量和减小水沙调控期控制流量的方法，保证了兰州断面供水总量和供水过程流量，但引起了弃水流量的增加，梯级水电站群发电量、蓄能以及研究区域区间冲刷量的减少。

（3）黑山峡水库参与水沙联合调控运行后，受下河沿—头道拐区间河段来水、来沙、引水、引沙等条件未发生变化影响，各水沙调控方案的水沙调控效果与以往方案并无差别，但在发电、供水、防洪防凌等调控目标中，各方案均优于同等条件下仅龙羊峡、刘家峡参与水沙调控的方案，从一定程度上说明了黑山峡水库在黄河上游梯级水库群中的贡献和重要地位。

（4）通过"调"与"固-拦-调-放-挖"综合调控手段下调控方案的对比分析可知："固-拦-调-放-挖"调控方案不仅增加了黄河上游沙漠宽谷河段的输沙量，且通过水土保持、防风固沙、沙坝拦沙、放淤挖沙等调控手段，能够大幅减少入黄沙量，减轻黄河干流沙漠宽谷河段的淤积压力，具有举足轻重的贡献。

第 10 章　水沙调控潜力
与调控对策研究

　　水电站运行模式的不同，梯级水库群的水沙调控能力和潜力不同。本章在不同的运行模式条件下，在不同的水平年情景下，采用自迭代模拟优化算法，求解梯级水库可调水量最大模型，获得不同运行模式、不同情景下的可调水量和水沙调控潜力，推荐最佳的梯级水库运行模式，提出维持黄河上游河道冲淤相对平衡的水沙调控对策，为流域管理部门提供合理、科学、可行的决策依据。

10.1　水库运行模式与情景设置

10.1.1　水库运行模式

　　4.1 节中分析了龙羊峡、刘家峡水库年内的运行方式。在此基础上，考虑到梯级水库群规划、投产、运行的目的和水资源供需对运行方式的影响，本节构建 4 种水库运行模式，即理想模式、以水定电模式、兼顾发电模式和实测模式，分析不同运行模式下长系列梯级水库的可调水量，以获得梯级水库水沙调控的长系列调控潜力。

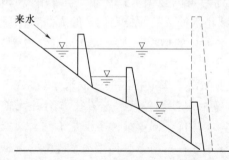

图 10-1　理想模式水库运行示意图

　　模式 1：理想模式。假想黄河上游有座无限大的水库，如图 10-1 所示，在满足流域"三生"供水要求的前提下，多余的水量全部蓄库。理想模式采用 1956—2010 年的长序列进行计算，采取水量平衡方法，计算结果是可调水量的极大值和水沙调控潜力的极限值，可作为理论参考。

　　模式 2：以水定电模式。水库按黄河流域"三生"供水要求放水，供水时发电，多供多发、少供少发、不供不发。以水定电模式采用 1956—2010 年的长序列进行计算，以满足黄河流域兰州断面的供水需求过程和供水保证率为调控目标，不考虑水电站的保证出力等发电指标。

　　模式 3：兼顾发电模式。水库除满足黄河流域"三生"供水要求外，兼顾发电要求，供水不满足发电要求时，按发电要求放水。兼顾发电模式采用 1956—2010 年的长序列进行计算，以黄河流域兰州断面的供水需求过程、供水保证率和黄河上游梯级水电站的保证出力、发电保证率为调控目标。

模式 4：实测模式。采用龙羊峡、刘家峡梯级水库联合运行以来 1987—2010 年的实测运行资料，通过统计分析，获得龙羊峡水库历年实测可调水量、发电量、供水量及其保证率。

10.1.2　计算情景

依据黄河全流域需水预测和《2012—2030 年黄河全流域水资源配置》，不考虑南水北调西线调水条件下 2010 现状水平年、2020 远景水平年和 2030 远景水平年的黄河全流域水资源配置结果见表 10-1。

表 10-1　　　　　　　　　各水平年水资源配置结果

方　　案	流域内需水量/亿 m³	地表水/亿 m³	流域内供水量		合计/亿 m³	流域内缺水量/亿 m³	流域内缺水率/%	合计耗水量/亿 m³	入海水量/亿 m³
			地下水/亿 m³	其他/亿 m³					
2010 现状水平年	485.80	304.80	113.20	1.70	419.80	66.00	13.6	328.80	206.70
2020 远景水平年无调水	521.10	309.70	123.70	12.40	445.80	75.30	14.5	333.10	188.80
2030 远景水平年无调水	547.30	297.50	125.30	20.40	443.20	104.20	19.0	332.40	185.80

在黄河全流域水资源新的配置方案的情况下，需要对兰州断面下泄水量进行重新核算，以推求龙羊峡、刘家峡水库的最小下泄水量。本节采取节点水量平衡方程，以保证兰州断面以下需水量与供水量的平衡。兰州断面以下需水量包括区间耗水量、区间损失水量、生态环境需水量三部分，兰州断面以下供水量包括区间入流水量、兰州断面下泄水量两部分，最终推求出兰州断面 2020、2030 远景水平年兰州断面下泄水量为 296.68 亿 m³、263.14 亿 m³，计算结果见表 10-2。

表 10-2　　　　　　　　　各水平年兰州断面水量计算表

方　　案	兰州断面以下需水量/亿 m³			兰州断面以下供水量/亿 m³	
	区间耗水量	区间损失水量	生态环境需水量	区间入流水量	兰州断面水量
2020 远景水平年无调水	307.81	16.89	188.82	243.84	269.68
2030 远景水平年无调水	304.30	16.89	185.79	243.84	263.14

为了实现黄河全流域水资源供需的平衡，需要对兰州断面下泄水量进行月内分配。黄河上游凌汛期为每年 12 月至次年 3 月，以防凌预案要求的兰州断面控泄流量为准。国务院"87 分水方案"明确规定了以正常来水年份为基准的兰州断面下泄水量及月下泄流量，其中兰州断面最小下泄水量为 238 亿 m³，以此作为 2010 现状水平年兰州断面的控泄水量。各远景水平年中，4—11 月依据各黄河流域各四级区各月灌溉需水过程，按照兰州断面以下区间各月需水比例得到兰州断面各月下泄控制流量结果见表 10-3。

表 10-3　　　　　　　各水平年兰州断面月下泄控制流量　　　　　　　单位：m³/s

方　　案	1	2	3	4	5	6	7	8	9	10	11	12
2010 现状水平年	650	600	500	750	1100	900	800	750	750	800	750	700
2020 远景水平年无调水	600	600	600	778	1401	1323	1090	1167	778	778	467	650
2030 远景水平年无调水	600	600	600	754	1356	1281	1055	1130	754	754	452	650

表 10-3 给出了以兰州断面为控制断面的控泄流量过程，由刘家峡—兰州站区间来水量可反推出刘家峡水库的最小下泄流量，作为满足黄河全流域水资源供需平衡的强约束条件。

根据黄河流域水资源配置和兰州断面水量分配的方案，本节设置了 3 种水沙调控潜力计算的情景：

情景 1：2010 现状水平年。采取国务院黄河"87 分水方案"，按黄河全流域水资源配置要求，黄河流域需水量 485.79 亿 m^3，兰州断面控制下泄水量为 238 亿 m^3。

情景 2：2020 远景水平年不调水。不考虑南水北调西线调水，由于工业化和城市化进程加快，黄河流域需水量 521.13 亿 m^3，兰州断面控制下泄水量提高到 269.68 亿 m^3。

情景 3：2030 远景水平年不调水。不考虑南水北调西线调水，相比较 2020 年，需水要求进一步加大，黄河流域需水量 547.33 亿 m^3。但由于采取强化节水措施，供水量得到小幅度减少，兰州断面控制下泄水量 263.14 亿 m^3。

10.2　水沙调控潜力分析

10.2.1　情景 1

由研究区域水沙调控流量阈值计算可知，控制流量为 2580 m^3/s，持续时间为 14 天的水沙调控所需水量为 31.20 亿 m^3；控制流量为 2580 m^3/s，持续时间为 30 天的水沙调控所需水量为 66.90 亿 m^3。2010 现状水平年情景 1 不同模式水沙调控潜力见表 10-4。

表 10-4　　　　　　　　　　　情景 1 各模式水沙调控潜力

运行模式	多年平均可调水量 /亿 m^3	供水保证率 /%	梯级发电保证率 /%	持续天数	
				14 天	30 天
理想模式	54.31	76.40	48.18	0.6 年/次	1.2 年/次
以水定电模式	33.65	76.40	56.51	0.9 年/次	2.0 年/次
兼顾发电模式	14.75	76.40	92.70	2.1 年/次	4.5 年/次
实测模式	10.69	67.70	54.51	2.9 年/次	6.3 年/次

10.2.2　情景 2

2020 远景水平年不调水情景 2 不同模式下的水沙调控潜力见表 10-5。

表 10-5　　　　　　　　　　　情景 2 各模式水沙调控次数

运行模式	多年平均可调水量 /亿 m^3	供水保证率 /%	梯级发电保证率 /%	持续天数	
				14 天	30 天
理想模式	22.05	76.40	53.48	1.4 年/次	3.0 年/次
以水定电模式	19.85	76.40	56.81	1.6 年/次	3.4 年/次
兼顾发电模式	13.81	76.40	91.00	2.3 年/次	4.8 年/次

10.2.3 情景 3

2030 远景水平年不调水情景 3 不同模式下的水沙调控潜力见表 10-6。

表 10-6   情景 3 各模式水沙调控潜力

运行模式	多年平均可调水量 /亿 m³	供水保证率 /%	梯级发电保证率 /%	持续天数	
				14 天	30 天
理想模式	28.81	76.40	51.81	1.1 年/次	2.3 年/次
以水定电模式	21.07	76.40	56.96	1.5 年/次	3.2 年/次
兼顾发电模式	15.29	76.40	91.00	2.0 年/次	4.4 年/次

由 2010 现状水平年、2020 远景水平年不调水、2030 远景水平年不调水情况下，各运行模式下水沙调控的潜力可以看出：

（1）3 个情景下，理想模式和以水定电模式均达到了供水目标，兼顾发电模式达到了梯级水电站的发电目标，论证了模型和方法的准确性和可靠性。

（2）随着兰州断面的供水量由 2010 现状水平年的 238 亿 m³，增加到 2020 远景水平年的 270 亿 m³，各运行模式下的梯级水库多年平均可调水量大幅度减小，特别是理想模式和以水定电模式，减幅分别达到了 59.4%、41.0%。水沙调控的次数减少，调控频率延长，水沙调控的潜力明显下降。

（3）由于采用节水措施，兰州断面的供水量由 2020 远景水平年的 270 亿 m³，降低到 2030 远景水平年的 263 亿 m³，在无调水的条件下梯级水库多年平均可调水量明显增加，各运行模式增幅分别达到了 30.7%、6.2% 和 10.7%。水沙调控的次数增加，调控频率缩短，水沙调控的潜力明显增大。

10.3 方 案 优 选

在 4 种运行模式下计算的水沙调控潜力差异较大。结合黄河流域水资源供需现状和未来形势，如何选择最优运行模式的计算方案，是本节研究的核心和关键问题。

理想模式下 1956—2010 年长系列计算结果给出了满足供水需求目标下，理论上梯级水库群水沙调控最大的潜力，梯级水库无弃水产生。但是，理想模式的极大值仅可作为理论参考依据，无法实现。

由于未来远景水平年无实际运行数据，实测模式仅给出了 2010 现状水平年下 1987—2010 年长系列运行结果。可以看出，各运行模式中，实测模式的多年平均可调水量最小，且均未达到供水和发电的设计保证率。鉴于实测模式资料序列较短，代表性不强，且实际运行中存在不合理之处，仅作为参考依据。

众所周知，黄河上游梯级水电站在规划、建设、投产、运行初期是以追求最大发电经济效益为宗旨的。因此，在满足供水目标的前提下，兼顾发电模式具有其一定的合理性。随着 2000 年黄河流域水资源统一调配实施以来，黄河干流梯级水库群的运行方式受到巨大的影响，单一考虑梯级发电效益已无法满足流域水资源统一调配的要求。目前，黄河流域水资源日益短缺，流域内缺水率增加。表 10-1 中，2010 现状水平年、2030 远景水平年和 2030 远景水平年在无调水的条件下，流域内缺水率达到 13.6％、14.5％和 19.0％，流域内水资源供需矛盾加剧。鉴于此，本节推荐以水定电模式。各情景下多年平均可调水量分别是 33.65 亿 m³、19.85m³ 和 21.07m³，见表 10-7。各情景下梯级水库的可调水量一方面可以用于水沙调控，以增加水沙调控的潜力；另一方面，可用于供水，以缓解日益紧张的水资源供需矛盾。

表 10-7 推荐以水定电模式下各情景水沙调控潜力

情景	多年平均可调水量/亿 m³	供水保证率/%	梯级发电保证率/%	持续天数	
				14 天	30 天
情景 1	33.65	76.40	56.51	0.9 年/次	2.0 年/次
情景 2	19.85	76.40	56.81	1.6 年/次	3.4 年/次
情景 3	21.07	76.40	56.96	1.5 年/次	3.2 年/次

10.4 水沙调控对策

随着未来黄河流域需水量增加，兰州断面的供水量逐年大幅增加，梯级水库多年平均可调水量呈锐减趋势，极大地限制了水沙调控的能力和潜力，未来黄河上游实施水沙调控将面临巨大的挑战。

从水沙调控长系列的计算结果可以看出，随着 2020、2030 远景水平年兰州断面需水量的增加，在无调水的条件下，兰州断面供水量的增加，导致梯级水库可调水量大幅减少，且黄河流域的缺水率呈显著的增加趋势，黄河流域水资源的供需矛盾日益突出。具体来说，随着 2020 远景水平年兰州断面需水量的增加，黄河流域的缺水率达到 14.5％，水沙调控能力减弱。由于 2030 远景水平年兰州断面供水量较 2020 远景水平年减少了 7 亿 m³，使 2030 远景水平年水沙调控能力略有提升，但是以黄河全流域缺水率上升到 19.0％ 为代价的。在未来黄河流域水资源的供需矛盾日益突出的严峻形势下，梯级水库的可调水量若转化为短时间范围内的大流量过程，应用于黄河上游沙漠宽谷河道的水沙调控，势必会造成梯级水电站大量的弃水，梯级水电站的发电效益将严重受损。更重要的是，大流量的水沙调控过程消耗了有限的水资源，使得黄河流域内的可供水量减少，无法满足未来黄河全流域的水资源需求。因此，面临未来日益严峻的水资源供需矛盾，梯级水库的可调水量用于供水、提高黄河全流域的缺水率，将更为关键和合理。

从水沙调控典型年的计算结果可以看出，在不考虑南水北调西线调水的情况下，仅在丰水年或部分偏丰水年可开展水沙调控运行。2010 现状水平年实施水沙调控时，梯级水库联合运行满足了兰州断面的供水要求，但龙羊峡、刘家峡梯级水库的蓄能减少，年末水位大幅降低，且梯级水库的弃水量大幅增加，损失电量达到 6.81 亿 kW·h，直接发电效益损失近 1.68 亿元，水沙调控目标与发电目标之间的矛盾突出。2020 远景水平年实施水沙调控时，仅在丰水年才能满足兰州断面的总供水量和月供水过程的需求，偏丰水年则出现了满足兰州断面的总供水量，但部分月份的供水流量遭到破坏的情况，且大量的弃水加重了梯级发电效益的损失。水沙调控目标与发电目标、供水目标之间的矛盾呈愈演愈烈之势。

　　受未来黄河流域水资源的供需矛盾、发电企业经济效益和梯级水库群水资源高效利用等综合影响，黄河上游沙漠宽谷河段水沙调控的可持续性将难以为继，梯级水库群水沙调控中"调"的作用将大打折扣。此外，由水沙调控典型年各方案的调控成果可知，"固-拦-放-挖"的调控手段对水沙调控做出了巨大贡献，对于从源头上减少入黄沙量，缓解沙漠宽谷河段、特别是严重淤积河段的防洪防凌压力，具有不可替代的重要作用。随着日后水资源供需矛盾的日益紧张、环境恶化引起黄河上游支流来沙较大、水库拦沙库容越来越小等远景情况的变化，"固-拦-调-放-挖"作为水沙调控的综合手段，特别是利用水土保持、沙柳沙障沙坝、防护林等措施，减少研究区域的入黄沙量，是今后黄河上游水沙调控的必然选择和趋势。

　　近年来，黄河上游的来沙量大幅减少，与沿黄各省区大力开展退耕还林、恢复植被等水土保持措施密不可分。从支沟到沟道、从沟道到支流，从支流到干流，依靠沿黄地区各级自主修建淤地坝、拦沙坝、沙柳沙障，从种一棵树到一亩到一片到沙漠绿洲、防护林，最大限度地改善植被、修复生态，通过人为主动地实施防风固沙等措施，逐节减少进入黄河干流的沙量，从根源上控制入黄沙量的"固-拦-放-挖"综合调控手段贡献巨大。相比而言，水库调沙是被动地将河道中的泥沙向下游搬运，其输沙量所占入黄沙量的比例小，且以日益严峻的宝贵的水能资源作为水沙调控的水量，造成供水、发电的极大损失，从数量上和效率上均无法与"固-拦-放-挖"相比。鉴于此，在"固-拦-调-放-挖"的综合调控手段中，本节提出以减少入黄泥沙量作为黄河上游沙漠宽谷河段水沙调控的根本，以"固-拦-放-挖"为主、"调"为辅的综合调控对策，以达到黄河上游沙漠宽谷河段水沙调控可持续发展的最终目标，作为维持黄河上游河道冲淤相对平衡可持续发展的调控策略。具体的调控对策如下：

　　（1）以固为主，从根源上减少大颗粒的入黄沙量。以沿黄水土流失最为严重的黄土高原地区和十大孔兑等主要产沙区为突破口，发挥主观能动作用，建立"两带一区"的泥沙源区防治区域，即十大孔兑水土保持区和库不齐沙漠防沙带和乌兰布和沙漠防沙带，大力、持续地开展封禁封育、退耕还林、恢复植被、植树造林等生态修复和水土保持工作，积极、主动地改善区域下垫面条件，优化植被覆盖结构，防止大规模、大面积的水土流失，将大部分粗泥沙"锁"在坡面、沟道、支流内。黄土高原的生态环境极度脆弱，水土保持工作将是一场持久战，需要数代甚至几百年的努力方能呈现质的改善。因此，水土保持将是未来黄河流域治沙的核心。

　　在黄河上游沙漠宽谷河段的库不齐沙漠防沙带和乌兰布和沙漠防沙带，以生物措施与工程措施相结合的方式，最大限度地实施沙柳沙障沙坝、防护林等措施，建设地面、沟道水土保持和治沙工程，形成沙漠锁边林带，防风固沙，以减少大颗粒的风沙、水沙入黄量，从根源上减少入黄沙量。

　　（2）节节蓄水，分段拦沙，利用和修建控制性拦沙工程，从源头、沟道、支流、干流等多地区拦截泥沙；"拦"与"调""放"结合，提高拦沙水库寿命。随着流域产汇流的形成，泥沙随着径流沿坡面向沟道、支流、干流输移。拦沙成为固沙后被动性的泥沙治理对策之一。在源头和沟道利用已建和建设淤地坝、拦泥坝等拦沙、拦水工程，拦截泥沙。拦泥坝等拦沙工程是拦截已进入河道泥沙的第一道防线。淤地坝是水土流失区小流域沟道中建造的以滞洪拦泥和淤地造田为目的的水土保持工程。目前，黄河流域已建设淤地坝 9 万余座，潼关以上地区现状淤地坝总数约 5.6 万座，其中骨干坝 5467 座，中小型淤地坝约 5.04 万座。据有关研究，2007—2013 年，潼关以上淤地坝年均拦沙 1.23 亿 t/年。随着泥沙由沟道输移到干支流河道，利用支流已建和待建的中小型水库和干流的大中型水库，节节蓄水，分段拦沙，将河道内的泥沙拦截在水库的库区内，是拦截已进入河道泥沙的第二道防线。如黄河上游的青铜峡、海勃湾水库，黄河中游的万家寨水库、古贤、小浪底水库，均为黄河干流拦沙的重要水利工程。

与此同时，随着控制性拦沙水库淤积泥沙的增加，库容减小，导致水库使用寿命和运行水平大幅降低，更直接威胁水库的安全运行。目前，黄河流域已建骨干水库剩余拦沙潜力为 129.4 亿 t。因此，水库拦沙必须与水库调水调沙、水库放淤相结合，以实现泥沙由库区向下游或低洼地区的输移为目标，才能够实现水库拦沙的可持续发展。

（3）因势利导，引黄放淤，利用疏浚、放淤、淤灌、引水引沙等手段，将泥沙放淤至河道滩地、两岸洼地、盐碱地等。与拦沙类似，放淤也是固沙后被动性的泥沙治理对策之一。以黄河泥沙的主要源地的黄土高原丘陵沟壑区为核心区域，基于弯道环流原理和有利地势，利用疏浚、放淤、淤灌、引水引沙等手段，将河道中的浊水放淤至河道滩地、两岸洼地、盐碱地等，亦将粒径大于 0.08mm 的粗沙放淤至河道外，有效利用河道中的粗泥沙用于加固两岸堤防、改良农田土壤、淤填洼地，减缓黄河河道淤积抬升的速度，大大提高堤防的抗洪能力，是黄河上游沙漠宽谷河段水沙调控的有效对策之一。将"放"与"调"相结合，开展黄河上游沙漠宽谷河段的泥沙放淤，将高含沙水流放淤至河道外，益处多多：可最大限度地减少进入下游河道泥沙，缓解沙漠宽谷河段的淤积压力，延长干支流水库使用寿命；可清淤疏浚河道，增加河道的行洪能力，减轻黄河上游悬河的防洪压力；淤粗排细，可有效改善进入下游河道的水沙条件和泥沙的粒径组合，为调水调沙塑造和谐的水沙关系；放淤可把洼地、沼泽、坑塘、盐碱等不毛之地淤高，造出大片良田，促进当地经济的发展。

目前，黄河干流滩区的放淤潜力与能力较大。干流滩区人工放淤潜力为 192.1 亿 t，2008—2050 年下游滩区的平均年放淤能力为 0.34 亿～0.64 亿 t/年。特别是黄土高原丘陵沟壑区的小北干流滩区，据预测，2030—2050 年小北干流滩区的年平均放淤能力为 1.07 亿～1.42 亿 t/年，无古贤水库、有古贤水库和"古贤水库＋小北干流放淤"三种条件下温孟滩区的年平均放淤能力分别为 1.06 亿 t/年、0.45 亿 t/年和 0.43 亿 t/年。预计，2008—2050 年黄河干流最大年引水引沙潜力为 2.8 亿 t/年，年平均引水引沙能力为 1.62 亿～2.54 亿 t/年。因此，坚持以"放"、"调"相结合，是未来黄河上游沙漠宽谷河段水沙治理可持续发展的有效对策之一。

（4）挖河疏浚，淤背固堤，采用挖泥船或泥浆泵挖取河道泥沙。在"拦""放"治理效果不理想的顽疾河段，"挖"无疑是治理重点河段淤积泥沙最有效的对策之一。在局部淤积严重的顽疾河段，采用挖泥船、挖沙船或泥浆泵挖取河道泥沙，挖河清淤，利用管道将泥沙输送至大堤背河侧沉放，将黄河大堤加宽。通过挖河，一方面可降低河床高程，又可用挖出的泥沙加固大堤,降低工程成本,提高大堤的防洪能力;另一方面,挖河疏浚,结合淤背固堤和淤高低洼地面,处理和利用泥沙,增加可用土地。

自20世纪70年代以来,经过近40年的不断改良、创新,采用挖沙船进行管道输沙已经成为一项相对成熟的实用技术。管道输沙的动力已由以前的以柴油机为主发展为以高压动力电为主,由单级输沙到多级接力配合输沙,输沙距离由最初的1000m左右发展到12000m以上,单船日输沙能力最大达5000m³以上。将"放""挖"相结合,将河道内的泥沙输送到需要的地方,用于淤田改良土壤、制作建材或防汛石料、陶冶含金属泥沙,还可以将泥沙堆放到紧邻黄河岸边的一些城郊沟壑,为城市发展提供建设用地,实现黄河泥沙的资源化,将是未来黄河上游沙漠宽谷河段水沙治理的必然趋势。

(5) 以"调"为辅,调水调沙,以异重流排沙和人工塑造可控洪水相结合,将库区和河道内泥沙向下游搬运,冲刷水库下游河道河槽,直至冲沙入海。水库"调"沙包括水库库区泥沙和下游河道泥沙,即利用具有较大调节性能的控制性水库,构造异重流和适应河道输沙特性的可控人工洪水过程,将库区泥沙向下游搬运,将下游河道泥沙向更下游搬运,直至输沙入海。对于黄河上游沙漠宽谷河段而言,水库库区泥沙压力略轻,但河道泥沙向下游输移必定造成黄河中下游的万家寨、古贤、小浪底水库淤积,综合利用性能降低,难以保证黄河下游的水资源综合利用要求。考虑到黄河上游沙漠宽谷河段距离河口较远,实施冲沙入海困难重重,且实施龙羊峡、刘家峡梯级水库水沙调控运行易造成发电、供水等多方效益的损失。"调"作为黄河上游沙漠宽谷河段迫不得已的水沙调控对策,受到日益尖锐的水资源供需矛盾、梯级水电站发电效益、河道安全行洪能力等多方面的制约,其调控效果呈现出杯水车薪、捉襟见肘的境遇。因此,在满足黄河全流域水资源供需平衡的前提下,在浪费宝贵、有限的水资源的基础上,在最大程度实施"固-拦-放-挖"综合调控对策的努力下,以"固-拦-放-挖"为主、以"调"为辅的水沙调控对策,将是未来黄河上游沙漠宽谷河段水沙治理最为有效的可持续调控对策。

10.5 本 章 小 结

黄河上游梯级水库水沙调控的潜力是实施黄河上游沙漠宽谷河段水沙调控的关键。本章通过设定梯级水库不同的运行模式和计算情景,分析了各模式、各情景的水沙调控潜力,结合黄河流域水资源供需现状和未来形势,推荐了最优运行模式,提出了黄河上游沙漠宽谷河段水沙调控的对策,得出了以下结论:

(1) 构建了理想模式、以水定电模式、兼顾发电模式和实测模式的4种水库运行模式,设定了不考虑南水北调西线调水条件下2010现状水平年、2020远景水平年和2030远景水平年3种计算情景。

(2) 2010现状水平年、2020远景水平年、2030远景水平年兰州断面的供水量经历了先增加后减小的过程,各运行模式下的梯级水库多年平均可调水量则先减小后增加,水沙调控的潜力先下降后增大,论证了水沙调控目标与供水目标之间相互制约、此消彼长的辩证规律。

(3) 推荐以水定电为最优模式,各情景下龙羊峡、刘家峡梯级水库多年平均可调水量分别是 33.65 亿 m^3、19.85m^3 和 21.07m^3。以控制流量为 2580m^3/s、持续 30 天为调控强度，不考虑南水北调西线调水条件下 2010 现状水平年、2020 远景水平年和 2030 远景水平年的水沙调控潜力分别是 2.0 年/次、3.4 年/次和 3.2 年/次，且随着多年平均可调水量的增加，调控潜力增强，反之亦然。

（4）提出了以减少入黄泥沙量作为水沙调控根本的以"固-拦-放-挖"为主、"调"为辅的综合调控对策，作为维持黄河上游沙漠宽谷河段河道冲淤相对平衡可持续发展的调控策略。

第11章 总结与展望

本节围绕黄河上游宁蒙沙漠宽谷河段"悬河"的治理问题，借鉴黄河下游小浪底水库调水调沙的丰富经验，利用黄河上游调节性能最好的龙羊峡、刘家峡梯级水库的联合运行，在阐明沙漠宽谷河段水沙规律、明确断面输沙能力和过水能力、保证梯级水库具有充足的调节库容等前提下，人工塑造适宜于河道冲淤相对平衡的可控洪峰过程，在长系列和典型年各调控方案下研究梯级水库水沙调控的联合调度，旨在厘清不同水平年、典型年的供需水、跨流域调水对各调控目标的影响关系，揭示各调控目标之间的辩证关系和相互转化规律，推荐梯级水库最佳的运行模式，获得龙羊峡、刘家峡梯级水库的水沙调控潜力，提出维持黄河上游河道冲淤相对平衡可持续发展的水沙调控对策，为流域管理部门提供合理、科学、可行的决策依据。

11.1 主 要 研 究 成 果

本书的主要研究成果如下：

（1）奠定了基于长距离水沙调控的梯级水库群多目标调控理论基础。基于水沙调控及水沙资源优化配置的基本概念，本书提出了黄河水沙调控的定义，确定了水沙调控的对象和目标。通过对水沙调控系统的分解，确定了黄河上游沙漠宽谷河段水沙调控"固-拦-调-放-挖"的调控策略，构建了黄河上游沙漠宽谷河段的水沙调控模式。

建立了基于多目标转换为单一目标的梯级发电量最大和可调水量最大的水沙调控模型，以及兼顾防洪防凌、供水、发电、水沙调控的梯级水库水沙联合调度的多目标模型；选择自迭代模拟优化算法和粒子群优化算法求解模型，结合黄河上游梯级水库水沙联合调度实例，给出了两种优化算法的计算步骤，构建了梯级水库多目标联合调度的理论基础。

结合水流连续方程和水流动量方程，建立了悬移质的挟沙力和基于场次洪水输沙量计算模型，为量化水沙调控目标的效果提供技术支撑，奠定了黄河上游沙漠宽谷河段水沙调控的理论基础。

（2）分析了水库参与水沙调控的可行性、有效性，确定了黄河上游沙漠宽谷河段水沙调控的主体和水沙调控的最佳时间。分析了梯级水库现有的运行方式，从正反两方面说明了水库建设前后的利弊，论证了"水库运行加剧了黄河上游沙漠宽谷河段河道泥沙的淤积形态"的说法。从调控库容、可调水量、调控流量、小浪底水沙调控经验以及洪水对河道的冲刷效果方面，论证了水库参与水沙调控的可行性、有效性。

选取已建成的龙羊峡、刘家峡水库以及未建的黑山峡水库作为参与黄河上游沙漠宽谷河段水沙调控的主体。选择黄河干流凌汛开河结束后的3月、4月作为黄河上游沙漠宽谷河段水沙调控的最佳时机。

(3) 确定了沙漠宽谷河段的水沙阈值系列、断面输沙能力和基于黄河标准化堤防的各河段平滩流量和最大安全流量。重点分析了各区间河道不同含沙量情况下的水沙规律，得到了不同区间河段、不同含沙量情况下的水沙阈值系列，确定了沙漠宽谷河段水沙调控的控制流量在 2240～2580m³/s。建立了基于场次洪水的输沙量计算模型，确定了青铜峡、石嘴山、巴彦高勒、三湖河口、头道拐站的输沙能力。

由各断面历史过流能力以及关键控制断面的冲淤变化过程，明确了现状条件下各断面的过流能力。构建基于标准化黄河堤防的平滩流量和最大安全流量的修正模型，确定了青铜峡、石嘴山、巴彦高勒、三湖河口、头道拐各站的最大安全流量分别是 3980m³/s、4500m³/s、3730m³/s、3510m³/s、3730m³/s，为在安全条件下进行水沙调控创造了前提条件。

(4) 设置了 14 个长系列水沙调控方案和 13 个典型年水沙调控方案。构建了黄河上游沙漠宽谷河段的水沙调控指标体系，设置了不考虑西线调水的典型年水沙调控方案集和考虑西线调水的长系列水沙调控方案集，为梯级水库合理库容的论证以及水沙调控效果的定量计算，奠定了方案基础。

(5) 论证了"龙羊峡、刘家峡现有的库容完全能够满足所有长系列水沙调控运行的库容需求"。14 个长系列水沙调控方案中，考虑水沙调控运行的各方案需要更大的调节库容。随着 2020 远景水平年、2030 远景水平年南水北调西线调水工程实施，在不考虑调沙的情况下，跨流域外调的调水量越大，需要的合理库容越小。主要原因是：跨流域调水均匀的调水过程实时地补充了时段供水，调水量越大，梯级水库供水期缺水量越小，所需调节库容越小。

在不考虑水沙调控、无西线调水的情况下，现状水平年及远景水平年梯级水库所需合理库容规模主要受兰州断面需水量的变化影响。随着兰州断面需水量由现状年 238 亿 m³ 增长到 2020 远景水平年的 270 亿 m³，略微降至 2030 远景水平年的 263 亿 m³，梯级水库合理库容由 2010 现状水平年的 93.20 亿 m³ 增大到 2020 远景水平年的 113.50 亿 m³，2030 远景水平年小幅降至 105.20 亿 m³。主要原因是：无西线调水时需水量增大将导致梯级水库供水期缺水量增大，合理库容增大。但现状年及远景年 14 个方案的梯级水库合理库容均小于龙羊峡、刘家峡水库现有的兴利库容。因此，龙羊峡、刘家峡水库现有的调节库容能够满足水沙调控、发电、供水、防洪防凌等多目标调控要求，为长系列水沙调控运行奠定了坚实的调节库容基础。

(6) 长系列水沙调控运行方案中，水沙调控目标与发电目标呈对立矛盾关系。在长系列水沙调控方案中，调沙年份的出库流量呈明显的高平稳序列，不调沙年份的出库流量呈现出明显低平稳序列，龙羊峡出库流量趋于两阶段内的高、低平稳过程；水沙调控运行造成梯级水库水位变幅增大、频率加快，库满率降低，库空率增加，多年平均水位下降，即水沙调控运行提高了水库库容的利用效率，最大化地发挥了梯级水库的调节潜力。水沙调控的大流量过程产生弃水，降低了梯级水库的多年平均发电量，发电目标与水沙调控目标呈对立关系。随着 2020 远景水平年、2030 远景水平年兰州断面需水量的增加，在无调水的条件下，兰州断面的供水量虽有增加，但黄河流域的缺水率亦大幅增加，水沙调控能力减弱，加剧了水沙调控与发电之间的矛盾。

(7) 长系列水沙调控运行方案中，跨流域调水缓解了黄河全流域的水资源供需矛盾，提高了发电量、供水量及其保证率，增加了黄河上游梯级水库的可调水量。随着 2020 远景水平年、2030 远景水平年调水量的增加，流域内缺水率大幅降低，大大缓解了黄河全流域的水资源供需矛盾，大幅提高了梯级发电量和断面供水量及其保证率，显著增加了黄河上游的可调水量。当可调水量转化为梯级蓄能时，梯级水库处于高水位运行，水电站耗水率大幅减少，发电、供水效益大幅提高；当可调水量转化为水沙调控的控制水量时，提高了梯级水库水沙调控的力度和频率，极大地增强了水沙调控能力。

(8) 典型年水沙调控运行方案中，水沙调控目标与发电、供水目标均呈现对立、矛盾关系。随着黄河流域需水量的增加，2020 远景水平年兰州断面的控制流量增加，水沙调控方案仅丰水年能够满足各月的供水要求，偏丰水年虽能满足兰州断面的总供水量，但部分月份兰州断面的供水流量破坏。水沙调控目标与发电、供水目标呈对立关系。

(9) 黑山峡水库对水沙调控典型年的影响不大，但在发电、供水、防洪防凌等调控目标中优势明显。黑山峡水库参与水沙联合调控运行后，受下河沿—头道拐区间河段来水、来沙、引水、引沙等条件未发生变化影响，各水沙调控方案的水沙调控效果与以往方案并无差别；但在发电、供水、防洪防凌等调控目标中，各方案均优于同等条件下仅龙羊峡、刘家峡参与水沙调控的方案，从一定程度上说明了黑山峡水库在黄河上游梯级水库群中的贡献和重要地位。

(10) 推荐了最佳的梯级水库运行模式，确定了龙羊峡、刘家峡梯级水库的水沙调控潜力，提出了维持黄河上游河道冲淤相对平衡的水沙调控对策。构建了理想模式、以水定电模式、兼顾发电模式和实测模式的 4 种水库运行模式，设定了 3 种计算情景。推荐以水定电为最优模式，各情景下龙羊峡、刘家峡梯级水库多年平均可调水量分别是 33.65 亿 m^3、$19.85m^3$ 和 $21.07m^3$，以控制流量为 $2580m^3/s$、持续 30 天为调控强度，不考虑南水北调西线调水条件下 2010 现状水平年、2020 远景水平年和 2030 远景水平年的水沙调控潜力分别是 2.0 年/次、3.4 年/次和 3.2 年/次，且随着多年平均可调水量的增加，调控潜力增强，反之亦然。

提出了以减少入黄泥沙量作为水沙调控根本的以"固-拦-放-挖"为主、"调"为辅的综合调控对策，作为维持黄河上游沙漠宽谷河段河道冲淤相对平衡可持续发展的调控策略。

11.2 主 要 创 新 点

(1) 构建了基于长距离水沙调控的梯级水库群多目标调控理论和技术。以往的水沙调控模型主要以水库库区或水库坝址下游河道为研究对象，异重流排沙，以达到增加水库拦沙库容、增加水库使用寿命、冲刷下游河道的目的。对于黄河水沙调控的研究，绝大多数是针对小浪底水库库区和下游河道一直到入海口的调水调沙研究。对于黄河上游河道，特别是流经风沙区的沙漠宽谷河段水沙调控研究的重视程度和投入研究的力度却远远不足。

本书以黄河上游沙漠宽谷河段为研究对象，以距离研究区域上游较远的龙羊峡、刘家峡梯级水库为调控主体，利用龙羊峡、刘家峡梯级水库的联合调度运行，人工塑造适宜于河道冲淤相对平衡的可控洪峰过程，在兼顾防洪防凌、供水、发电、水沙调控的多调控目标下，研究长距离水沙调控的梯级水库群联合调度问题。本书对黄河水沙调控进行定义，从水沙调控对象、目标、途经、模式等方面，建立和求解单目标、多目标梯级水库群联合调度模型，建立场次洪水输沙量计算模型和标准化堤防的平滩流量和最大安全流量的修正模型，在确保水库运行安全和下游河道堤防安全的前提下，确定了梯级水沙调控运行的运行方式、调控时间、控制流量、合理库容等关键参数，为梯级水库群水沙联合调度奠定了坚实、可靠、完善的理论和技术基础，是本研究的创新点之一。

（2）建立了梯级水库群水沙调控的单-多目标优化调度模型，提出了求解方法。以往以库区或水库下游河道为调控对象的水沙调控模型，主要以输沙量或输沙水量为单一的调控目标，以增加水库拦沙库容、河道冲槽深度、过流流量、入海沙量等作为水沙调控效果的评定指标，调控的主体往往是单一水库，且以短期为调度时段进行水沙调控的研究。

本书以梯级水库群长距离水沙调控为研究特色，考虑了黄河上游梯级水电站群发电、宁蒙河段防洪防凌、全流域供水、沙漠宽谷河段水沙调控等调控目标，建立了长系列、典型年的黄河上游梯级水库群水沙调控的单-多目标优化调度模型，设置了 14 个长系列水沙调控方案和 13 个典型年水沙调控方案，采用自迭代模拟优化算法和粒子群算法求解模型，获得了各单目标的最优解和多目标优化的全局均衡解，验证了各模型与优化算法的准确性和可靠性，揭示了跨流域调水、流域水资源需求变化对水沙调控运行的影响，量化了水沙调控各目标，特别是断面输沙量和区间冲淤量，为分析各调控目标之间的转化规律、定量评估水沙调控效果奠定了可靠的技术支撑。

（3）揭示了不同年份水沙调控规律及敏感度。在典型年各调控目标的敏感性分析中，本书选取四维坐标系，以四维坐标系代表各调控目标，箭头方向代表有利于该目标方向，箭头反方向代表不利于该目标方向，确定各目标的矢量方向，选取梯级发电量、梯级蓄能、损失电量、龙刘弃水流量，兰州断面年供水量、月供水流量，断面输沙量或区间冲淤量，刘家峡汛前水位，分别作为发电、供水、水沙调控、防凌防洪等各调控目标的量化参数，对不同典型年各调控目标的完成情况及其相互影响关系进行直观的表述。

通过四维坐标系代表的各调控目标之间的相互关系，阐明了水沙调控的控制流量、供水等变化因素对各调控目标的影响，揭示了各调控目标之间的相互转化规律，以获得多目标优化调度的全局均衡解，为流域管理和水库运行部门提供合理、科学、可行的决策依据。

11.3 展　望

本书对黄河上游梯级水库群水沙联合调控进行了研究，取得了一些初步成果。然而，黄河的水沙调控是一个十分复杂的系统工程问题，需要考虑"固-拦-调-放-挖"的综合调控手段，兼顾发电、防洪防凌、供水、水沙调控等多目标进行远距离、多手段的水沙调控。因此，还有许多难题需要解决，加之作者水平及时间有限，研究工作有待于进一步深化和补充，主要有以下几个方面：

（1）目前，黄河上游沙漠宽谷河段的水沙联合调度处于理论研究探讨阶段，还未进入水沙调控的试运行或试验阶段，缺乏水沙调控过程中水沙关系变化、河道冲淤演变等第一手实测资料，特别是对于大流量水沙调控流量对应的水沙关系变化过程不详。下一步预备开展黄河上游沙漠宽谷河段的模型实验，进一步验证各水沙调控方案的计算结果。

（2）河道在水温较低时更有利于泥沙的输送。泥沙专家钱宁提出：低水温条件对河道泥沙输移是有利的。将水温因子加入场次洪水的输沙量计算模型，重新率定参数，开展考虑水温因子的黄河上游沙漠宽谷河段的水沙联合调度研究。

（3）"固-拦-调-放-挖"综合调控手段下的水沙调控效果很难监测和量化，有待于深入研究，以便更精确地分析各调控手段对调控成果的贡献率。

（4）作为黄河水沙调控体系的重要组成部分，黄河上游沙漠宽谷河段的水沙调控在黄河全流域水沙调控体系中起着非常重要的作用。将上游的水沙调控与中下游有机联合起来，构建黄河干流统一的水沙调控体系，是下一步要深入探讨的核心问题。

参 考 文 献

[1] 白涛，黄强，陈广圣，等. 基于水库群优化调度的黄河干流梯级补偿效益分析 [J]. 西北农林科技大学学报，2013，41 (5)：189-195.

[2] 白涛，阚艳彬，畅建霞，袁梦. 水库群水沙调控的单-多目标调度模型及其应用 [J]. 水科学进展，2016，27 (1)：141-152.

[3] 白涛. 黄河上游沙漠宽谷河段水沙调控研究 [D]. 西安：西安理工大学，2013.

[4] 白涛，畅建霞，黄强，等. 基于可行搜索空间优化的电力市场下梯级水电站短期调峰运行研究 [J]. 水力发电学报，2012，31 (5)：90-95.

[5] 白涛. 基于调峰的梯级水库短期联合优化调度研究 [D]. 西安：西安理工大学，2010，22-23.

[6] 蔡伟武. 黄河水资源矛盾及其出路探讨 [J]. 人民黄河，1996 (6)：54-57，62.

[7] 畅建霞，黄强，田峰巍. 黄河上游梯级电站补偿效益研究 [J]. 水力发电学报，2002 (4)：11-17.

[8] 畅建霞，黄强，王义民. 基于改进遗传算法的水电站水库优化调度 [J]. 水力发电学报，2001，(3)：85-90.

[9] 常建娥，蒋太立. 层次分析法确定权重的研究 [J]. 武汉理工大学学报（信息与管理工程版），2012，29 (1)：153-156.

[10] 陈界仁，汤立群，陈国祥，等. 水库二维水流泥沙数学模型及应用 [J]. 河海大学学报，1998，26 (5)：6-12.

[11] 陈进. 长江大型水库群联合调度问题探讨 [J]. 长江科学院院报，2011 (10)：31-36.

[12] 柴娟，白涛，王义民，等. 黄河上游沙漠宽谷河道水沙调控探讨 [C] // 2012 全国水资源合理配置与优化调度技术专刊，中国水利技术信息中心，2012：121-127.

[13] 曹辉. 黄河干流调节库容合理规模研究 [D]. 西安：西安理工大学，2010.

[14] 曹大成，宁怀文，王文海. 黄河上游水库运行对宁蒙河段影响作用综述 [J]. 内蒙古水利，2012 (1)：16-18.

[15] 窦国仁. 泥沙运动理论 [M]. 南京水利科学研究所. 1963.

[16] 杜殿勖，朱厚生. 三门峡水库水沙综合调节优化调度运用的研究 [J]. 水力发电学报，1992，20 (2)：12-24.

[17] 董耀华. 长江科学院河流水沙数学模型研究进展与展望 [J]. 长江科学院院报，2011，28 (10)：7-16.

[18] 方红卫，王光谦. 一维全泥沙输移数学模型的建立及其应用 [J]. 应用基础与工程科学学报，2000，8 (2)：154-164.

[19] 冯沛然. 梯级水库群库容分配问题 [J]. 人民长江，1960 (2)：38-41.

[20] 葛罗同，萨凡奇，雷巴特. 治理黄河初步报告（1946），历代治黄文选（下册），黄河志总编室. 1989.

[21] 郭旭宁，胡铁松，等. 跨流域供水水库群联合调度规则研究 [J]. 水利学报，2012，43 (07)：757-766.

[22] 郭国顺. 黄河水沙调控试验新闻集 [M]. 郑州：黄河出版社，2002.

[23] 胡春宏，陈绪坚，陈建国. 黄河水沙合理配置研究 [J]. 中国科技论文在线，2007，(07)：463-473.

[24] 胡春宏，张治昊. 黄河下游河道萎缩过程中洪水水位变化研究 [J]. 水利学报，2012，43（8）：883－890.

[25] 胡春宏，王延贵，陈绪坚. 流域泥沙资源优化配置关键技术的探讨 [J]. 水利学报，2005，36（12）：1405－1413.

[26] 胡明罡. 多沙河流水库电站优化调度研究 [D]. 天津：天津大学，2004：95－97.

[27] 胡春燕，杨国录，吴伟明，等. 水电站枢纽建筑物水沙横向调度数值模拟与应用 [J]. 人民长江，1997，28（6）：16－18.

[28] 胡兴林，畅俊杰，赵昌瑞. 利用人造洪水冲刷黄河内蒙古淤积河道的可能性分析 [J]. 中国沙漠，1997，27（6）：1085－1089.

[29] 韩其为. 水库淤积 [M]. 北京：科学出版社，2003，8.

[30] 韩其为，沈锡琪. 水库的锥体淤积及库容预计过程和雍水排沙关系 [J]. 泥沙研究，1984，（2）：33－51.

[31] 韩其为. 小浪底水库初期运用及黄河水沙调控研究 [J]. 泥沙研究，2008，（3）：1－18.

[32] 黄强，畅建霞. 水资源系统多维临界调控的理论与方法 [M]. 北京：中国水利水电出版社，2007，143－144.

[33] 黄强，王义民. 水能利用 [M]. 北京：中国水利水电出版社，2009：38－40.

[34] 黄强，沈晋. 水库联合调度的多目标多模型及分解协调算法 [J]. 系统工程理论与实践，1997，（1）：76－83.

[35] 黄强，畅建霞. 水资源系统多维临界调控的理论与方法 [M]. 北京：中国水利水电出版社，2007：220－228.

[36] 黄强，张建生，等. 梯级水库调节库容合理规模研究 [J]. 水力发电学报，2010，29（1）：44－49.

[37] 黄耀华，张娇，袁朝，等. 粒子群算法在水库优化调度中的应用综述 [J]. 陕西水利，2010，6：113－114.

[38] 黄锡荃，李惠明，金伯欣. 水文学 [M]. 北京：高等教育出版社，2003.

[39] 侯素珍，王平，楚卫斌. 黄河上游水沙变化及成因分析 [J]. 泥沙研究，2012，4：46－52.

[40] 何习平. 解析法计算水库库容 [J]. 南昌水专学报，1998，17（03）：56－60.

[41] 黄河上游水电开发有限责任公司，青海省水力发电工程学会. 黄河上游梯级水电站水库调度资料汇编，2003.

[42] 黄河水电公司梯级电站集中控制管理中心. 黄河水电公司水库调度实用手册. 2011.

[43] 水利部黄河水利委员会. 黄河泥沙公报 2002—2011.

[44] 黄河水资源保护科学研究所，黄河勘测规划设计有限公司. 黄河宁蒙河段防洪工程建设环境影响报告书 [R]. 2007：9－19.

[45] 洪柔嘉，Karim M F，John F Kennedy. 低温对沙质河床水流的影响 [C] // 第二次河流泥沙国际学术讨论会论文集. 北京：水利电力出版社，1983：128－136.

[46] 蒋晓辉，黄强，等. 汉江上游梯级水电站群合理运行方式研究 [J]. 武汉理工大学学报. 2001，25（2）：132－135.

[47] 姜乃森. 多沙河流水库三角洲的淤积计算方法 [C] // 水利水电科学研究院论文集（第二集）. 北京：中国工业出版社，1963：10，96.

[48] 康仲律，胡振鹏. 推求水库兴利库容的一种改进方法 [J]. 江西工业大学学报，1992，14（3）：50－55.

[49] 李秋艳，蔡强国，方海燕. 黄河宁蒙河段河道演变过程及影响因素研究 [J]. 干旱区资源与环境，2012，（2）：68－73.

[50] 李国英. 黄河水沙调控 [J]. 人民黄河，2002（11）：1－4，46.

[51]   李国英. 黄河水沙调控 [C] // 第四届黄河国际论坛（2009 IYRF），中国. 郑州，2009.

[52]   李景玉，孙德树. 多年调节水库兴利库容的求解方法 [J]. 东北水利水电，2005，23（7）：
        36 - 40.

[53]   李亮. 乌江梯级水电站水库群短期发电优化调度系统研究 [D]. 西安：西安理工大学，2006.

[54]   李凌云. 黄河平滩流量的计算方法及应用研究 [D]. 北京：清华大学，2010：3 - 4.

[55]   李强，白涛，王义民. 黄河水沙调控研究综述 [J]. 西北农林科技大学学报（自然科学版），
        2014，42（12）：1 - 8.

[56]   李秋艳，蔡强国，方海燕. 黄河宁蒙河段河道演变过程及影响因素研究 [J]. 干旱区资源与环
        境，2012，26（2）：68 - 73.

[57]   李义天. 三峡水库汛后提前蓄水可行性研究 [R]. 2001.

[58]   李义天，孙昭华，邓金云，等. 长江水沙调控理论及应用 [M]. 北京：科学出版社，2011：
        52 - 58.

[59]   李永亮，张金良，魏军. 黄河中下游水库群水沙联合调控技术研究 [J]. 南水北调与水利科技，
        2005，6（5）：56 - 59.

[60]   李友起，郑贺新，王宏耀. 黄河海勃湾水利枢纽工程对内蒙古河段的减淤作用 [J]. 水利水电工
        程设计. 2006，25（4）：22 - 23.

[61]   吕学军，左登华. 南水北调西线一期工程研究 [J]. 水土保持研究，2006，13（02）：189 - 192.

[62]   芦云峰，谭德宝，等. 基于空间信息技术的大型水库库容计算方法 [J]. 长江科学院院报，
        2010，27（01）：9 - 14.

[63]   龙仙爱，夏利民. 基于遗传算法的水沙联合调度模型 [J]. 计算机工程与应用，2005（34）：
        187 - 189.

[64]   陆家驹，李士鸿，等. 利用卫星遥感资料复核水库库容曲线 [J]. 华东电力，1994，35（06）：
        21 - 25.

[65]   西北勘测设计研究院. 龙羊峡、刘家峡水库径流常规联合调度设计报告 [R]. 1998.

[66]   刘立斌，张锁成，刘斌，等. 黄河水沙调控体系建设初步研究 [J]. 人民黄河，2008，30（4）：9 - 10.

[67]   练继建，胡明罡，刘媛媛. 多沙河流水库水沙联调多目标规划研究 [J]. 水力发电学报，2004，
        （02）：10 - 16.

[68]   缪凤举，丁六逸，钱意颖. "洪水排沙，平水发电" ——三门峡水库汛期发电运用方式的研究
        [J]. 泥沙研究，2001（2）：17 - 20.

[69]   萌勃，郑国鸿. 水文时间序列趋势分析方法初探 [J]. SCIENCE & TECHNOLOGY INFOR-
        MATION. 2007（27）：40 - 41.

[70]   梅亚东. 梯级水库防洪优化调度的动态规划模型及解法 [J]. 武汉水利电力大学学报，1999，32
        （5）：10 - 12.

[71]   苗风清，王晓星，张光庆，等. 黄河内蒙段治理"悬河"的新思路——水沙置换 [J]. 内蒙古水
        利，2010（1）：13 - 15.

[72]   彭瑞善. 黄河综合治理思考 [J]. 人民黄河，2010（02）：1 - 4 + 140.

[73]   彭杨. 水库水沙联合调度方法研究及应用 [D]. 武汉：武汉大学，2002.

[74]   彭杨，李义天，张红武. 水库水沙联合调度多目标决策模型 [J]. 水利学报，2004，4（4）：1 - 7.

[75]   钱宁，万兆惠. 泥沙运动力学 [M]. 北京：科学出版社，1983.

[76]   钱宁. 水温对泥沙运动的影响 [M]. 钱宁论文集. 北京. 清华大学出版社. 1990：346 - 356.

[77]   曲少军，吴保生，张启卫，等. 黄河水库一维泥沙数学模型的初步研究 [J]. 人民黄河，1994
        （1）：1 - 5.

[78]   冉立山，王随继. 黄河内蒙古河段河道演变及水力几何形态研究 [J]. 泥沙研究. 2010（4）：61
        - 67.

[79]　沙玉清. 泥沙运动力学 [M]. 北京：中国工业出版社，1965.

[80]　孙晓懿，黄强，康田，高凡，郝鹏. 汉江上游梯级水电站水库优化运行研究 [J]. 西安理工大学学报，2011，27（3）：311－316.

[81]　石春先，安新代，余欣，等. 水库水沙调控回顾与展望——兼论小浪底水库运用方式研究 [J]. 泥沙研究，2005；5.

[82]　苏玉扬. 利用 DEM 数据计算水库库容的方法 [J]. 测绘科技动态，1989（5）：33－37.

[83]　水利部黄河水利委员会. 黄河流域综合规划（2012—2030 年）[M]. 郑州：黄河水利出版社，2013.

[84]　水利部黄河水利委员会. 黄河水资源公报 [R]. 郑州：黄河水利委员会. 2002—2011.

[85]　水利部长江水利委员会. 长江流域防洪规划报告 [R]. 武汉：长江水利委员会，2003.

[86]　田刚，向波，朱登军. 理想点法在水库水沙优化调度中的应用 [J]. 华北水利水电学院学报，2009，30（2）：15－17.

[87]　拓万全. 黄河宁蒙和奥泥沙来源与淤积变化过程研究 [R]. 中国科学院寒区旱区环境与工程研究所，2009：12－27.

[88]　王秀杰，练继建. 近 43 年黄河上游来水来沙变化特点 [J]. 干旱区研究，2008（03）：342－347.

[89]　王帅，彭杨，刘方，等. POA 算法在水库水沙联合调度中的应用研究 [J]. 水电能源科学，2012，30（4）：29－31.

[90]　王小安，周建中，王慧. 遗传算法在短期发电优化调度中的研究与应用 [J]. 计算机仿真，2003，20（10）：120－122.

[91]　王顺久，侯玉，丁晶，等. 交互式多目标决策新方法及其在水资源系统规划中的应用 [J]. 水科学进展，2012，14（4）：476－479.

[92]　王开荣，李文学，郑春梅. 黄河泥沙处理对策的发展、实践与认识 [J]. 泥沙研究，2002（6）：26－30.

[93]　吴巍，周孝德，王新宏，程文. 基于自适应粒子群算法优化神经网络的多沙水库冲淤预测模型研究及应用 [J]. 西北农林科技大学学报（自然科学版），2011，39（4）：216－226.

[94]　万俊，陈惠源. 水电站群优化调度分解协调-聚合分解模型研究 [J]. 水力发电学报，1996（2）：41－50.

[95]　万新宇，包为民，荆艳东. 黄河水库水沙调控研究进展 [J]. 泥沙研究，2008（2）：76－80.

[96]　万芳，原文林，黄强，畅建霞. 基于免疫进化算法的粒子群算法在梯级水库优化调度中的应用 [J]. 水力发电学报，2010，2（29）：202－206.

[97]　许炯心. 流域产水产沙耦合对黄河下游河道冲淤和输沙能力的影响 [J]. 泥沙研究，2011（03）：49－58.

[98]　夏迈定，程永华，程建民. 黑松林水库泥沙出力技术的研究及应用 [J]. 泥沙研究，1997（4）：7－13.

[99]　谢葆玲，刘素一. 水库水沙优化调度的研究及应用 [D]. 武汉：武汉水利电力大学，1995.

[100]　肖洋，等. 赣江外洲站近 50 年水沙变化规律 [J]. 水里水运工程学报，2011（4）：127－129.

[101]　肖杨，彭杨. 梯级水电站水库水沙联合优化调度研究进展 [J]. 现代电力，2012，29（5）：55－60.

[102]　向波，纪昌明，彭杨. 基于免疫粒子群法的水沙调度模型研究 [J]. 水力发电学报，2009，29（1）：97－101.

[103]　薛小杰. 汉江上游梯级水库多目标联合调度研究 [D]. 西安：西安理工大学，2008.

[104]　薛介大. 黄河上游河段防洪规划的初步探讨 [J]. 西北水电技术，1984（1）：48－62.

[105]　熊炳炬. 从刘家峡洪水复核看历史洪水在频率计算中的作用 [J]. 陕西水力发电，1988（2）：

29 - 34，53.

[106] 易其海. 黄河头道拐站"2012. 9"洪水特性分析 [J]. 内蒙古水利，2012 (6)：43 - 44.

[107] 姚文艺，冉大川，陈江南. 黄河流域近期水沙变化及其趋势预测 [J]. 水科学进展，2013，24 (5)：607 - 616.

[108] 杨文娟. 梯级水库兴利库容合理规模模型及算法研究 [J]. 人民珠江，2013，11 (06)：31 - 35.

[109] 杨侃，陈雷. 梯级水电站群调度多目标网络分析模型 [J]. 水利水电科技进展，1998，18 (3)：35 - 38，66.

[110] 杨根生. 黄河石嘴山—河口镇段河淤积泥沙来源分析及治理对策 [M]. 北京：海洋出版社，2002：85 - 90.

[111] 杨根生. 黄河石嘴山—河口镇河道淤积泥沙来源分析及治理对策 [M]. 北京：海洋出版社，2002.

[112] 叶秉如，等. 红水河梯级优化调度的多次动态规划和空间分解算法 [A]. 红水河水电最优开发数学模型研究论文集 [C]. 南京：河海大学，1998.

[113] 周银军，刘春锋. 黄河水沙调控研究进展 [J]. 海河水利，2009 (06)：54 - 57.

[114] 赵利红. 水文时间序列周期分析方法的研究 [D]. 南京：河海大学，2007：10 - 15.

[115] 赵海镜，胡春宏，陈绪坚. 流域水沙资源优化配置研究综述 [J]. 水利学报，2012，43 (5)：520 - 527.

[116] 赵昌瑞，喇承芳，陈建宏. 龙羊峡、刘家峡两库调水制造洪水冲刷黄河内蒙古河道的可能性及冲沙效率分析 [C] // 水文泥沙研究新进展——中国水力发电工程学会水文泥沙专业委员会第八届学术讨论会论文集. 北京：中国水利水电出版社，2010.

[117] 赵昌瑞. 青铜峡水库对上下游河段泥沙冲淤变化的影响分析 [J]. 甘肃水利水电技术. 2006，42 (4)：364 - 366.

[118] 郑春梅，曹永涛，江恩惠，等. 水温对水流输沙能力影响研究现状综述 [J]. 第三届黄河国际论坛论文集. 山东东营，2007，366 - 373.

[119] 张建，周丽艳，陶冶. 黄河宁蒙河段冲淤演变特性分析 [J]. 人民黄河，2008，30 (8)：43 - 44.

[120] 张明，张建民，刘敏，赵洪福，蒋公社. "水沙调控"对黄河下游河道过水能力的影响 [J]. 水资源与水工程学报，2009 (03)：140 - 142.

[121] 张瑞瑾，等. 河流动力学 [M]. 北京：中国工业出版社，1965.

[122] 张启舜. 二元均匀水流预计过程的研究及其应用 [J]. 水利水电科学研究院，1964：10.

[123] 张双虎，黄强，等. 基于模拟遗传混合算法的梯级水库优化调度图制定 [J]. 西安理工大学学报，2006，22 (3)：229 - 233.

[124] 张玉新，冯尚友. 水库水沙联调的多目标规划模型及其应用研究 [J]. 水利学报，1989 (9)：19 - 26.

[125] 张金良，乐金苟，季利. 三门峡水库水沙调控（水沙联调）的理论和实践 [J]. 人民长江，1999 (30)：28 - 30.

[126] 张红梅，赵建虎. 水库库容和淤积测量技术研究 [J]. 水利学报，2002，12 (5)：33 - 37.

[127] 张晓华，郑艳爽，尚红霞. 宁蒙河道冲淤规律及输沙特性研究 [J]. 人民黄河，2008，30 (11)：42 - 44.

[128] 张天红，刘瑞，陈国云. 三盛公水利枢纽水沙变化与库区淤积分析 [J]. 内蒙古水利，2011 (1)：38 - 39.

[129] 张丹林. 用状态转移概率矩阵计算水库兴利库容的探讨 [J]. 新疆大学学报（自然科学版）1995 (01)：71 - 75.

[130] Arvanitidis, N. V, J. Rosing. Optimal Operation of multireservoir systems using a composite representation [J]. IEEE Transactions on Power apparatus and systems. 1970，89 (2).

[131] Bai Tao, Chang Jian - xia, Chang Fi - John, etc. Synergistic gains from the multi - objective optimal operation of cascade reservoirs in the Upper Yellow River basin [J]. Journal of Hydrology. 2015, 523: 758 - 767.

[132] Bai Tao, Wu Lianzhou, Chang Jian - xia, Huang Qiang. Multi - objective optimal operation model of cascade reservoirs and its application on water and sediment regulation [J]. Water Resources Management. 2015, 29 (8): 2751 - 2770.

[133] Bai Tao, Kan Yan - bin, Jin Wen - ting, etc. Application of improved particle swarm optimization on optimal operation of cascade reservoirs [J]. Energy Education Science and Technology Part A: Energy Education Science and Research. 2015, 33 (3): 1595 - 1604.

[134] Becker L. , W. W. G. Yeh. Optimization of real time operation of multiple - reservoir system [J]. Water Resources Research. 1974, 10 (6): 1107 - 1112.

[135] Bellman, Richard. Ernest Dynamic Programming [M]. Princeton University Press. Princeton. N. J. 1957.

[136] Carriaga, Carlos C. 、 Mays, Larry W. Optimization modeling for sediment in alluvial rivers considering uncertainties [J]. Proceedings - National Conference on Hydraulic Engineering. 1993, (1): 125 - 130.

[137] Chang FJ, Hui SC, Chen YC. Reservoir operation using grey fuzzy stochastic dynamic programming [J]. Hydrological Process. 2002, 16 (12): 2395 - 2408.

[138] Chang Fi - John, Lai Jihn - Sung. Kao Li - Shan. Optimization of operation rule curves and flushing schedule in a reservoir [J]. Hydrological Processes. 2003, 17 (8): 1623 - 1640.

[139] Chang F. J. , Chang L. C. , Kao H. S. , Wu G. R. Assessing the Effort of Meteorological Variables for Evaporation Estimation by Self - Organizing Map Neural Network [J]. Journal of Hydrology. 2010, 384: 118 - 129.

[140] Chang Jian - xia, Bai Tao, Huang Qiang, etc. Optimization of Water Resources Utilization by PSO - GA [J]. Water Resources Management. 2013, 27 (10): 3525 - 3540.

[141] Chen P. A. , Chang L. C. , Chang F. J. Reinforced Recurrent Neural Networks for Multi - Step - Ahead Flood Forecasts [J]. Journal of Hydrology. 2013, 497 (1): 71 - 79.

[142] Hall W. A. , Shephard R. W. Optimum operations for planning of complexwater resources system [C]. Tech. Rep. 122, Water Resour. Cent. 1967.

[143] Howson, H R; et al. A New Algorithm for the Solution of Multistage Dynamic Programming Problems [J]. Mathematical Programming. 1975, 8 (1).

[144] Hedari, M. , V. T. Chow, et al. Discrete Differential Dynamic Programming Approach to Water Resources Systems Optimization [J]. Water Resources Research. 1971, 7 (2), 273 - 282.

[145] J. D. C. Little. Theuseofstorage water in a hydroelectric system [J]. Oper. Res. 1955, 15 (3).

[146] J. H. Holland. Adaptation in National and Artificial Sys - tem [M]. The Univ. Michigan Press, Ann Arbor, MI. 1975.

[147] Karamouz. M, M. H. Houck. Annual and monthly reservoir operating rules generated by deterministic optimization [J]. Water Resources Research. 1982, 18 (5): 1337 - 1344.

[148] Kong Gang, Bai Tao, Chang Jian - xia, Wu Cheng - guo, Liu Deng - feng. Flow Routing during Ice Control Period [J]. Water Resources. 2015, 42 (5): 627 - 634.

[149] Larson, R. E. State Increment Dynamic Programming [M]. Elsevier, New York, 1968.

[150] Masse A, Hufschmidt MM, Dorfman R, et al. Design of Water - Resource System [M]. Massachusetts: Harvard University Press, 1962.

[151] Nicklow, John W, Mays, Larry W. Optimization of multiple reservoir networks for sediment control [J], Journal of Hydraulic Engineering. 2000, 126 (4): 232 - 242.

[152]   Oliveira, R and P. P. Loucks, Operating rules for mufti-reservoir systems [J] . Water Resources
         Research. 1997, 33 (4): 839-852.

[153]   Ran Lishan, Wang Suiji, Fan Xiaoli. Channel change at Toudaoguai Station and its responses to
         the operation of upstream reservoirs in the upper Yellow River [J] . Journal of Geographical Sci-
         ences. 2010, 20 (2): 231-247.

[154]   Roefs, T. G, L. D. Bodin. Multireservoir Operation Studies [J] . Water Resources Research. 1970,
         6 (2): 410-420.

[155]   Turgeon A. Optimal short-term hydro scheduling from the principle of progressive optimality
         [J]. Water Resources Research. 1981, 17 (3): 481-486.

[156]   V. Chandramouli, Paresh Deka. Neural network based decision support model for optimal reservoir
         operation [J] . Water Resources Management. 2005, (19): 447-464.

[157]   Wang K. W. , Chang L. C. , Chang F. J. Multi-tier interactive genetic algorithms for the
         optimization of long-term reservoir operation [J] . Advances in Water Resources. 2011, 34: 1343
         -1351.

[158]   Yeh. W. G. Reservoir Management and Operations models. A state of the art review [J] . Water
         Resources Research. 1982, 21.